普通高等教育基础课系列教材

线性代数学习指导

鲍　勇　编

机　械　工　业　出　版　社

本书根据普通高等院校本科专业线性代数课程的最新教学大纲及考研大纲编写而成，内容包含行列式、矩阵、向量、线性方程组、特征值和特征向量、二次型等模块.

本书中例题丰富且具有代表性，例题分析与解答展示了基本的解题思路、解题方法与解题技巧，起到了释疑解难的作用，达到了导学的目的.

本书可作为普通高等院校本科专业线性代数课程的辅助教材，也可作为考研学生或数学爱好者的参考书.

图书在版编目（CIP）数据

线性代数学习指导/鲍勇编.—北京：机械工业出版社，2020.7（2023.6 重印）
普通高等教育基础课系列教材
ISBN 978-7-111-65870-2

Ⅰ.①线… Ⅱ.①鲍… Ⅲ.①线性代数-高等学校-教学参考资料 Ⅳ.①O151.2

中国版本图书馆 CIP 数据核字（2020）第 106549 号

机械工业出版社（北京市百万庄大街 22 号　邮政编码 100037）
策划编辑：郑　玫　责任编辑：郑　玫　汤　嘉
责任校对：肖　琳　封面设计：严娅萍
责任印制：常天培
北京机工印刷厂有限公司印刷
2023 年 6 月第 1 版第 4 次印刷
184mm×260mm · 11.75 印张 · 289 千字
标准书号：ISBN 978-7-111-65870-2
定价：34.80 元

电话服务　　　　　　　　　网络服务
客服电话：010-88361066　机　工　官　网：www.cmpbook.com
　　　　　010-88379833　机　工　官　博：weibo.com/cmp1952
　　　　　010-68326294　金　　书　　网：www.golden-book.com
封底无防伪标均为盗版　机工教育服务网：www.cmpedu.com

前 言

线性代数是普通高等院校本科专业学生的一门必修的重要基础课，也是硕士研究生入学考试的重点科目．为了帮助在校的大学生及准备考研的人员学好线性代数，提高应试能力，编者根据教育部关于线性代数课程教学基本要求及硕士研究生入学考试的数学教学大纲编写了本书．

本书分为两篇．前一篇分6章，梳理了线性代数的知识点，每章由4个专题组成：基本要求、知识点拨、典型例题解析、巩固练习．在书末给出了巩固练习的详细答案解析．后面一篇内容由6个专题组成，每个专题的内容汇总了近10年（2010~2019年）涉及线性代数内容的考研真题．

每章中的4个专题的具体作用是：

基本要求：使学生明确本章的重点、常考点以及掌握的程度，准确把握教学、学习和考试的要求．

知识点拨：将本章的内容进行了简明扼要的叙述、归纳和总结，以利于加深学生对基本概念、公式、定理等重要内容的理解和正确应用．

典型例题解析：将本章的内容按知识点归纳出一些常见题型，并全面讲解计算过程、解题方法和技巧，帮助读者提高分析能力、解题能力；通过解题前的分析和解题后的方法总结，帮助读者举一反三、融会贯通．

巩固练习：旨在帮助读者在对本章内容全面了解之后，能有一个自我检测、巩固所学知识的机会，从而加深对各种题型的理解，并进一步掌握和灵活运用所学知识点．

本书由鲍勇编写，北京科技大学范玉妹教授对全书做了认真的审阅，并提出了许多宝贵的意见，对此表示衷心感谢．此外，还要感谢孔敏、于水源、郭萱、李强、张悦娇收集整理了近10年考研真题．

由于编者水平有限，不足之处在所难免，敬请读者不吝指正，以便不断完善．

编　者

2020年3月

目 录

知识归纳篇

第1章　行　列　式

基本要求

1. 了解行列式的概念，掌握行列式的性质．
2. 会应用行列式的性质和行列式按行（列）展开定理计算行列式．

知识点拨

一、对角线法则

二阶行列式：$\begin{vmatrix} a_{11} & a_{12} \\ a_{21} & a_{22} \end{vmatrix} = a_{11}a_{22} - a_{12}a_{21}$；

三阶行列式：$\begin{vmatrix} a_{11} & a_{12} & a_{13} \\ a_{21} & a_{22} & a_{23} \\ a_{31} & a_{32} & a_{33} \end{vmatrix} = a_{11}a_{22}a_{33} + a_{12}a_{23}a_{31} + a_{13}a_{21}a_{32} - a_{13}a_{22}a_{31} - a_{12}a_{21}a_{33} - a_{11}a_{23}a_{32}$.

注意：对角线法则仅适用于二阶与三阶行列式的计算，对于三阶以上的行列式不适用．

二、排列和逆序

排列：由 1，2，…，n 这 n 个数构成的一个有序数组称为一个 n 级排列．

逆序：在一个排列中，如果一个大的数排在小的数之前，则称这两个数构成一个逆序．

逆序数：在一个排列中，所有逆序的总数称为该排列的逆序数．由 n 个不同的自然数按从小到大的排列称为标准次序．

奇排列和偶排列：逆序数为奇数的排列称为奇排列；逆序数为偶数的排列称为偶排列．任何排列不是奇排列就是偶排列；符合标准次序的排列是偶排列．

计算排列逆序数的方法：

从排列的左边起，分别算出排列中每个元素前面比它大的数的个数之和，即算出排列中每个元素的逆序数，而所有元素的逆序数之和即为所求排列的逆序数．

三、n 阶行列式的定义

由 n^2 个数组成的 n 阶行列式：

$$\begin{vmatrix} a_{11} & a_{12} & \cdots & a_{1n} \\ a_{21} & a_{22} & \cdots & a_{2n} \\ \vdots & \vdots & & \vdots \\ a_{n1} & a_{n2} & \cdots & a_{nn} \end{vmatrix} = \sum_{p_1p_2\cdots p_n} (-1)^{t(p_1p_2\cdots p_n)} a_{1p_1}a_{2p_2}\cdots a_{np_n}.$$

其中：$t(p_1p_2\cdots p_n)$为排列$p_1p_2\cdots p_n$的逆序数；$\sum\limits_{p_1p_2\cdots p_n}$表示对1，2，…，$n$的所有$n$级排列求和.

说明：n阶行列式的每项是取自不同行、不同列的n个元素的乘积；n阶行列式的展开式中共有$n!$项；在行下标按自然顺序排列的前提下，每项前面的正负号取决于列下标组成的排列的逆序数的奇偶性，其中一半取正号另一半取负号；行列式的本质是一个数.

四、特殊行列式的计算

1. 上（下）三角形行列式：

$$\begin{vmatrix} a_{11} & a_{12} & \cdots & a_{1n} \\ 0 & a_{22} & \cdots & a_{2n} \\ \vdots & \ddots & \ddots & \vdots \\ 0 & \cdots & 0 & a_{nn} \end{vmatrix} = \begin{vmatrix} a_{11} & 0 & \cdots & 0 \\ a_{21} & a_{22} & \ddots & \vdots \\ \vdots & \vdots & \ddots & 0 \\ a_{n1} & a_{n2} & \cdots & a_{nn} \end{vmatrix} = a_{11}a_{22}\cdots a_{nn}.$$

2. 副对角型三角行列式：

$$\begin{vmatrix} a_{11} & \cdots & a_{1,n-1} & a_{1n} \\ a_{21} & \cdots & a_{2,n-1} & 0 \\ \vdots & \iddots & \iddots & \vdots \\ a_{n1} & 0 & \cdots & 0 \end{vmatrix} = \begin{vmatrix} 0 & \cdots & 0 & a_{1n} \\ \vdots & \iddots & a_{2,n-1} & a_{2n} \\ 0 & \iddots & \vdots & \vdots \\ a_{n1} & \cdots & a_{n,n-1} & a_{nn} \end{vmatrix} = (-1)^{\frac{n(n-1)}{2}} a_{1n}a_{2,n-1}\cdots a_{n1}.$$

3. 对角行列式：

$$\begin{vmatrix} a_{11} & & & \\ & a_{22} & & \\ & & \ddots & \\ & & & a_{nn} \end{vmatrix} = a_{11}a_{22}\cdots a_{nn},$$

$$\begin{vmatrix} & & & a_{1n} \\ & & a_{2,n-1} & \\ & \iddots & & \\ a_{n1} & & & \end{vmatrix} = (-1)^{\frac{n(n-1)}{2}} a_{1n}a_{2,n-1}\cdots a_{n1}.$$

说明：对角行列式为三角行列式的特殊情形.

4. 范德蒙德行列式：$\begin{vmatrix} 1 & 1 & \cdots & 1 \\ x_1 & x_2 & \cdots & x_n \\ x_1^2 & x_2^2 & \cdots & x_n^2 \\ \vdots & \vdots & & \vdots \\ x_1^{n-1} & x_2^{n-1} & \cdots & x_n^{n-1} \end{vmatrix} = \prod\limits_{1 \leqslant j < i \leqslant n} (x_i - x_j).$

说明：范德蒙德行列式的值为x_1，x_2，…，x_n这n个数的所有可能的差$x_i - x_j$（$1 \leqslant j < i \leqslant n$）

的乘积.

五、行列式的性质

若行列式 $D=\begin{vmatrix} a_{11} & a_{12} & \cdots & a_{1n} \\ a_{21} & a_{22} & \cdots & a_{2n} \\ \vdots & \vdots & & \vdots \\ a_{n1} & a_{n2} & \cdots & a_{nn} \end{vmatrix}$，则称 $D^{\mathrm{T}}=\begin{vmatrix} a_{11} & a_{21} & \cdots & a_{n1} \\ a_{12} & a_{22} & \cdots & a_{n2} \\ \vdots & \vdots & & \vdots \\ a_{1n} & a_{2n} & \cdots & a_{nn} \end{vmatrix}$为 D 的转置行列式.

性质1 行列式与它的转置行列式的值相等，即

$$D=\begin{vmatrix} a_{11} & a_{12} & \cdots & a_{1n} \\ a_{21} & a_{22} & \cdots & a_{2n} \\ \vdots & \vdots & & \vdots \\ a_{n1} & a_{n2} & \cdots & a_{nn} \end{vmatrix}=\begin{vmatrix} a_{11} & a_{21} & \cdots & a_{n1} \\ a_{12} & a_{22} & \cdots & a_{n2} \\ \vdots & \vdots & & \vdots \\ a_{1n} & a_{2n} & \cdots & a_{nn} \end{vmatrix}=D^{\mathrm{T}}.$$

说明：行列式中行与列具有同等的地位，凡是对行成立的性质，对列也同样成立.

性质2 互换行列式的两行（列），行列式的值变号，即

$$\begin{vmatrix} a_{11} & a_{12} & \cdots & a_{1n} \\ \vdots & \vdots & & \vdots \\ a_{i1} & a_{i2} & \cdots & a_{in} \\ \vdots & \vdots & & \vdots \\ a_{j1} & a_{j2} & \cdots & a_{jn} \\ \vdots & \vdots & & \vdots \\ a_{n1} & a_{n2} & \cdots & a_{nn} \end{vmatrix}=-\begin{vmatrix} a_{11} & a_{12} & \cdots & a_{1n} \\ \vdots & \vdots & & \vdots \\ a_{j1} & a_{j2} & \cdots & a_{jn} \\ \vdots & \vdots & & \vdots \\ a_{i1} & a_{i2} & \cdots & a_{in} \\ \vdots & \vdots & & \vdots \\ a_{n1} & a_{n2} & \cdots & a_{nn} \end{vmatrix}.$$

推论：如果行列式有两行（列）完全相同，则此行列式的值为零.

性质3 行列式的某行（列）的所有元素有公因子 k（$k\neq0$），可以将 k 提到行列式符号的外面，即

$$\begin{vmatrix} a_{11} & a_{12} & \cdots & a_{1n} \\ \vdots & \vdots & & \vdots \\ k\cdot a_{i1} & k\cdot a_{i2} & \cdots & k\cdot a_{in} \\ \vdots & \vdots & & \vdots \\ a_{n1} & a_{n2} & \cdots & a_{nn} \end{vmatrix}=k\begin{vmatrix} a_{11} & a_{12} & \cdots & a_{1n} \\ \vdots & \vdots & & \vdots \\ a_{i1} & a_{i2} & \cdots & a_{in} \\ \vdots & \vdots & & \vdots \\ a_{n1} & a_{n2} & \cdots & a_{nn} \end{vmatrix}.$$

性质4 行列式中如果有两行（列）元素成比例，则此行列式的值为零，即

$$\begin{vmatrix} a_{11} & a_{12} & \cdots & a_{1n} \\ \vdots & \vdots & & \vdots \\ a_{i1} & a_{i2} & \cdots & a_{in} \\ \vdots & \vdots & & \vdots \\ k\cdot a_{i1} & k\cdot a_{i2} & \cdots & k\cdot a_{in} \\ \vdots & \vdots & & \vdots \\ a_{n1} & a_{n2} & \cdots & a_{nn} \end{vmatrix}=0.$$

性质5 若行列式的某行（列）的所有元素都可以写成两项的和，则该行列式可以写成两个行列式的和，即

$$\begin{vmatrix} a_{11} & a_{12} & \cdots & a_{1n} \\ \vdots & \vdots & & \vdots \\ a_{i1}+b_{i1} & a_{i2}+b_{i2} & \cdots & a_{in}+b_{in} \\ \vdots & \vdots & & \vdots \\ a_{n1} & a_{n2} & \cdots & a_{nn} \end{vmatrix} = \begin{vmatrix} a_{11} & a_{12} & \cdots & a_{1n} \\ \vdots & \vdots & & \vdots \\ a_{i1} & a_{i2} & \cdots & a_{in} \\ \vdots & \vdots & & \vdots \\ a_{n1} & a_{n2} & \cdots & a_{nn} \end{vmatrix} + \begin{vmatrix} a_{11} & a_{12} & \cdots & a_{1n} \\ \vdots & \vdots & & \vdots \\ b_{i1} & b_{i2} & \cdots & b_{in} \\ \vdots & \vdots & & \vdots \\ a_{n1} & a_{n2} & \cdots & a_{nn} \end{vmatrix}.$$

性质6 把行列式的某一行（列）的各元素乘以同一数然后加到另一行（列）对应的元素上去，行列式的值不变，即

$$\begin{vmatrix} a_{11} & a_{12} & \cdots & a_{1n} \\ \vdots & \vdots & & \vdots \\ a_{i1} & a_{i2} & \cdots & a_{in} \\ \vdots & \vdots & & \vdots \\ a_{j1} & a_{j2} & \cdots & a_{jn} \\ \vdots & \vdots & & \vdots \\ a_{n1} & a_{n2} & \cdots & a_{nn} \end{vmatrix} = \begin{vmatrix} a_{11} & a_{12} & \cdots & a_{1n} \\ \vdots & \vdots & & \vdots \\ a_{i1} & a_{i2} & \cdots & a_{in} \\ \vdots & \vdots & & \vdots \\ a_{j1}+ka_{i1} & a_{j2}+ka_{i2} & \cdots & a_{jn}+ka_{in} \\ \vdots & \vdots & & \vdots \\ a_{n1} & a_{n2} & \cdots & a_{nn} \end{vmatrix}.$$

六、反对称行列式

在行列式$|a_{ij}|$中，若满足$a_{ij}=-a_{ji}$，则称其为反对称行列式.

奇数阶反对称行列式的值为零.

注意： 偶数阶反对称行列式的值不一定为零. 例如，

$$D_4=\begin{vmatrix} 0 & b & c & d \\ -b & 0 & -d & c \\ -c & d & 0 & -b \\ -d & -c & b & 0 \end{vmatrix}=(b^2+c^2+d^2)^2.$$

七、行列式按行（列）展开法则

1. 余子式

在n阶行列式中，将元素a_{ij}所在的第i行和第j列划去后，剩余的元素按照原位置次序构成的$n-1$阶行列式，称为元素a_{ij}的余子式，记为M_{ij}.

2. 代数余子式

若记$A_{ij}=(-1)^{i+j}M_{ij}$，则A_{ij}称为元素a_{ij}的代数余子式.

说明： 行列式中的每个元素都对应着一个余子式和一个代数余子式. 元素a_{ij}的余子式和代数余子式与a_{ij}的大小无关，只与该元素的位置有关.

3. 行列式按行（列）展开公式

行列式等于它的任一行（列）的各元素与其对应的代数余子式乘积之和，即

$$D=\begin{cases} a_{i1}A_{i1}+a_{i2}A_{i2}+\cdots+a_{in}A_{in} & (i=1,2,\cdots,n) \\ a_{1j}A_{1j}+a_{2j}A_{2j}+\cdots+a_{nj}A_{nj} & (j=1,2,\cdots,n) \end{cases}.$$

推论：行列式任一行（列）的元素与另一行（列）的对应元素的代数余子式乘积之和等于零，即

$$\begin{cases} a_{i1}A_{j1}+a_{i2}A_{j2}+\cdots+a_{in}A_{jn}=0 \\ a_{1i}A_{1j}+a_{2i}A_{2j}+\cdots+a_{ni}A_{nj}=0 \end{cases}, \quad i\neq j.$$

运用行列式按行（列）展开法则将高阶行列式转化为低阶行列式来计算的方法称为降阶法，它的一般特征为某行或某列含有大量零元素，从而适合展开降阶．

典型例题解析

题型1　定义法计算行列式

计算行列式时，若含有大量零元素，可采用行列式的定义来计算．

例1　写出4阶行列式中含有因子 $a_{11}a_{23}$ 的项．

【解析】　由行列式的定义可知，4阶行列式中含有因子 $a_{11}a_{23}$ 的项为

$$(-1)^{t(13p_3p_4)}a_{11}a_{23}a_{3p_3}a_{4p_4},$$

其中，p_3p_4 是2，4这两个数构成的全排列，相应的项为

$$(-1)^{t(1324)}a_{11}a_{23}a_{32}a_{44}=-a_{11}a_{23}a_{32}a_{44},$$

$$(-1)^{t(1342)}a_{11}a_{23}a_{34}a_{42}=a_{11}a_{23}a_{34}a_{42},$$

因此4阶行列式中含有因子 $a_{11}a_{23}$ 的项为 $-a_{11}a_{23}a_{32}a_{44}$ 和 $a_{11}a_{23}a_{34}a_{42}$.

题型2　利用行列式的性质计算行列式

例2　若 $\begin{vmatrix} a_1 & a_2 & a_3 \\ b_1 & b_2 & b_3 \\ c_1 & c_2 & c_3 \end{vmatrix}=m$，则 $\begin{vmatrix} a_1 & 2c_1-5b_1 & 3b_1 \\ a_2 & 2c_2-5b_2 & 3b_2 \\ a_3 & 2c_3-5b_3 & 3b_3 \end{vmatrix}=$（　　）.

（A）$30m$　　（B）$-15m$　　（C）$6m$　　（D）$-6m$

【解析】　由于

$$\begin{vmatrix} a_1 & 2c_1-5b_1 & 3b_1 \\ a_2 & 2c_2-5b_2 & 3b_2 \\ a_3 & 2c_3-5b_3 & 3b_3 \end{vmatrix}=\begin{vmatrix} a_1 & 2c_1 & 3b_1 \\ a_2 & 2c_2 & 3b_2 \\ a_3 & 2c_3 & 3b_3 \end{vmatrix}+\begin{vmatrix} a_1 & -5b_1 & 3b_1 \\ a_2 & -5b_2 & 3b_2 \\ a_3 & -5b_3 & 3b_3 \end{vmatrix}$$

$$=6\begin{vmatrix} a_1 & c_1 & b_1 \\ a_2 & c_2 & b_2 \\ a_3 & c_3 & b_3 \end{vmatrix}=-6\begin{vmatrix} a_1 & b_1 & c_1 \\ a_2 & b_2 & c_2 \\ a_3 & b_3 & c_3 \end{vmatrix}$$

$$=-6\begin{vmatrix} a_1 & a_2 & a_3 \\ b_1 & b_2 & b_3 \\ c_1 & c_2 & c_3 \end{vmatrix}=-6m,$$

故选（D）.

题型3　三角形法计算行列式

方法：利用行列式的性质把所给行列式化为上（下）三角行列式，进而算得行列式的值．

解题步骤：

（1）将首元 a_{11} 变换为1或 -1，方法包括：

① 将某行（列）交换到第 1 行（列）；

② 利用性质 6 将某行（列）的 k 倍加到第 1 行（列）.

（2）把第 1 行分别乘以 $-a_{21}$，$-a_{31}$，…，$-a_{n1}$ 加到其他行对应的元素上去，这样就把第 1 列 a_{11} 以下的元素全化为 0.

（3）逐次用类似的方法把主对角线以下的元素全部化为 0，则所给行列式就化成上三角行列式了.

注意： 在计算过程中，要避免出现分数，否则会给后面的计算增加困难；在上述变换过程中，主对角线上的元素 a_{ii}（$i=1, 2, \cdots, n$）不能为 0，若出现 0，可通过行（列）变换使得主对角线上的元素不为 0.

例 3 $x=-2$ 是方程 $\begin{vmatrix} 1 & 1 & 1 \\ 1 & x & x^2 \\ 1 & -2 & 4 \end{vmatrix}=0$ 的（　　）.

（A）充分必要条件　　　　（B）充分而不必要条件

（C）必要而不充分条件　　（D）既不充分也不必要条件

【解析】 因为

$$\begin{vmatrix} 1 & 1 & 1 \\ 1 & x & x^2 \\ 1 & -2 & 4 \end{vmatrix}=\begin{vmatrix} 1 & 1 & 1 \\ 0 & x-1 & x^2-1 \\ 0 & -3 & 3 \end{vmatrix}=\begin{vmatrix} x-1 & x^2-1 \\ -3 & 3 \end{vmatrix}=3(x-1)(x+2)=0,$$

所以 $x=-2$ 是方程 $\begin{vmatrix} 1 & 1 & 1 \\ 1 & x & x^2 \\ 1 & -2 & 4 \end{vmatrix}=0$ 的充分而不必要条件，故选（B）.

题型 4 计算行（列）和相等的行列式

解题技巧： 将其各列（行）加到第 1 列（行），提出第 1 列（行）的公因式，再利用行列式的性质化成三角行列式求值.

例 4 计算行列式 $D=\begin{vmatrix} 1 & 1 & 1 & 0 \\ 1 & 1 & 0 & 1 \\ 1 & 0 & 1 & 1 \\ 0 & 1 & 1 & 1 \end{vmatrix}$.

【解析】 将所有列加到第 1 列，得

$$D=\begin{vmatrix} 1 & 1 & 1 & 0 \\ 1 & 1 & 0 & 1 \\ 1 & 0 & 1 & 1 \\ 0 & 1 & 1 & 1 \end{vmatrix}=\begin{vmatrix} 3 & 1 & 1 & 0 \\ 3 & 1 & 0 & 1 \\ 3 & 0 & 1 & 1 \\ 3 & 1 & 1 & 1 \end{vmatrix}=3\begin{vmatrix} 1 & 1 & 1 & 0 \\ 1 & 1 & 0 & 1 \\ 1 & 0 & 1 & 1 \\ 1 & 1 & 1 & 1 \end{vmatrix}$$

$$=3\begin{vmatrix} 1 & 1 & 1 & 0 \\ 0 & 0 & -1 & 1 \\ 0 & -1 & 0 & 1 \\ 0 & 0 & 0 & 1 \end{vmatrix}=3\begin{vmatrix} 0 & -1 & 1 \\ -1 & 0 & 1 \\ 0 & 0 & 1 \end{vmatrix}$$

$$=3\begin{vmatrix} 0 & -1 \\ -1 & 0 \end{vmatrix}=-3.$$

题型5　范德蒙德行列式的计算

例5　计算行列式$\begin{vmatrix} a & b & c \\ a^2 & b^2 & c^2 \\ b+c & c+a & a+b \end{vmatrix}$.

【解析】　将第1行加到第3行，得

$$\begin{vmatrix} a & b & c \\ a^2 & b^2 & c^2 \\ b+c & c+a & a+b \end{vmatrix} = \begin{vmatrix} a & b & c \\ a^2 & b^2 & c^2 \\ a+b+c & a+b+c & a+b+c \end{vmatrix}$$

$$=(a+b+c)\begin{vmatrix} a & b & c \\ a^2 & b^2 & c^2 \\ 1 & 1 & 1 \end{vmatrix}$$

$$=(a+b+c)\begin{vmatrix} 1 & 1 & 1 \\ a & b & c \\ a^2 & b^2 & c^2 \end{vmatrix}$$

$$=(a+b+c)(b-a)(c-a)(c-b).$$

题型6　有关代数余子式的计算

由行列式按行（列）展开法则，有

$$D=\begin{vmatrix} a_{11} & a_{12} & \cdots & a_{1n} \\ \vdots & \vdots & & \vdots \\ a_{i-1,1} & a_{i-1,2} & \cdots & a_{i-1,n} \\ a_{i1} & a_{i2} & \cdots & a_{in} \\ a_{i+1,1} & a_{i+1,2} & \cdots & a_{i+1,n} \\ \vdots & \vdots & & \vdots \\ a_{n1} & a_{n2} & \cdots & a_{nn} \end{vmatrix} = a_{i1}A_{i1}+a_{i2}A_{i2}+\cdots+a_{in}A_{in},$$

用t_1，t_2，…，t_n依次代替a_{i1}，a_{i2}，…，a_{in}，可得

$$D_1=\begin{vmatrix} a_{11} & a_{12} & \cdots & a_{1n} \\ \vdots & \vdots & & \vdots \\ a_{i-1,1} & a_{i-1,2} & \cdots & a_{i-1,n} \\ t_1 & t_2 & \cdots & t_n \\ a_{i+1,1} & a_{i+1,2} & \cdots & a_{i+1,n} \\ \vdots & \vdots & & \vdots \\ a_{n1} & a_{n2} & \cdots & a_{nn} \end{vmatrix} = t_1A_{i1}+t_2A_{i2}+\cdots+t_nA_{in}.$$

这表明要计算$t_1A_{i1}+t_2A_{i2}+\cdots+t_nA_{in}$，只需将原行列式$D$中的第$i$行元素替换为$t_1$，$t_2$，…，$t_n$，构成新的行列式$D_1$，就有$t_1A_{i1}+t_2A_{i2}+\cdots+t_nA_{in}=D_1$.

注意：若计算$t_1M_{i1}+t_2M_{i2}+\cdots+t_nM_{in}$，则先将其转化为

$$(-1)^{i+1}t_1A_{i1}+(-1)^{i+2}t_2A_{i2}+\cdots+(-1)^{i+n}t_nA_{in}.$$

例 6 设行列式 $D=\begin{vmatrix} 3 & 2 & 5 & -1 \\ -6 & 0 & 3 & 4 \\ 5 & 1 & 2 & -1 \\ 2 & 3 & 1 & -6 \end{vmatrix}$，则第 1 列元素余子式之和为__________.

【解析】 第 1 列元素余子式之和为

$$M_{11}+M_{21}+M_{31}+M_{41}=A_{11}-A_{21}+A_{31}-A_{41},$$

所以

$$M_{11}+M_{21}+M_{31}+M_{41}=\begin{vmatrix} 1 & 2 & 5 & -1 \\ -1 & 0 & 3 & 4 \\ 1 & 1 & 2 & -1 \\ -1 & 3 & 1 & -6 \end{vmatrix}=\begin{vmatrix} 1 & 2 & 5 & -1 \\ 0 & 2 & 8 & 3 \\ 0 & -1 & -3 & 0 \\ 0 & 5 & 6 & -7 \end{vmatrix}$$

$$=\begin{vmatrix} 2 & 8 & 3 \\ -1 & -3 & 0 \\ 5 & 6 & -7 \end{vmatrix}=\begin{vmatrix} 2 & 2 & 3 \\ -1 & 0 & 0 \\ 5 & -9 & -7 \end{vmatrix}$$

$$=\begin{vmatrix} 2 & 3 \\ -9 & -7 \end{vmatrix}=13.$$

题型 7 行列式按行（列）展开法则

例 7 已知 4 阶行列式 D 的某一行的元素及其余子式都为 2，则 $D=$(　　).

(A) -16　　(B) 16　　(C) 4　　(D) 0

【解析】 由行列式按行（列）展开法则，可知：

$$D=a_{i1}A_{i1}+a_{i2}A_{i2}+a_{i3}A_{i3}+a_{i4}A_{i4},$$

不妨设第 1 行所有元素及其余子式都为 2，则有

$$D=a_{11}A_{11}+a_{12}A_{12}+a_{13}A_{13}+a_{14}A_{14}=a_{11}M_{11}-a_{12}M_{12}+a_{13}M_{13}-a_{14}M_{14}=0,$$

故选 (D).

例 8 设 4 阶行列式的第 2 列元素依次为 2，m，k，3，第 2 列元素的余子式依次为 1，-1，1，-1，第 4 列元素的代数余子式依次为 3，1，4，2，且行列式的值为 1. 则(　　).

(A) $m=-4$，$k=-2$　　(B) $m=4$，$k=-2$

(C) $m=-\dfrac{12}{5}$，$k=-\dfrac{12}{5}$　　(D) $m=\dfrac{12}{5}$，$k=\dfrac{12}{5}$

【解析】 由行列式按行（列）展开法则，可知：

$$\begin{cases} a_{12}A_{12}+a_{22}A_{22}+a_{32}A_{32}+a_{42}A_{42}=1 \\ a_{12}A_{14}+a_{22}A_{24}+a_{32}A_{34}+a_{42}A_{44}=0 \end{cases},$$

注意到，第 2 列元素的代数余子式依次为 -1，-1，-1，-1，故有

$$\begin{cases} -m-k-5=1 \\ m+4k+12=0 \end{cases},$$

解得 $m=-4$，$k=-2$，因此选 (A).

题型8 箭（爪）形行列式的计算

基本类型：

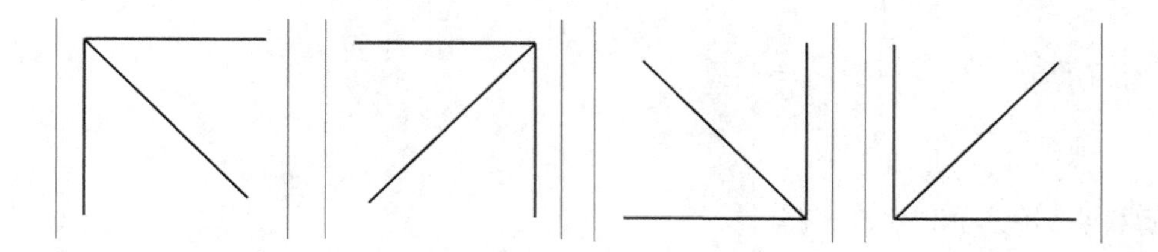

解题技巧：找到箭头处，利用对角元素或副对角元素将一条边消为零.

例9 计算 $n+1$ 阶行列式 $D_{n+1}=\begin{vmatrix} a_0 & 1 & 1 & \cdots & 1 \\ 1 & a_1 & 0 & \cdots & 0 \\ 1 & 0 & a_2 & \cdots & 0 \\ \vdots & \vdots & \vdots & & \vdots \\ 1 & 0 & 0 & \cdots & a_n \end{vmatrix}$ $(a_1a_2\cdots a_n\neq 0)$.

【解析】 从第2列开始，每列提取 $a_i(i=1,2,\cdots,n)$，得

$$D_{n+1}=a_1a_2\cdots a_n\begin{vmatrix} a_0 & \frac{1}{a_1} & \frac{1}{a_2} & \cdots & \frac{1}{a_n} \\ 1 & 1 & 0 & \cdots & 0 \\ 1 & 0 & 1 & \cdots & 0 \\ \vdots & \vdots & \vdots & & \vdots \\ 1 & 0 & 0 & \cdots & 1 \end{vmatrix}.$$

从第2列开始，将每列的 (-1) 倍加到第1列，得

$$D_{n+1}=a_1a_2\cdots a_n\begin{vmatrix} \left(a_0-\frac{1}{a_1}-\cdots-\frac{1}{a_n}\right) & \frac{1}{a_1} & \frac{1}{a_2} & \cdots & \frac{1}{a_n} \\ 0 & 1 & 0 & \cdots & 0 \\ 0 & 0 & 1 & \cdots & 0 \\ \vdots & \vdots & \vdots & & \vdots \\ 0 & 0 & 0 & \cdots & 1 \end{vmatrix}$$

$$=a_1a_2\cdots a_n\left(a_0-\sum_{i=1}^{n}\frac{1}{a_i}\right).$$

题型9 两条线形行列式的计算

基本类型：

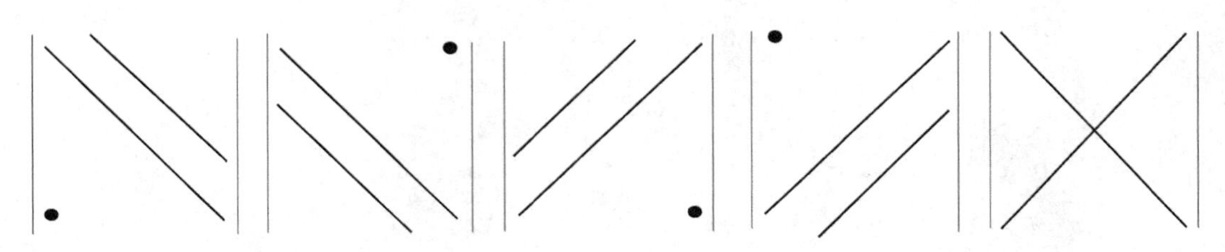

解题技巧：按直接展开降阶法计算，即按某行或者某列展开．

例 10 计算 n 阶行列式 $D_n=\begin{vmatrix} a_1 & b_1 & & & \\ & a_2 & b_2 & & \\ & & \ddots & \ddots & \\ & & & a_{n-1} & b_{n-1} \\ b_n & & & & a_n \end{vmatrix}$．

【解析】 按第 1 列展开，得

$$D_n=a_1\begin{vmatrix} a_2 & b_2 & & \\ & \ddots & \ddots & \\ & & a_{n-1} & b_{n-1} \\ & & & a_n \end{vmatrix}+b_n\cdot(-1)^{n+1}\begin{vmatrix} b_1 & & & \\ a_2 & b_2 & & \\ & \ddots & \ddots & \\ & & a_{n-1} & b_{n-1} \end{vmatrix}$$

$$=a_1a_2\cdots a_n+(-1)^{n+1}b_1b_2\cdots b_n.$$

题型 10 递推法计算行列式

（1）应用行列式的性质，把一个 n 阶行列式表示为具有相同结构的较低阶行列式的线性关系式，这种关系式称为递推关系式；

（2）根据递推关系式及某个初始低阶行列式（比如二阶或一阶行列式）的值，便可以递推求得 n 阶行列式的值．

例 11 计算 $2n$ 阶行列式 $D_{2n}=\begin{vmatrix} a & & & & & b \\ & \ddots & & & ⋰ & \\ & & a & b & & \\ & & c & d & & \\ & ⋰ & & & \ddots & \\ c & & & & & d \end{vmatrix}$．

【解析】 按第 1 列展开，得

$$D_{2n}=a\begin{vmatrix} a & 0 & \cdots & \cdots & 0 & b & 0 \\ 0 & \ddots & \cdots & \cdots & ⋰ & 0 & 0 \\ \vdots & \vdots & a & b & \vdots & \vdots & \vdots \\ \vdots & \vdots & c & d & \vdots & \vdots & \vdots \\ 0 & ⋰ & \cdots & \cdots & \ddots & 0 & \vdots \\ c & 0 & \cdots & \cdots & 0 & d & 0 \\ 0 & 0 & \cdots & \cdots & \cdots & 0 & d \end{vmatrix}+c\cdot(-1)^{2n+1}\begin{vmatrix} 0 & 0 & \cdots & \cdots & \cdots & 0 & b \\ a & 0 & \cdots & \cdots & 0 & b & 0 \\ 0 & \ddots & \cdots & \cdots & ⋰ & 0 & \vdots \\ \vdots & \vdots & a & b & \vdots & \vdots & \vdots \\ \vdots & \vdots & c & d & \vdots & \vdots & \vdots \\ 0 & ⋰ & \cdots & \cdots & \ddots & 0 & 0 \\ c & 0 & \cdots & \cdots & 0 & d & 0 \end{vmatrix}$$

$$=ad\begin{vmatrix} a & 0 & \cdots & \cdots & 0 & b \\ 0 & \ddots & \cdots & \cdots & ⋰ & 0 \\ \vdots & \vdots & a & b & \vdots & \vdots \\ \vdots & \vdots & c & d & \vdots & \vdots \\ 0 & ⋰ & \cdots & \cdots & \ddots & 0 \\ c & 0 & \cdots & \cdots & 0 & d \end{vmatrix}-bc\begin{vmatrix} a & 0 & \cdots & \cdots & 0 & b \\ 0 & \ddots & \cdots & \cdots & ⋰ & 0 \\ \vdots & \vdots & a & b & \vdots & \vdots \\ \vdots & \vdots & c & d & \vdots & \vdots \\ 0 & ⋰ & \cdots & \cdots & \ddots & 0 \\ c & 0 & \cdots & \cdots & 0 & d \end{vmatrix}$$

$$=(ad-bc)D_{2n-2}=(ad-bc)D_{2(n-1)}=(ad-bc)^2D_{2(n-2)}=\cdots$$

$$=(ad-bc)^{n-1}D_2=(ad-bc)^n.$$

题型11 三对角行列式的计算

基本类型：

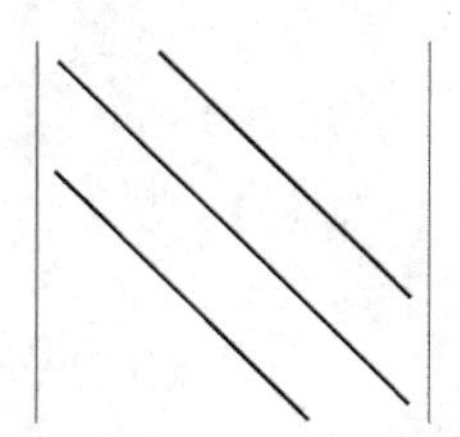

解题技巧：可直接展开得到递推关系式：$D_n=\alpha D_{n-1}+\beta D_{n-2}$.

方法1 如果 n 较小，则直接用递推法计算 .

方法2 用第二数学归纳法证明：即验证 $n=1$ 时结论成立，设 $n\leqslant k$ 时结论成立，若证明 $n=k+1$ 时结论成立，则对任意自然数有相应的结论成立 .

例12 计算行列式 $D_5=\begin{vmatrix}1-a & a & 0 & 0 & 0\\ -1 & 1-a & a & 0 & 0\\ 0 & -1 & 1-a & a & 0\\ 0 & 0 & -1 & 1-a & a\\ 0 & 0 & 0 & -1 & 1-a\end{vmatrix}$.

【解析】 按第1行展开，得递推关系式

$$\begin{aligned}D_5&=(1-a)D_4+aD_3=(1-a)[(1-a)D_3+aD_2]+aD_3\\&=[(1-a)^2+a]D_3+a(1-a)D_2\\&=(1-a+a^2)[(1-a)D_2+a(1-a)]+a(1-a)D_2\\&=(1-a+a^2)[(1-a)(1-a+a^2)+a(1-a)]+a(1-a)(1-a+a^2)\\&=1-a+a^2-a^3+a^4-a^5.\end{aligned}$$

题型12 升阶法（加边法）计算行列式

对于某些特殊的 n 阶行列式，如除对角元（次对角元）外，其余元素相同或成比例的行列式，有时加上一行一列变成 $n+1$ 阶行列式，特别是第1列为 $(1,0,\cdots,0)^{\mathrm{T}}$ 并适当选择第1行的元素，就可以使消零化简更方便，且化简后变成箭形行列式，这一方法称为升阶法或加边法 .

例13 计算 n 阶行列式

$$D_n=\begin{vmatrix}1+a_1 & 1 & \cdots & 1\\ 1 & 1+a_2 & \cdots & 1\\ \vdots & \vdots & & \vdots\\ 1 & 1 & \cdots & 1+a_n\end{vmatrix}\quad(a_1a_2\cdots a_n\neq0).$$

【解析】 利用加边法计算

$$D_n=\begin{vmatrix}1&1&1&\cdots&1\\0&1+a_1&1&\cdots&1\\0&1&1+a_2&\cdots&1\\\vdots&\vdots&\vdots&&\vdots\\0&1&1&\cdots&1+a_n\end{vmatrix}=\begin{vmatrix}1&1&1&\cdots&1\\-1&a_1&0&\cdots&0\\-1&0&a_2&\cdots&0\\\vdots&\vdots&\vdots&&\vdots\\-1&0&0&\cdots&a_n\end{vmatrix}$$

$$=a_1a_2\cdots a_n\begin{vmatrix}\left(1+\frac{1}{a_1}+\cdots+\frac{1}{a_n}\right)&\frac{1}{a_1}&\frac{1}{a_2}&\cdots&\frac{1}{a_n}\\0&1&0&\cdots&0\\0&0&1&\cdots&0\\\vdots&\vdots&\vdots&&\vdots\\0&0&0&\cdots&1\end{vmatrix}$$

$$=a_1a_2\cdots a_n\left(1+\sum_{i=1}^{n}\frac{1}{a_i}\right).$$

题型 13 计算相邻行（列）元素差 1 的行列式

以数字 1，2，…，n 为元素，且相邻两行（列）元素差 1 的 n 阶行列式可以如下计算：自第 1 行（列）开始，前行（列）减去后行（列）；或自第 n 行（列）开始，后行（列）减去前行（列），即可出现大量元素为 1，-1 的行列式，再进一步化简，即可出现大量的零元素.

例 14 计算元素满足 $a_{ij}=|i-j|$ 的 n 阶行列式.

【解析】 根据题设写出 n 阶行列式，采用前行减去后行的方法计算，得

$$D_n=\begin{vmatrix}0&1&2&\cdots&n-2&n-1\\1&0&1&\cdots&n-3&n-2\\2&1&0&\cdots&n-4&n-3\\\vdots&\vdots&\vdots&&\vdots&\vdots\\n-2&n-3&n-4&\cdots&0&1\\n-1&n-2&n-3&\cdots&1&0\end{vmatrix}$$

$$=\begin{vmatrix}-1&1&1&\cdots&1&1\\-1&-1&1&\cdots&1&1\\-1&-1&-1&\cdots&1&1\\\vdots&\vdots&\vdots&&\vdots&\vdots\\-1&-1&-1&\cdots&-1&1\\n-1&n-2&n-3&\cdots&1&0\end{vmatrix}$$

$$=\begin{vmatrix}-1&0&0&\cdots&0&0\\-1&-2&0&\cdots&0&0\\-1&-2&-2&\cdots&0&0\\\vdots&\vdots&\vdots&&\vdots&\vdots\\-1&-2&-2&\cdots&-2&0\\n-1&2n-3&2n-4&\cdots&n&n-1\end{vmatrix}=(-1)^{n-1}2^{n-2}(n-1).$$

说明：对于相邻两行（列）元素相差倍数 k 的行列式：采用前行（列）减去后行（列）

的 $-k$ 倍，后行（列）减去前行（列）的 $-k$ 倍的步骤，即可使行列式中出现大量的零元素.

巩固练习

一、填空题

1. 已知排列 $213i86j59$ 是奇排列，则 $i=$________，$j=$________.

2. 行列式 $\begin{vmatrix} \sin x & -\cos x \\ \cos x & \sin x \end{vmatrix}=$________.

3. 行列式 $\begin{vmatrix} 0 & 1 & 0 & 0 \\ 0 & 0 & 0 & 2 \\ 3 & 0 & 0 & 0 \\ 0 & 0 & 4 & 0 \end{vmatrix}=$________.

4. 已知 $f(x)=\begin{vmatrix} 5x & 1 & 2 & 1 \\ 2 & 1 & x & 3 \\ x & x & 2 & 1 \\ x & 2 & 1 & -3x \end{vmatrix}$，则 x^3 的系数为________.

5. 行列式 $\begin{vmatrix} 1 & 101 & 1 \\ -2 & 198 & 2 \\ 3 & 203 & 2 \end{vmatrix}=$________.

6. 行列式 $\begin{vmatrix} 0 & -a & b \\ a & 0 & -c \\ -b & c & 0 \end{vmatrix}=$________.

7. 已知 $\begin{vmatrix} a_{11} & a_{12} & a_{13} \\ a_{21} & a_{22} & a_{23} \\ a_{31} & a_{32} & a_{33} \end{vmatrix}=2$，则 $\begin{vmatrix} 2a_{21} & 2a_{22} & 2a_{23} \\ a_{11} & a_{12} & a_{13} \\ a_{31}+3a_{11} & a_{32}+3a_{12} & a_{33}+3a_{13} \end{vmatrix}=$________.

8. 行列式 $\begin{vmatrix} 2 & 1 & 2^2 & 2^3 \\ 3 & 1 & 3^2 & 3^3 \\ 4 & 1 & 4^2 & 4^3 \\ 5 & 1 & 5^2 & 5^3 \end{vmatrix}=$________.

9. 设行列式 $D=\begin{vmatrix} 1 & 0 & 1 & 0 \\ 0 & 2 & 0 & 2 \\ 1 & 1 & 3 & 0 \\ 2 & 3 & 0 & 0 \end{vmatrix}$，则 $A_{11}+A_{21}+A_{31}+A_{41}=$________.

10. 各行元素之和为零的 n 阶行列式的值等于________.

二、选择题

1. 下列 4 阶行列式的展开项中，带正号的项为(　　).

(A) $a_{14}a_{23}a_{31}a_{42}$　　(B) $a_{11}a_{23}a_{32}a_{44}$

(C) $a_{12}a_{23}a_{34}a_{41}$　　(D) $a_{13}a_{24}a_{31}a_{42}$

2. 行列式 $\begin{vmatrix} 0 & 1 & 0 & \cdots & 0 \\ 0 & 0 & 2 & \cdots & 0 \\ \vdots & \vdots & \vdots & & \vdots \\ 0 & 0 & 0 & \cdots & n-1 \\ n & 0 & 0 & \cdots & 0 \end{vmatrix}=(\quad)$.

(A) $n!$　　(B) $-n!$　　(C) $(-1)^{n-1}\cdot n!$　　(D) $(-1)^{n}\cdot n!$

3. 已知 $\begin{vmatrix} a & b & c \\ 1 & -2 & 3 \\ 4 & 1 & 0 \end{vmatrix}=k\neq0$，则 $\begin{vmatrix} 1 & a+2 & 4 \\ -2 & b+5 & 1 \\ 3 & c-6 & 0 \end{vmatrix}=(\quad)$.

(A) 0　　(B) k　　(C) $-k$　　(D) $2k$

4. 行列式 $\begin{vmatrix} a_1 & 0 & 0 & b_1 \\ 0 & a_2 & b_2 & 0 \\ 0 & b_3 & a_3 & 0 \\ b_4 & 0 & 0 & a_4 \end{vmatrix}=(\quad)$.

(A) $a_1a_2a_3a_4-b_1b_2b_3b_4$　　(B) $a_1a_2a_3a_4+b_1b_2b_3b_4$

(C) $(a_1a_2-b_1b_2)(a_3a_4-b_3b_4)$　　(D) $(a_2a_3-b_2b_3)(a_1a_4-b_1b_4)$

5. n 阶行列式 $\begin{vmatrix} a & 0 & \cdots & 0 & 1 \\ 0 & a & \cdots & 0 & 0 \\ \vdots & \vdots & & \vdots & \vdots \\ 0 & 0 & \cdots & a & 0 \\ 1 & 0 & \cdots & 0 & a \end{vmatrix}=(\quad)$.

(A) a^n+1　　(B) a^n-1　　(C) a^n+a^{n-2}　　(D) a^n-a^{n-2}

6. 设 a，b 为实数，若 $\begin{vmatrix} a & b & 0 \\ -b & a & 0 \\ -1 & 0 & -1 \end{vmatrix}=0$，则 a，b 满足(　　).

(A) $a=1$，$b=0$　　(B) $a=0$，$b=0$

(C) $a=0$，$b=1$　　(D) $a=1$，$b=1$

三、解答题

1. 计算行列式 $\begin{vmatrix} 3 & 1 & 2 & 6 \\ 1 & 2 & 0 & 3 \\ 4 & 0 & 8 & 7 \\ 2 & 6 & 5 & 7 \end{vmatrix}$.

2. 计算行列式 $\begin{vmatrix} 1 & -1 & 1 & x-1 \\ 1 & -1 & x+1 & -1 \\ 1 & x-1 & 1 & -1 \\ x+1 & -1 & 1 & -1 \end{vmatrix}$.

3. 计算 n 阶行列式 $\begin{vmatrix} x_1-m & x_2 & \cdots & x_n \\ x_1 & x_2-m & \cdots & x_n \\ \vdots & \vdots & & \vdots \\ x_1 & x_2 & \cdots & x_n-m \end{vmatrix}$.

4. 计算 n 阶行列式 $D_n=\begin{vmatrix} 3 & 1 & 1 & \cdots & 1 \\ -1 & 4 & 0 & \cdots & 0 \\ -1 & 0 & 5 & \cdots & 0 \\ \vdots & \vdots & \vdots & & \vdots \\ -1 & 0 & 0 & \cdots & n+2 \end{vmatrix}$.

5. 计算行列式 $D_5=\begin{vmatrix} 4 & 3 & 0 & 0 & 0 \\ 1 & 4 & 3 & 0 & 0 \\ 0 & 1 & 4 & 3 & 0 \\ 0 & 0 & 1 & 4 & 3 \\ 0 & 0 & 0 & 1 & 4 \end{vmatrix}$.

6. 已知 $\begin{vmatrix} a_{11} & a_{12} & a_{13} \\ a_{21} & a_{22} & a_{23} \\ a_{31} & a_{32} & a_{33} \end{vmatrix}=-1$，计算行列式 $\begin{vmatrix} 4a_{11} & 2a_{11}-3a_{12} & a_{13} \\ 4a_{21} & 2a_{21}-3a_{22} & a_{23} \\ 4a_{31} & 2a_{31}-3a_{32} & a_{33} \end{vmatrix}$.

第 2 章　矩　　阵

基本要求

1. 理解矩阵的概念，了解单位矩阵、数量矩阵、对角矩阵、三角矩阵、对称矩阵和反对称矩阵以及它们的性质．

2. 掌握矩阵的线性运算、乘法、转置以及它们的运算规律，了解方阵的幂与方阵乘积的行列式的性质．

3. 理解逆矩阵的概念，掌握逆矩阵的性质以及矩阵可逆的充分必要条件，理解伴随矩阵的概念，会用伴随矩阵求逆矩阵．

4. 理解矩阵初等变换的概念，了解初等矩阵的性质和矩阵等价的概念，理解矩阵的秩的概念，掌握用初等变换求矩阵的秩和逆矩阵的方法．

5. 了解分块矩阵及其运算．

知识点拨

一、矩阵的概念

1. 矩阵的定义

由 $m \times n$ 个数排成的 m 行 n 列的数表

$$\begin{pmatrix} a_{11} & a_{12} & \cdots & a_{1n} \\ a_{21} & a_{22} & \cdots & a_{2n} \\ \vdots & \vdots & & \vdots \\ a_{m1} & a_{m2} & \cdots & a_{mn} \end{pmatrix}$$

称为一个 m 行 n 列的矩阵，简记为 $\boldsymbol{A} = \boldsymbol{A}_{m \times n} = (a_{ij})_{m \times n}$.

说明：行列式的本质是一个数，它的行数必须等于列数；而矩阵的本质是一个数表，它的行数可以不等于列数．

2. 同型矩阵与矩阵相等

（1）同型矩阵：两个矩阵的行数相等、列数相等．

（2）矩阵相等：两个矩阵 $\boldsymbol{A} = (a_{ij})$ 与 $\boldsymbol{B} = (b_{ij})$ 为同型矩阵，且对应元素相等，则称矩阵 $\boldsymbol{A}$ 与 $\boldsymbol{B}$ 相等，记作 $\boldsymbol{A} = \boldsymbol{B}$.

3. 几类特殊的矩阵

（1）方阵：行数与列数相等的矩阵．

（2）零矩阵：元素都是零的矩阵．

注意：不同型的零矩阵是不相等的．例如，$\boldsymbol{O}_{2 \times 2} = \begin{pmatrix} 0 & 0 \\ 0 & 0 \end{pmatrix}$与$\boldsymbol{O}_{1 \times 4} = (0,0,0,0)$.

（3）三角矩阵：主对角线下方的元素全为零的方阵为上三角矩阵；主对角线上方的元素全为零的方阵为下三角矩阵，记作

$$上三角矩阵：\begin{pmatrix} a_{11} & a_{12} & \cdots & a_{1n} \\ 0 & a_{22} & \cdots & a_{2n} \\ \vdots & \vdots & & \vdots \\ 0 & 0 & \cdots & a_{nn} \end{pmatrix}；\quad 下三角矩阵：\begin{pmatrix} a_{11} & 0 & \cdots & 0 \\ a_{21} & a_{22} & \cdots & 0 \\ \vdots & \vdots & & \vdots \\ a_{n1} & a_{n2} & \cdots & a_{nn} \end{pmatrix}.$$

上、下三角矩阵统称为三角矩阵．

（4）对角矩阵：主对角线上的元素不全为零，而主对角线以外的元素全为 0 的方阵，记作

$$\mathbf{diag}(\lambda_1,\lambda_2,\cdots,\lambda_n)=\begin{pmatrix} \lambda_1 & 0 & \cdots & 0 \\ 0 & \lambda_2 & \cdots & 0 \\ \vdots & \vdots & & \vdots \\ 0 & 0 & \cdots & \lambda_n \end{pmatrix}.$$

（5）数量矩阵：主对角线上元素均相等的对角矩阵，记作

$$\boldsymbol{A}=\begin{pmatrix} \lambda & 0 & \cdots & 0 \\ 0 & \lambda & \cdots & 0 \\ \vdots & \vdots & & \vdots \\ 0 & 0 & \cdots & \lambda \end{pmatrix}.$$

（6）单位矩阵：主对角线上元素均为 1 的数量矩阵，记作

$$\boldsymbol{E}=\begin{pmatrix} 1 & 0 & \cdots & 0 \\ 0 & 1 & \cdots & 0 \\ \vdots & \vdots & & \vdots \\ 0 & 0 & \cdots & 1 \end{pmatrix}.$$

（7）对称矩阵：若矩阵 $\boldsymbol{A}=(a_{ij})_{n\times n}$ 满足 $\boldsymbol{A}^{\mathrm{T}}=\boldsymbol{A}$，即 $a_{ij}=a_{ji}$.

（8）反对称矩阵：若矩阵 $\boldsymbol{A}=(a_{ij})_{n\times n}$ 满足 $\boldsymbol{A}^{\mathrm{T}}=-\boldsymbol{A}$，即 $a_{ij}=-a_{ji}$.

说明：对称矩阵 $\boldsymbol{A}$ 的元素关于主对角线对称．

（9）正交矩阵：如果 n 阶方阵 $\boldsymbol{A}$ 满足 $\boldsymbol{A}^{\mathrm{T}}\boldsymbol{A}=\boldsymbol{A}\boldsymbol{A}^{\mathrm{T}}=\boldsymbol{E}$，则称 $\boldsymbol{A}$ 为正交矩阵．

二、矩阵的运算

1. 矩阵的加法：设矩阵 $\boldsymbol{A}=(a_{ij})_{m\times n}$ 和 $\boldsymbol{B}=(b_{ij})_{m\times n}$，则

$$\boldsymbol{A}+\boldsymbol{B}=(a_{ij}+b_{ij})_{m\times n}=\begin{pmatrix} a_{11}+b_{11} & a_{12}+b_{12} & \cdots & a_{1n}+b_{1n} \\ a_{21}+b_{21} & a_{22}+b_{22} & \cdots & a_{2n}+b_{2n} \\ \vdots & \vdots & & \vdots \\ a_{m1}+b_{m1} & a_{m2}+b_{m2} & \cdots & a_{mn}+b_{mn} \end{pmatrix}_{m\times n}.$$

注意：只有当两个矩阵是同型矩阵时，才能进行矩阵的加法运算．两个同型矩阵的和，即为两个矩阵对应位置元素相加得到的矩阵．

2. 数与矩阵的乘法：设 λ 是任意一个实数，$\boldsymbol{A}=(a_{ij})_{m\times n}$，则

$$\lambda A = A\lambda = \begin{pmatrix} \lambda a_{11} & \lambda a_{12} & \cdots & \lambda a_{1n} \\ \lambda a_{21} & \lambda a_{22} & \cdots & \lambda a_{2n} \\ \vdots & \vdots & & \vdots \\ \lambda a_{m1} & \lambda a_{m2} & \cdots & \lambda a_{mn} \end{pmatrix}.$$

3. 矩阵的乘法：设矩阵 $\boldsymbol{A}=(a_{ij})_{m\times s}$ 和 $\boldsymbol{B}=(b_{ij})_{s\times n}$，则 $\boldsymbol{AB}=(c_{ij})_{m\times n}$，其中：

$$c_{ij} = (a_{i1} \quad a_{i2} \quad \cdots \quad a_{is}) \begin{pmatrix} b_{1j} \\ b_{2j} \\ \vdots \\ b_{sj} \end{pmatrix} = a_{i1}b_{1j} + a_{i2}b_{2j} + \cdots + a_{is}b_{sj}.$$

这表明矩阵 $\boldsymbol{AB}$ 的第 i 行第 j 列元素 c_{ij} 即为矩阵 $\boldsymbol{A}$ 的第 i 行元素与矩阵 $\boldsymbol{B}$ 的第 j 列对应元素乘积之和.

注意：只有当左矩阵的列数等于右矩阵的行数时，两个矩阵才能进行乘法运算.

4. 矩阵乘法的几点注意

（1）不满足交换律，即 $\boldsymbol{AB}\neq\boldsymbol{BA}$. 原因有 3 种可能：

① $\boldsymbol{AB}$ 有意义，$\boldsymbol{BA}$ 没有意义. 例如，矩阵 $\boldsymbol{A}=(a_{ij})_{2\times3}$ 和 $\boldsymbol{B}=(b_{ij})_{3\times1}$.

② $\boldsymbol{AB}$ 与 $\boldsymbol{BA}$ 都有意义，但阶数不相等. 例如，矩阵 $\boldsymbol{A}=(a_{ij})_{2\times3}$ 和 $\boldsymbol{B}=(b_{ij})_{3\times2}$.

③ $\boldsymbol{AB}$ 与 $\boldsymbol{BA}$ 都有意义，且阶数相等，但 $\boldsymbol{AB}$ 与 $\boldsymbol{BA}$ 的计算结果不相等. 例如，

$$\boldsymbol{A}=\begin{pmatrix} -2 & 4 \\ 1 & -2 \end{pmatrix} 与 \boldsymbol{B}=\begin{pmatrix} 2 & 4 \\ -3 & -6 \end{pmatrix},$$

但

$$\boldsymbol{AB}=\begin{pmatrix} -16 & -32 \\ 8 & 16 \end{pmatrix} \neq \boldsymbol{BA}=\begin{pmatrix} 0 & 0 \\ 0 & 0 \end{pmatrix}.$$

（2）若 $\boldsymbol{AB}=\boldsymbol{BA}$，则称矩阵 $\boldsymbol{A}$ 与 $\boldsymbol{B}$ 是可交换的.

（3）由 $\boldsymbol{AB}=\boldsymbol{O}$ 不能推出 $\boldsymbol{A}=\boldsymbol{O}$ 或 $\boldsymbol{B}=\boldsymbol{O}$.

（4）不满足消去律，即由 $\boldsymbol{AC}=\boldsymbol{BC}$ 不能推出 $\boldsymbol{A}=\boldsymbol{B}$. 例如，设

$$\boldsymbol{A}=\begin{pmatrix} 1 & 2 \\ 0 & 3 \end{pmatrix},\quad \boldsymbol{B}=\begin{pmatrix} 1 & 0 \\ 0 & 2 \end{pmatrix},\quad \boldsymbol{C}=\begin{pmatrix} 1 & 1 \\ 0 & 0 \end{pmatrix},$$

则

$$\boldsymbol{AC}=\begin{pmatrix} 1 & 2 \\ 0 & 3 \end{pmatrix}\begin{pmatrix} 1 & 1 \\ 0 & 0 \end{pmatrix}=\begin{pmatrix} 1 & 1 \\ 0 & 0 \end{pmatrix}=\begin{pmatrix} 1 & 0 \\ 0 & 2 \end{pmatrix}\begin{pmatrix} 1 & 1 \\ 0 & 0 \end{pmatrix}=\boldsymbol{BC},$$

但 $\boldsymbol{A}\neq\boldsymbol{B}$.

5. 矩阵的转置

（1）把矩阵 $\boldsymbol{A}=\begin{pmatrix} a_{11} & a_{12} & \cdots & a_{1n} \\ a_{21} & a_{22} & \cdots & a_{2n} \\ \vdots & \vdots & & \vdots \\ a_{m1} & a_{m2} & \cdots & a_{mn} \end{pmatrix}$ 的行换成同序数的列，得到的新矩阵称为 $\boldsymbol{A}$ 的转置矩阵，记作

$$A^{\mathrm{T}}=A'=\begin{pmatrix} a_{11} & a_{21} & \cdots & a_{m1} \\ a_{12} & a_{22} & \cdots & a_{m2} \\ \vdots & \vdots & & \vdots \\ a_{1n} & a_{2n} & \cdots & a_{mn} \end{pmatrix}.$$

（2）转置矩阵的运算性质

$(A^{\mathrm{T}})^{\mathrm{T}}=A$； $(A+B)^{\mathrm{T}}=A^{\mathrm{T}}+B^{\mathrm{T}}$； $(\lambda A)^{\mathrm{T}}=\lambda A^{\mathrm{T}}$（$\lambda$ 为常数）； $(AB)^{\mathrm{T}}=B^{\mathrm{T}}A^{\mathrm{T}}$.

6. 方阵的行列式

（1）由 n 阶方阵的元素所构成的行列式，称为方阵 A 的行列式，记作$|A|$或 $\det A$.

（2）运算性质：

① $|A^{\mathrm{T}}|=|A|$；

② $|\lambda A|=\lambda^n|A|$（λ 为常数），特别地，$|-A|=(-1)^n|A|$；

③ $|AB|=|A||B|=|BA|$.

注意：1. 一般地，$|A+B|\neq|A|+|B|$. 例如，矩阵 $A=\begin{pmatrix} 2 & 0 \\ 1 & 8 \end{pmatrix}$，$B=\begin{pmatrix} 1 & 0 \\ 0 & 1 \end{pmatrix}$，则

$$A+B=\begin{pmatrix} 3 & 0 \\ 1 & 9 \end{pmatrix},$$

但

$$|A+B|=27\neq|A|+|B|=16+1=17.$$

2. 若 $A=O_n$，则$|A|=0$，但其逆命题不一定成立. 例如，矩阵 $A=\begin{pmatrix} 1 & 0 \\ 0 & 0 \end{pmatrix}$.

7. 方阵的幂

（1）设 A 是 n 阶方阵，k 为正整数，则$A^k=\underbrace{AA\cdots A}_{k个}$称为方阵 A 的 k 次幂.

（2）方阵的幂的运算律

$A^kA^l=A^{k+l}$；$(A^k)^l=A^{kl}$；$(\lambda A)^k=\lambda^kA^k$（$\lambda$ 为常数）；$(A^k)^{\mathrm{T}}=(A^{\mathrm{T}})^k$.

注意：一般地，$(AB)^k\neq A^kB^k$，k 为正整数. 当且仅当 $AB=BA$ 时，结论成立.

三、伴随矩阵

1. 设矩阵 $A=(a_{ij})_{m\times s}$，由行列式$|A|$的各个元素的代数余子式 A_{ij}按转置方式排序构成的矩阵

$$A^*=\begin{pmatrix} A_{11} & A_{21} & \cdots & A_{n1} \\ A_{12} & A_{22} & \cdots & A_{n2} \\ \vdots & \vdots & & \vdots \\ A_{1n} & A_{2n} & \cdots & A_{nn} \end{pmatrix},$$

称为矩阵 A 的伴随矩阵.

说明：二阶矩阵的伴随矩阵遵循“主对角线元素互换，副对角线元素变号”的原则，该结论对三阶及以上的矩阵不成立.

2. 伴随矩阵的基本性质：$AA^*=A^*A=|A|E$.

四、逆矩阵

1. 对于 n 阶方阵 $\boldsymbol{A}$，如果存在一个 n 阶方阵 $\boldsymbol{B}$，使得 $\boldsymbol{AB}=\boldsymbol{BA}=\boldsymbol{E}$，则称 $\boldsymbol{A}$ 为可逆矩阵，而 $\boldsymbol{B}$ 称为 $\boldsymbol{A}$ 的逆矩阵，记作 $\boldsymbol{A}^{-1}$.

说明： 如果方阵 $\boldsymbol{A}$ 是可逆的，那么 $\boldsymbol{A}$ 的逆矩阵是唯一的.

2. 逆矩阵的运算性质

设 $\boldsymbol{A}$，$\boldsymbol{B}$ 是 n 阶可逆矩阵，则

（1）$(\boldsymbol{A}^{-1})^{-1}=\boldsymbol{A}$；

（2）$(\lambda\boldsymbol{A})^{-1}=\frac{1}{\lambda}\boldsymbol{A}^{-1}$（$\lambda\neq 0$，且为常数）；

（3）$(\boldsymbol{AB})^{-1}=\boldsymbol{B}^{-1}\boldsymbol{A}^{-1}$；

（4）$(\boldsymbol{A}^{\mathrm{T}})^{-1}=(\boldsymbol{A}^{-1})^{\mathrm{T}},(\boldsymbol{A}^{k})^{-1}=(\boldsymbol{A}^{-1})^{k}$；

（5）$|\boldsymbol{A}^{-1}|=|\boldsymbol{A}|^{-1}$.

注意： 若 $\boldsymbol{A}$，$\boldsymbol{B}$ 是 n 阶可逆矩阵，但 $\boldsymbol{A}+\boldsymbol{B}$ 不一定可逆. 一般地，即使 $\boldsymbol{A}+\boldsymbol{B}$ 可逆，表达式 $(\boldsymbol{A}+\boldsymbol{B})^{-1}=\boldsymbol{A}^{-1}+\boldsymbol{B}^{-1}$ 也不成立.

3. 具体矩阵可逆的判定条件

元素为具体数字的矩阵称为具体矩阵，判断其可逆常采用如下方法：

（1）n 阶方阵可逆的充分必要条件是 $|\boldsymbol{A}|\neq 0$；

（2）n 阶方阵可逆的充分必要条件是 $r(\boldsymbol{A})=n$；

（3）n 阶方阵可逆的充分必要条件是 $\boldsymbol{A}$ 的 n 个特征值不为 0（参见第 5 章相关内容）.

4. 抽象矩阵可逆的判定条件

对于元素未具体给出的抽象矩阵，判断其可逆及求逆矩阵常利用定义.

五、初等变换

1. 对矩阵实施的以下三种变换

（1）交换矩阵的两行（列）；

（2）以一个非零常数 k 乘矩阵的某一行（列）；

（3）把矩阵的某一行（列）的 k 倍加到另一行（列），

称为矩阵的初等行（列）变换. 矩阵的初等行变换与初等列变换统称为初等变换.

2. 矩阵之间的等价关系

（1）矩阵 $\boldsymbol{A}$ 经过有限次初等行变换变成矩阵 $\boldsymbol{B}$，则称矩阵 $\boldsymbol{A}$ 与 $\boldsymbol{B}$ 行等价；

（2）矩阵 $\boldsymbol{A}$ 经过有限次初等列变换变成矩阵 $\boldsymbol{B}$，则称矩阵 $\boldsymbol{A}$ 与 $\boldsymbol{B}$ 列等价；

（3）矩阵 $\boldsymbol{A}$ 经过有限次初等变换变成矩阵 $\boldsymbol{B}$，则称矩阵 $\boldsymbol{A}$ 与 $\boldsymbol{B}$ 等价.

注意： 一般来说，一个矩阵经过初等变换后会得到另外一个矩阵，它们之间不是相等的关系，而是等价的关系. 因此，只能用“→”或“～”来表示它们之间的关系，而不能用“=”来表示.

3. 矩阵的等价标准形

矩阵 $\boldsymbol{A}$ 经过有限次初等行变换变成矩阵 $\boldsymbol{B}$，且 $\boldsymbol{B}$ 满足：

（1）可画出一条阶梯线，线的下方全为 0；

(2) 每个台阶只有一行；

(3) 阶梯线的竖线后面的第一个元素为非零元；

(4) 元素全为零的行位于矩阵的下方，

则称矩阵 $\boldsymbol{B}$ 为 $\boldsymbol{A}$ 的行阶梯形矩阵．若 $\boldsymbol{B}$ 经过有限次初等行变换变成矩阵 $\boldsymbol{C}$，且 $\boldsymbol{C}$ 满足：

(5) 非零行的第一个非零元为1；

(6) 这些非零元所在的列的其他元素都为零，

则称矩阵 $\boldsymbol{C}$ 为 $\boldsymbol{A}$ 的行最简形矩阵．若 $\boldsymbol{C}$ 经过有限次初等列变换变成矩阵 $\boldsymbol{F}$，且 $\boldsymbol{F}$ 满足：

(7) 左上角是一个单位矩阵，其他元素全为零，

则称矩阵 $\boldsymbol{F}$ 为 $\boldsymbol{A}$ 的标准形矩阵．

注意： 行阶梯形矩阵不唯一，但行最简形矩阵、标准形矩阵都唯一．

4. 初等矩阵

(1) 将单位矩阵经过一次初等变换得到的矩阵称为初等矩阵．

① 对调单位阵的第 i，j 行（列），即

$$\boldsymbol{E}(i,j)=\begin{pmatrix}1&&&&&&&&\\&\ddots&&&&&&&\\&&1&&&&&&\\&&&0&\cdots&1&&&\\&&&\vdots&&\vdots&&&\\&&&1&\cdots&0&&&\\&&&&&&1&&\\&&&&&&&\ddots&\\&&&&&&&&1\end{pmatrix};$$

② 以非零数 k 乘单位阵的第 i 行（列），即

$$\boldsymbol{E}(i(k))=\begin{pmatrix}1&&&&&&\\&\ddots&&&&&\\&&1&&&&\\&&&k&&&\\&&&&1&&\\&&&&&\ddots&\\&&&&&&1\end{pmatrix};$$

③ 把单位阵的第 j 行的 k 倍加到第 i 行（第 i 列的 k 倍加到第 j 列），即

$$\boldsymbol{E}(ij(k))=\begin{pmatrix}1&&&&&\\&\ddots&&&&\\&&1&\cdots&k&\\&&&\ddots&\vdots&\\&&&&1&\\&&&&&\ddots&\\&&&&&&1\end{pmatrix}.$$

(2) 初等矩阵的性质

设$\boldsymbol{A}$是一个$m\times n$矩阵，若

① 对$\boldsymbol{A}$作一次初等行变换，相当于在$\boldsymbol{A}$的左边乘以相应的m阶初等矩阵；

② 对$\boldsymbol{A}$作一次初等列变换，相当于在$\boldsymbol{A}$的右边乘以相应的n阶初等矩阵.

说明： 原则为“左行右列”.

六、矩阵的秩

1. 矩阵的秩的定义

矩阵$\boldsymbol{A}$的k阶子式：在$m\times n$矩阵$\boldsymbol{A}$中，任取k行k列（$k\leqslant m,k\leqslant n$），位于这些行列交叉处的$k^2$个元素按原来次序构成的$k$阶行列式.

如果矩阵$\boldsymbol{A}$中有一个r阶子式D不为零，而所有$r+1$阶子式（如果存在的话）全为零，则称数r为矩阵$\boldsymbol{A}$的秩，记作$r(\boldsymbol{A})$，并称D为矩阵$\boldsymbol{A}$的最高阶非零子式.

说明： 矩阵$\boldsymbol{A}$的秩就是$\boldsymbol{A}$中非零子式的最高阶数.

注意： $r(\boldsymbol{A})<t\Leftrightarrow\boldsymbol{A}$中所有$t$阶子式全为0；

$r(\boldsymbol{A})\geqslant s\Leftrightarrow\boldsymbol{A}$中存在某个$s$阶子式不为0.

特别地，$r(\boldsymbol{A})=0\Leftrightarrow\boldsymbol{A}=\boldsymbol{O}$，$\boldsymbol{A}\neq\boldsymbol{O}\Leftrightarrow r(\boldsymbol{A})\geqslant1$.

2. 设$\boldsymbol{A}$是$m\times n$矩阵，若$r(\boldsymbol{A})=m$，则称$\boldsymbol{A}$为行满秩矩阵；

若$r(\boldsymbol{A})=n$，则称$\boldsymbol{A}$为列满秩矩阵.

设$\boldsymbol{A}$是n阶方阵，若$r(\boldsymbol{A})=n$，则称$\boldsymbol{A}$为满秩矩阵；

若$r(\boldsymbol{A})<n$，则称$\boldsymbol{A}$为降秩矩阵.

说明： 若$\boldsymbol{A}$是n阶方阵，则

$$r(\boldsymbol{A})=n\Leftrightarrow|\boldsymbol{A}|\neq0\Leftrightarrow\boldsymbol{A}\text{ 可逆};$$

$$r(\boldsymbol{A})<n\Leftrightarrow|\boldsymbol{A}|=0\Leftrightarrow\boldsymbol{A}\text{ 不可逆}.$$

3. 矩阵的初等变换不改变矩阵的秩

结论： 矩阵$\boldsymbol{A}$的秩就是它的行阶梯形矩阵中非零行的行数.

4. 矩阵的秩的性质

(1) 若$\boldsymbol{A}$为$m\times n$矩阵，则$0\leqslant r(\boldsymbol{A})\leqslant\min\{m,n\}$；

(2) $r(\boldsymbol{A})=r(\boldsymbol{A}^{\mathrm{T}})$；

(3) 若$\boldsymbol{A}\sim\boldsymbol{B}$，则$r(\boldsymbol{A})=r(\boldsymbol{B})$；

(4) 若$\boldsymbol{P}$，$\boldsymbol{Q}$可逆，则$r(\boldsymbol{PAQ})=r(\boldsymbol{A})$；

(5) 当$k\neq0$时，$r(k\boldsymbol{A})=r(\boldsymbol{A})$；

(6) $\max\{r(\boldsymbol{A}),r(\boldsymbol{B})\}\leqslant r(\boldsymbol{A},\boldsymbol{B})\leqslant r(\boldsymbol{A})+r(\boldsymbol{B})$；

特别地，当$\boldsymbol{B}$为列向量$\boldsymbol{b}$时，有$r(\boldsymbol{A})\leqslant r(\boldsymbol{A},\boldsymbol{b})\leqslant r(\boldsymbol{A})+1$.

(7) $r(\boldsymbol{A}+\boldsymbol{B})\leqslant r(\boldsymbol{A})+r(\boldsymbol{B})$；

(8) $r(\boldsymbol{AB})\leqslant\min\{r(\boldsymbol{A}),r(\boldsymbol{B})\}$；

(9) 若$\boldsymbol{A}_{m\times n}\boldsymbol{B}_{n\times l}=\boldsymbol{O}$，则$r(\boldsymbol{A})+r(\boldsymbol{B})\leqslant n$；

(10) $r(\boldsymbol{A}^*)=\begin{cases}n, & r(\boldsymbol{A})=n\\1, & r(\boldsymbol{A})=n-1.\\0, & r(\boldsymbol{A})<n-1\end{cases}$

七、分块矩阵

1. 分块矩阵的概念

将矩阵 $\boldsymbol{A}$ 用若干条纵线和横线分成许多个小矩阵，每一个小矩阵称为 $\boldsymbol{A}$ 的子块，以子块为元素的形式上的矩阵称为分块矩阵.

2. 分块矩阵的运算性质

（1）线性运算：设分块矩阵 $\boldsymbol{A}=(\boldsymbol{A}_{ij})_{s\times r}$，$\boldsymbol{B}=(\boldsymbol{B}_{ij})_{s\times r}$，其中$\boldsymbol{A}_{ij}$与$\boldsymbol{B}_{ij}$是同型的子块，则

$$\boldsymbol{A}+\boldsymbol{B}=\begin{pmatrix}\boldsymbol{A}_{11}+\boldsymbol{B}_{11} & \cdots & \boldsymbol{A}_{1r}+\boldsymbol{B}_{1r}\\ \vdots & & \vdots\\ \boldsymbol{A}_{s1}+\boldsymbol{B}_{s1} & \cdots & \boldsymbol{A}_{sr}+\boldsymbol{B}_{sr}\end{pmatrix};\ \lambda\boldsymbol{A}=\begin{pmatrix}\lambda\boldsymbol{A}_{11} & \cdots & \lambda\boldsymbol{A}_{1r}\\ \vdots & & \vdots\\ \lambda\boldsymbol{A}_{s1} & \cdots & \lambda\boldsymbol{A}_{sr}\end{pmatrix}(\lambda\text{ 为数}).$$

（2）乘法运算：设分块矩阵 $\boldsymbol{A}=(\boldsymbol{A}_{ij})_{m\times l}$，$\boldsymbol{B}=(\boldsymbol{B}_{ij})_{l\times n}$，其中子块$\boldsymbol{A}_{ij}$的列数等于$\boldsymbol{B}_{ij}$的行数，则

$$\boldsymbol{AB}=\begin{pmatrix}\boldsymbol{C}_{11} & \cdots & \boldsymbol{C}_{1r}\\ \vdots & & \vdots\\ \boldsymbol{C}_{s1} & \cdots & \boldsymbol{C}_{sr}\end{pmatrix},$$

其中 $\boldsymbol{C}_{ij}=\sum\limits_{k=1}^{t}\boldsymbol{A}_{ik}\boldsymbol{B}_{kj}(i=1,\cdots,s;j=1,\cdots,r)$.

（3）转置运算：设 $\boldsymbol{A}=\begin{pmatrix}\boldsymbol{A}_{11} & \cdots & \boldsymbol{A}_{1r}\\ \vdots & & \vdots\\ \boldsymbol{A}_{s1} & \cdots & \boldsymbol{A}_{sr}\end{pmatrix}$，则$\boldsymbol{A}^{\mathrm{T}}=\begin{pmatrix}\boldsymbol{A}_{11}^{\mathrm{T}} & \cdots & \boldsymbol{A}_{s1}^{\mathrm{T}}\\ \vdots & & \vdots\\ \boldsymbol{A}_{1r}^{\mathrm{T}} & \cdots & \boldsymbol{A}_{sr}^{\mathrm{T}}\end{pmatrix}$.

说明：分块时要注意，运算的两矩阵按块能运算，并且参与运算的子块也能运算，即内外矩阵都能运算.

3. 分块对角矩阵

设 $\boldsymbol{A}$ 为 n 阶矩阵，若 $\boldsymbol{A}$ 的分块矩阵只有在对角线上有非零子块，其余子块都为零矩阵，且在对角线上的子块都是方阵，即

$$\boldsymbol{A}=\begin{pmatrix}\boldsymbol{A}_1 & & & \\ & \boldsymbol{A}_2 & & \\ & & \ddots & \\ & & & \boldsymbol{A}_s\end{pmatrix},$$

其中$\boldsymbol{A}_i(i=1,2,\cdots,s)$都是方阵，则称 $\boldsymbol{A}$ 为分块对角矩阵.

4. 分块对角矩阵的性质

（1）$\boldsymbol{A}^k=\begin{pmatrix}\boldsymbol{A}_1^k & & & \\ & \boldsymbol{A}_2^k & & \\ & & \ddots & \\ & & & \boldsymbol{A}_s^k\end{pmatrix}$；

（2）$|\boldsymbol{A}|=|\boldsymbol{A}_1||\boldsymbol{A}_2|\cdots|\boldsymbol{A}_s|$；

(3) 若方阵 $\boldsymbol{A}$ 可逆，则有$\boldsymbol{A}^{-1}=\begin{pmatrix}\boldsymbol{A}_1^{-1} & & & \\ & \boldsymbol{A}_2^{-1} & & \\ & & \ddots & \\ & & & \boldsymbol{A}_s^{-1}\end{pmatrix}$；

(4) 若分块副对角矩阵$\boldsymbol{A}=\begin{pmatrix} & & & \boldsymbol{A}_1 \\ & & \boldsymbol{A}_2 & \\ & \iddots & & \\ \boldsymbol{A}_s & & & \end{pmatrix}$可逆，其中$\boldsymbol{A}_i(i=1,2,\cdots,s)$都是方阵，则有

$$\boldsymbol{A}^{-1}=\begin{pmatrix} & & & \boldsymbol{A}_s^{-1} \\ & & \iddots & \\ & \boldsymbol{A}_2^{-1} & & \\ \boldsymbol{A}_1^{-1} & & & \end{pmatrix};$$

(5) 若 $\boldsymbol{A}$，$\boldsymbol{B}$ 是方阵（不一定同阶），则有

$$\begin{vmatrix}\boldsymbol{A} & \boldsymbol{O}\\ \boldsymbol{O} & \boldsymbol{B}\end{vmatrix}=\begin{vmatrix}\boldsymbol{A} & \boldsymbol{O}\\ \boldsymbol{C} & \boldsymbol{B}\end{vmatrix}=\begin{vmatrix}\boldsymbol{A} & \boldsymbol{C}\\ \boldsymbol{O} & \boldsymbol{B}\end{vmatrix}=|\boldsymbol{A}|\cdot|\boldsymbol{B}|;$$

$$\begin{vmatrix}\boldsymbol{O} & \boldsymbol{A}\\ \boldsymbol{B} & \boldsymbol{O}\end{vmatrix}=\begin{vmatrix}\boldsymbol{X} & \boldsymbol{A}\\ \boldsymbol{B} & \boldsymbol{O}\end{vmatrix}=\begin{vmatrix}\boldsymbol{O} & \boldsymbol{A}\\ \boldsymbol{B} & \boldsymbol{X}\end{vmatrix}=(-1)^{mn}|\boldsymbol{A}|\times|\boldsymbol{B}|.$$

典型例题解析

题型 1 矩阵的乘法

例 1 设 $\boldsymbol{A}$，$\boldsymbol{B}$ 分别是 $n\times 1$ 和 $1\times n$ 矩阵，且 $\boldsymbol{A}=(a_1,a_2,\cdots,a_n)^{\mathrm{T}}$，$\boldsymbol{B}=(b_1,b_2,\cdots,b_n)$，计算 $\boldsymbol{AB}$ 和 $\boldsymbol{BA}$.

【解析】 根据矩阵乘法的定义，有

$$\boldsymbol{AB}=\begin{pmatrix}a_1\\a_2\\ \vdots\\a_n\end{pmatrix}\cdot(b_1,b_2,\cdots,b_n)=\begin{pmatrix}a_1b_1 & a_1b_2 & \cdots & a_1b_n\\ a_2b_1 & a_2b_2 & \cdots & a_2b_n\\ \vdots & \vdots & & \vdots\\ a_nb_1 & a_nb_2 & \cdots & a_nb_n\end{pmatrix},$$

这表明一个 $n\times 1$ 的列矩阵与一个 $1\times n$ 的行矩阵的乘积是一个 n 阶方阵．又

$$\boldsymbol{BA}=a_1b_1+a_2b_2+\cdots+a_nb_n,$$

这表明一个 $1\times n$ 的行矩阵与一个 $n\times 1$ 的列矩阵的乘积是一个数．

题型 2 矩阵乘法的可交换性

例 2 设 $\boldsymbol{A}=\begin{pmatrix}1 & 2\\1 & -1\end{pmatrix}$，$\boldsymbol{B}=\begin{pmatrix}a & b\\3 & 2\end{pmatrix}$，若矩阵 $\boldsymbol{A}$ 与矩阵 $\boldsymbol{B}$ 可交换，求 a，b 的值．

【解析】 由于 $\boldsymbol{A}$ 与 $\boldsymbol{B}$ 可交换，即 $\boldsymbol{AB}=\boldsymbol{BA}$. 于是有

$$\begin{pmatrix}1 & 2\\1 & -1\end{pmatrix}\begin{pmatrix}a & b\\3 & 2\end{pmatrix}=\begin{pmatrix}a & b\\3 & 2\end{pmatrix}\begin{pmatrix}1 & 2\\1 & -1\end{pmatrix},$$

即

$$\begin{pmatrix} a+6 & b+4 \\ a-3 & b-2 \end{pmatrix} = \begin{pmatrix} a+b & 2a-b \\ 5 & 4 \end{pmatrix},$$

从而得到$\begin{cases} a+6=a+b \\ b+4=2a-b \\ a-3=5 \\ b-2=4 \end{cases}$，因此 $a=8$，$b=6$.

例3 设 $\boldsymbol{A}$，$\boldsymbol{B}$ 为 n 阶方阵，下列等式正确的是（ ）.

（A）$(\boldsymbol{A}+\boldsymbol{B})^2=\boldsymbol{A}^2+2\boldsymbol{A}\boldsymbol{B}+\boldsymbol{B}^2$ （B）$(\boldsymbol{A}+\boldsymbol{B})(\boldsymbol{A}-\boldsymbol{B})=\boldsymbol{A}^2-\boldsymbol{B}^2$

（C）$\boldsymbol{A}^2-\boldsymbol{E}=(\boldsymbol{A}+\boldsymbol{E})(\boldsymbol{A}-\boldsymbol{E})$ （D）$(\boldsymbol{A}\boldsymbol{B})^2=\boldsymbol{A}^2\boldsymbol{B}^2$

【解析】 当 $\boldsymbol{AB}\neq\boldsymbol{BA}$ 时，即矩阵 $\boldsymbol{A}$ 与 $\boldsymbol{B}$ 不可交换时，选项（A）、（B）及（D）均错误，故选（C）.

题型3 方阵的幂

求方阵的幂的方法：

（1）数学归纳法．先计算 $\boldsymbol{A}^2$，$\boldsymbol{A}^3$ 等；从中观察$\boldsymbol{A}^k$ 的元素的规律，即$\boldsymbol{A}^k$ 的一般表达式；再用数学归纳法证明．

（2）利用矩阵乘法的结合律．若矩阵 $\boldsymbol{A}$ 可分解为 $\boldsymbol{A}=\boldsymbol{\alpha}\boldsymbol{\beta}^{\mathrm{T}}$，其中 $\boldsymbol{\alpha}$，$\boldsymbol{\beta}$ 均是 $n\times1$ 的矩阵．根据矩阵乘法的结合律，则有

$$\boldsymbol{A}^k=(\boldsymbol{\alpha}\boldsymbol{\beta}^{\mathrm{T}})^k=\underbrace{(\boldsymbol{\alpha}\boldsymbol{\beta}^{\mathrm{T}})\cdot(\boldsymbol{\alpha}\boldsymbol{\beta}^{\mathrm{T}})\cdots(\boldsymbol{\alpha}\boldsymbol{\beta}^{\mathrm{T}})}_{k个}=\boldsymbol{\alpha}\cdot\underbrace{(\boldsymbol{\beta}^{\mathrm{T}}\boldsymbol{\alpha})\cdots(\boldsymbol{\beta}^{\mathrm{T}}\boldsymbol{\alpha})}_{k-1个}\cdot\boldsymbol{\beta}^{\mathrm{T}}=(\boldsymbol{\beta}^{\mathrm{T}}\boldsymbol{\alpha})^{k-1}\boldsymbol{A}.$$

注意：根据矩阵的乘法定义，$\boldsymbol{\alpha}\boldsymbol{\beta}^{\mathrm{T}}$ 为 n 阶方阵，而 $\boldsymbol{\beta}^{\mathrm{T}}\boldsymbol{\alpha}$ 是一个数．

（3）利用相似对角化（参见第5章内容）．若存在 n 阶可逆矩阵 $\boldsymbol{P}$，使得

$$\boldsymbol{P}^{-1}\boldsymbol{A}\boldsymbol{P}=\mathbf{diag}(\lambda_1,\lambda_2,\cdots,\lambda_n)=\boldsymbol{\Lambda},$$

则 $\boldsymbol{A}=\boldsymbol{P}\boldsymbol{\Lambda}\boldsymbol{P}^{-1}$，且

$$\boldsymbol{A}^k=(\boldsymbol{P}\boldsymbol{\Lambda}\boldsymbol{P}^{-1})^k=\boldsymbol{P}\boldsymbol{\Lambda}^k\boldsymbol{P}^{-1}=\boldsymbol{P}\cdot\mathbf{diag}(\lambda_1^k,\lambda_2^k,\cdots,\lambda_n^k)\cdot\boldsymbol{P}^{-1}.$$

例4 已知 $\boldsymbol{A}=\begin{pmatrix} 1 & 0 & 1 \\ 0 & 2 & 0 \\ 1 & 0 & 1 \end{pmatrix}$，求 $\boldsymbol{A}^{2018}$.

【解析】 由于

$$\boldsymbol{A}^2=\begin{pmatrix} 2 & 0 & 2 \\ 0 & 4 & 0 \\ 2 & 0 & 2 \end{pmatrix}=2\boldsymbol{A},\boldsymbol{A}^3=2\boldsymbol{A}^2=2^2\boldsymbol{A},$$

设$\boldsymbol{A}^k=2^{k-1}\boldsymbol{A}$，则$\boldsymbol{A}^{k+1}=\boldsymbol{A}^k\boldsymbol{A}=2^{k-1}\boldsymbol{A}^2=2^k\boldsymbol{A}$．故

$$\boldsymbol{A}^{2018}=2^{2018-1}\boldsymbol{A}=\begin{pmatrix} 2^{2017} & 0 & 2^{2017} \\ 0 & 2^{2018} & 0 \\ 2^{2017} & 0 & 2^{2017} \end{pmatrix}.$$

例5 已知 $\boldsymbol{A}=\begin{pmatrix} 2 & 4 & -6 \\ 1 & 2 & -3 \\ 4 & 8 & -12 \end{pmatrix}$，求$\boldsymbol{A}^n$.

【解析】 因为

$$A=\begin{pmatrix}2&4&-6\\1&2&-3\\4&8&-12\end{pmatrix}=\begin{pmatrix}2\\1\\4\end{pmatrix}(1,2,-3)=\boldsymbol{\alpha}\boldsymbol{\beta}^{T},$$

其中$\boldsymbol{\alpha}=(2,1,4)^{T}$，$\boldsymbol{\beta}=(1,2,-3)^{T}$. 利用矩阵乘法的结合律，有

$$A^{n}=(\boldsymbol{\beta}^{T}\boldsymbol{\alpha})^{n-1}A=(-8)^{n-1}\begin{pmatrix}2&4&-6\\1&2&-3\\4&8&-12\end{pmatrix}.$$

题型4 对称矩阵与反对称矩阵

例6 对于任意的n阶方阵A，试证：

(1) $A+A^{T}$是对称矩阵，$A-A^{T}$是反对称矩阵；

(2) 任意的n阶方阵A都可以表示成一个对称矩阵和反对称矩阵的和.

【解析】 (1) 因为

$$(A+A^{T})^{T}=A^{T}+(A^{T})^{T}=A+A^{T};$$
$$(A-A^{T})^{T}=A^{T}-(A^{T})^{T}=A^{T}-A=-(A-A^{T}),$$

所以$A+A^{T}$是对称矩阵，$A-A^{T}$是反对称矩阵.

(2) 由于

$$A=\frac{A+A^{T}}{2}+\frac{A-A^{T}}{2}=B+C,$$

且根据 (1) 可知$B^{T}=B$，$C^{T}=-C$，即证.

题型5 方阵的行列式

例7 设A为n阶方阵，A^{*}为A的伴随矩阵，则$\left||A^{*}|A\right|=$ (　　).

(A) $|A|^{n^2}$　　(B) $|A|^{n}$　　(C) $|A|^{n^2-n}$　　(D) $|A|^{n^2-n+1}$

【解析】 因为$A^{*}=|A|\cdot A^{-1}$，所以

$$|A^{*}|=\left||A|\cdot A^{-1}\right|=|A|^{n}\cdot|A^{-1}|=|A|^{n-1},$$

于是，有

$$\left||A^{*}|A\right|=|A^{*}|^{n}\cdot|A|=(|A|^{n-1})^{n}\cdot|A|=|A|^{n^2-n+1},$$

故选 (D).

题型6 伴随矩阵及其运算

例8 设$A=\begin{pmatrix}2&1&0\\1&2&0\\0&0&1\end{pmatrix}$，矩阵$B$满足$ABA^{*}=2BA^{*}+E$，则$|B|=$________.

【解析】 因为$ABA^{*}=2BA^{*}+E$，所以

$$ABA^{*}-2BA^{*}=(A-2E)BA^{*}=E,$$

于是，有$|A-2E||B||A^{*}|=|E|=1$，而

$$|A-2E|=\begin{vmatrix}0&1&0\\1&0&0\\0&0&-1\end{vmatrix}=1,|A^{*}|=|A|^{3-1}=|A|^{2}=3^{2}=9,$$

故$|B|=\dfrac{1}{9}$.

题型7 具体矩阵的逆矩阵

求元素为数字型矩阵的逆矩阵时，常采用如下方法．

（1）伴随矩阵法：$\boldsymbol{A}^{-1}=\frac{1}{|\boldsymbol{A}|}\boldsymbol{A}^{*}$．

（2）初等变换法：$(\boldsymbol{A},\boldsymbol{E})\xrightarrow{\text{初等行变换}}(\boldsymbol{E},\boldsymbol{A}^{-1})$．

这表明求矩阵$\boldsymbol{A}$的逆矩阵时，可构造$n\times 2n$矩阵（$\boldsymbol{A}$，$\boldsymbol{E}$），然后对其实施初等行变换将矩阵$\boldsymbol{A}$化为单位矩阵$\boldsymbol{E}$，则上述初等行变换同时也将其中的单位矩阵$\boldsymbol{E}$化为$\boldsymbol{A}$的逆矩阵．

说明：初等变换法求逆矩阵的基本原理是可逆矩阵的行最简形矩阵就是单位阵．

例9 求矩阵$\boldsymbol{A}=\begin{pmatrix}1&0&0\\0&2&0\\0&0&3\end{pmatrix}$的逆矩阵．

【解析】 利用伴随矩阵法．

因为$|\boldsymbol{A}|=6\neq0$，故方阵$\boldsymbol{A}$可逆．而$\boldsymbol{A}^{*}=\begin{pmatrix}6&0&0\\0&3&0\\0&0&2\end{pmatrix}$，所以

$$\boldsymbol{A}^{-1}=\frac{1}{|\boldsymbol{A}|}\boldsymbol{A}^{*}=\frac{1}{6}\begin{pmatrix}6&0&0\\0&3&0\\0&0&2\end{pmatrix}=\begin{pmatrix}1&0&0\\0&\frac{1}{2}&0\\0&0&\frac{1}{3}\end{pmatrix}.$$

说明：可逆对角矩阵$\boldsymbol{A}$的逆矩阵即为它的对角线上每个元素的倒数所构成的矩阵，即

$$\begin{pmatrix}\lambda_1&&&\\&\lambda_2&&\\&&\ddots&\\&&&\lambda_n\end{pmatrix}^{-1}=\begin{pmatrix}\lambda_1^{-1}&&&\\&\lambda_2^{-1}&&\\&&\ddots&\\&&&\lambda_n^{-1}\end{pmatrix}.$$

例10 求矩阵$\boldsymbol{A}=\begin{pmatrix}0&-2&1\\3&0&-2\\-2&3&0\end{pmatrix}$的逆矩阵．

【解析】 利用初等变换法．

$$(\boldsymbol{A},\boldsymbol{E})=\begin{pmatrix}0&-2&1&1&0&0\\3&0&-2&0&1&0\\-2&3&0&0&0&1\end{pmatrix}\to\begin{pmatrix}3&0&-2&0&1&0\\0&-2&1&1&0&0\\-2&3&0&0&0&1\end{pmatrix}$$

$$\to\begin{pmatrix}1&3&-2&0&1&1\\0&-2&1&1&0&0\\-2&3&0&0&0&1\end{pmatrix}\to\begin{pmatrix}1&3&-2&0&1&1\\0&-2&1&1&0&0\\0&9&-4&0&2&3\end{pmatrix}$$

$$\to\begin{pmatrix}3&0&-2&0&1&0\\0&-2&1&1&0&0\\0&0&1&9&4&6\end{pmatrix}\to\begin{pmatrix}3&0&0&18&9&12\\0&-2&0&-8&-4&-6\\0&0&1&9&4&6\end{pmatrix}$$

$$\rightarrow\begin{pmatrix}1&0&0&6&3&4\\0&1&0&4&2&3\\0&0&1&9&4&6\end{pmatrix}$$

故

$$A^{-1}=\begin{pmatrix}6&3&4\\4&2&3\\9&4&6\end{pmatrix}.$$

题型 8 抽象矩阵的逆矩阵

对于元素未具体给出的抽象矩阵，判断其可逆及求逆矩阵常利用定义.

设 $\boldsymbol{A}$ 为 n 阶方阵，若能找到 n 阶方阵 $\boldsymbol{B}$，使得 $\boldsymbol{AB}=\boldsymbol{BA}=\boldsymbol{E}$，则证明了 $\boldsymbol{A}$ 可逆，同时也证明了 $\boldsymbol{A}^{-1}=\boldsymbol{B}$.

例 11 设 $\boldsymbol{A}$，$\boldsymbol{B}$ 为 n 阶方阵，则下列说法正确的是(　　).

(A) 若 $\boldsymbol{A}$，$\boldsymbol{B}$ 都可逆，则 $\boldsymbol{A}+\boldsymbol{B}$ 也可逆

(B) 若 $\boldsymbol{A}$，$\boldsymbol{B}$ 都不可逆，则 $\boldsymbol{A}+\boldsymbol{B}$ 也不可逆

(C) 若 $\boldsymbol{AB}$ 可逆，则 $\boldsymbol{A}$，$\boldsymbol{B}$ 都可逆

(D) 若 $\boldsymbol{AB}$ 不可逆，则 $\boldsymbol{A}$，$\boldsymbol{B}$ 都不可逆

【解析】 (A) 错误，如 $\boldsymbol{A}=\begin{pmatrix}1&0\\0&1\end{pmatrix}$，$\boldsymbol{B}=\begin{pmatrix}1&0\\0&-1\end{pmatrix}$，但 $\boldsymbol{A}+\boldsymbol{B}=\begin{pmatrix}2&0\\0&0\end{pmatrix}$不可逆；

(B) 错误，如 $\boldsymbol{A}=\begin{pmatrix}1&0\\0&0\end{pmatrix}$，$\boldsymbol{B}=\begin{pmatrix}0&0\\0&1\end{pmatrix}$，但 $\boldsymbol{A}+\boldsymbol{B}=\begin{pmatrix}1&0\\0&1\end{pmatrix}$可逆；

(D) 错误，如 $\boldsymbol{A}=\begin{pmatrix}1&0\\0&1\end{pmatrix}$，$\boldsymbol{B}=\begin{pmatrix}1&0\\0&0\end{pmatrix}$，则 $\boldsymbol{AB}$ 不可逆，但 $\boldsymbol{A}$ 可逆.

因为 $\boldsymbol{AB}$ 可逆，所以 $|\boldsymbol{AB}|=|\boldsymbol{A}||\boldsymbol{B}|\neq 0$，从而有 $|\boldsymbol{A}|\neq 0$ 且 $|\boldsymbol{B}|\neq 0$，这表明 $\boldsymbol{A}$，$\boldsymbol{B}$ 都可逆，故选 (C).

例 12 设方阵 $\boldsymbol{A}$ 满足方程 $\boldsymbol{A}^2-\boldsymbol{A}-2\boldsymbol{E}=\boldsymbol{O}$，证明：$\boldsymbol{A}$，$\boldsymbol{A}+2\boldsymbol{E}$ 都可逆，并求它们的逆矩阵.

【解析】 由 $\boldsymbol{A}^2-\boldsymbol{A}-2\boldsymbol{E}=\boldsymbol{O}$，得

$$\boldsymbol{A}(\boldsymbol{A}-\boldsymbol{E})=2\boldsymbol{E}\Rightarrow \boldsymbol{A}\cdot\frac{\boldsymbol{A}-\boldsymbol{E}}{2}=\boldsymbol{E},$$

故 $\boldsymbol{A}$ 可逆，且 $\boldsymbol{A}^{-1}=\dfrac{\boldsymbol{A}-\boldsymbol{E}}{2}$. 又

$$\boldsymbol{A}^2-\boldsymbol{A}-2\boldsymbol{E}=(\boldsymbol{A}+2\boldsymbol{E})(\boldsymbol{A}-3\boldsymbol{E})+4\boldsymbol{E}=\boldsymbol{O},$$

$$\Rightarrow\quad(\boldsymbol{A}+2\boldsymbol{E})\left[-\frac{1}{4}(\boldsymbol{A}-3\boldsymbol{E})\right]=\boldsymbol{E},$$

故 $\boldsymbol{A}+2\boldsymbol{E}$ 可逆，且 $(\boldsymbol{A}+2\boldsymbol{E})^{-1}=-\dfrac{1}{4}(\boldsymbol{A}-3\boldsymbol{E})$.

题型 9 初等变换与初等矩阵

利用初等矩阵可将对矩阵的初等变换转换成矩阵的乘法运算，反之也一样. 即在含有初等矩阵的乘法运算中，要灵活运用初等矩阵的性质，这样就容易求解相应的问题，切勿盲目

计算．

例13　设$A=\begin{pmatrix}a_{11}&a_{12}&a_{13}\\a_{21}&a_{22}&a_{23}\\a_{31}&a_{32}&a_{33}\end{pmatrix}$，$B=\begin{pmatrix}a_{21}&a_{22}&a_{23}\\a_{11}&a_{12}&a_{13}\\a_{31}+a_{11}&a_{32}+a_{12}&a_{33}+a_{13}\end{pmatrix}$，$P_1=\begin{pmatrix}0&1&0\\1&0&0\\0&0&1\end{pmatrix}$，$P_2=\begin{pmatrix}1&0&0\\0&1&0\\1&0&1\end{pmatrix}$，则有(　　)．

(A) $AP_1P_2=B$　　　　(B) $AP_2P_1=B$

(C) $P_1P_2A=B$　　　　(D) $P_2P_1A=B$

【解析】　因为B由A经过初等行变换得到，根据"左行右列"的原则，可知选项（A）与（B）错误．又$P_1=P(1,2)$，$P_2=P(31(1))$，且

$$A\xrightarrow[r_1\leftrightarrow r_2]{r_3+r_1}B,$$

从而有$P(1,2)P(31(1))A=B$，即$P_1P_2A=B$，故选（C）．

例14　计算$\begin{pmatrix}0&1&0\\1&0&0\\0&0&1\end{pmatrix}^{2017}\begin{pmatrix}1&2&3\\4&5&6\\7&8&9\end{pmatrix}\begin{pmatrix}0&0&1\\0&1&0\\1&0&0\end{pmatrix}^{2018}$．

【解析】　用$P(1,2)=\begin{pmatrix}0&1&0\\1&0&0\\0&0&1\end{pmatrix}$左乘矩阵$A=\begin{pmatrix}1&2&3\\4&5&6\\7&8&9\end{pmatrix}$，所得矩阵$P(1,2)A$表示交换矩阵$A$的第1行和第2行，而$[P(1,2)]^{2017}A$表示对$A$实施了奇数次的交换第1行和第2行，故$[P(1,2)]^{2017}A=\begin{pmatrix}4&5&6\\1&2&3\\7&8&9\end{pmatrix}$．该矩阵右乘$P(1,3)=\begin{pmatrix}0&0&1\\0&1&0\\1&0&0\end{pmatrix}$表示交换其第1列和第3列，实施了偶数次的列变换，其结果不变，故

$$\begin{pmatrix}0&1&0\\1&0&0\\0&0&1\end{pmatrix}^{2017}\begin{pmatrix}1&2&3\\4&5&6\\7&8&9\end{pmatrix}\begin{pmatrix}0&0&1\\0&1&0\\1&0&0\end{pmatrix}^{2018}=\begin{pmatrix}4&5&6\\1&2&3\\7&8&9\end{pmatrix}.$$

题型10　解矩阵方程

含有未知矩阵的方程称为矩阵方程．求解矩阵方程时，应先根据题设条件和矩阵的运算法则，将方程进行恒等变形，使方程化成形如$AX=B$或$XA=B$或$AXB=C$等形式，再代入已知条件求解．不要开始就代入已知数据，那样会使运算复杂化，费时易错．解矩阵方程常采用如下方法：

(1) 逆矩阵法

① 若A可逆，则矩阵方程$AX=B$的解为$X=A^{-1}B$；

② 若A可逆，则矩阵方程$XA=B$的解为$X=BA^{-1}$；

③ 若A，B均可逆，则矩阵方程$AXB=C$的解为$X=A^{-1}CB^{-1}$．

(2) 初等变换法

① 对于矩阵方程$AX=B$，若A可逆，先构造矩阵(A,B)，然后对其实施初等行变换，

将矩阵 $\boldsymbol{A}$ 化为单位矩阵 $\boldsymbol{E}$，则上述初等行变换的同时也将其中的矩阵 $\boldsymbol{B}$ 化为矩阵方程 $\boldsymbol{AX}=\boldsymbol{B}$ 的解$\boldsymbol{A}^{-1}\boldsymbol{B}$，即

$$(\boldsymbol{A},\boldsymbol{B})\xrightarrow{\text{初等行变换}}(\boldsymbol{E},\boldsymbol{A}^{-1}\boldsymbol{B}).$$

② 对于矩阵方程 $\boldsymbol{XA}=\boldsymbol{B}$，若 $\boldsymbol{A}$ 可逆，先构造矩阵$\begin{pmatrix}\boldsymbol{A}\\\boldsymbol{B}\end{pmatrix}$，然后对其实施初等列变换，将矩阵 $\boldsymbol{A}$ 化为单位矩阵 $\boldsymbol{E}$，则上述初等列变换的同时也将其中的矩阵 $\boldsymbol{B}$ 化为矩阵方程 $\boldsymbol{XA}=\boldsymbol{B}$ 的解 $\boldsymbol{B}\boldsymbol{A}^{-1}$，即

$$\begin{pmatrix}\boldsymbol{A}\\\boldsymbol{B}\end{pmatrix}\xrightarrow{\text{初等列变换}}\begin{pmatrix}\boldsymbol{E}\\\boldsymbol{B}\boldsymbol{A}^{-1}\end{pmatrix}.$$

（3）若 $\boldsymbol{A}$ 不可逆，如矩阵方程 $\boldsymbol{AX}=\boldsymbol{B}$，则将 $\boldsymbol{X}$ 和 $\boldsymbol{B}$ 按列分块，得

$$\boldsymbol{A}(\boldsymbol{\alpha}_1,\boldsymbol{\alpha}_2,\cdots,\boldsymbol{\alpha}_n)=(\boldsymbol{\beta}_1,\boldsymbol{\beta}_2,\cdots,\boldsymbol{\beta}_n)=\boldsymbol{B},$$

即 $\boldsymbol{A}\boldsymbol{\alpha}_i=\boldsymbol{\beta}_i(i=1,2,\cdots,n)$. 求解上述线性方程组，得每个方程组的解$\boldsymbol{\xi}_i$，进而得到方程的解 $\boldsymbol{X}=(\boldsymbol{\xi}_1,\boldsymbol{\xi}_2,\cdots,\boldsymbol{\xi}_n)$.

（4）待定系数法，即：设未知矩阵 $\boldsymbol{X}=(x_{ij})$，直接代入方程得到含有未知量 x_{ij} 的线性方程组，求得 $\boldsymbol{X}$ 的元素 x_{ij}，进而得到方程的解 $\boldsymbol{X}$.

例 15 解矩阵方程 $\boldsymbol{AX}=\boldsymbol{B}$，其中

$$\boldsymbol{A}=\begin{pmatrix}1&2&3\\2&2&1\\3&4&3\end{pmatrix},\quad \boldsymbol{B}=\begin{pmatrix}2&5\\3&1\\4&3\end{pmatrix}.$$

【解析】 **方法 1** 逆矩阵法

因为$\begin{vmatrix}1&2&3\\2&2&1\\3&4&3\end{vmatrix}=2\neq0$，故 $\boldsymbol{A}$ 可逆，且

$$\boldsymbol{A}^{-1}=\begin{pmatrix}1&3&-2\\-\frac{3}{2}&-3&\frac{5}{2}\\1&1&-1\end{pmatrix},$$

于是

$$\boldsymbol{X}=\boldsymbol{A}^{-1}\boldsymbol{B}=\begin{pmatrix}1&3&-2\\-\frac{3}{2}&-3&\frac{5}{2}\\1&1&-1\end{pmatrix}\begin{pmatrix}2&5\\3&1\\4&3\end{pmatrix}=\begin{pmatrix}3&2\\-2&-3\\1&3\end{pmatrix}.$$

方法 2 初等变换法

因为 $\boldsymbol{A}$ 可逆，且

$$(\boldsymbol{A},\boldsymbol{B})=\begin{pmatrix}1&2&3&2&5\\2&2&1&3&1\\3&4&3&4&3\end{pmatrix}\to\begin{pmatrix}1&2&3&2&5\\0&-2&-5&-1&-9\\0&-2&-6&-2&-12\end{pmatrix}$$

$$\to\begin{pmatrix}1&0&0&3&2\\0&-2&0&4&6\\0&0&-1&-1&-3\end{pmatrix}\to\begin{pmatrix}1&0&0&3&2\\0&1&0&-2&-3\\0&0&1&1&3\end{pmatrix}$$

所以

$$X = A^{-1}B = \begin{pmatrix} 3 & 2 \\ -2 & -3 \\ 1 & 3 \end{pmatrix}.$$

例16 设矩阵 $A = \begin{pmatrix} 1 & 0 & 1 \\ -1 & 2 & 0 \\ 0 & 0 & 1 \end{pmatrix}$，且满足 $AX + E = A^2 + X$，其中 E 是三阶单位矩阵，求矩阵 X.

【解析】 对方程恒等变形，有

$$(A - E)X = A^2 - E = (A - E)(A + E),$$

注意到 $A - E = \begin{pmatrix} 0 & 0 & 1 \\ -1 & 1 & 0 \\ 0 & 0 & 0 \end{pmatrix}$，且 $r(A-E) = 2 < 3$，这表明 $A - E$ 不可逆．又因为

$$(A - E)(A + E) = \begin{pmatrix} 0 & 0 & 1 \\ -1 & 1 & 0 \\ 0 & 0 & 0 \end{pmatrix}\begin{pmatrix} 2 & 0 & 1 \\ -1 & 3 & 0 \\ 0 & 0 & 2 \end{pmatrix} = \begin{pmatrix} 0 & 0 & 2 \\ -3 & 3 & -1 \\ 0 & 0 & 0 \end{pmatrix},$$

将 X 和 $(A-E)(A+E)$ 以列分块，有

$$\begin{pmatrix} 0 & 0 & 1 \\ -1 & 1 & 0 \\ 0 & 0 & 0 \end{pmatrix}(\alpha_1, \alpha_2, \alpha_3) = (\beta_1, \beta_2, \beta_3) = \begin{pmatrix} 0 & 0 & 2 \\ -3 & 3 & -1 \\ 0 & 0 & 0 \end{pmatrix},$$

得到3个方程组 $(A-E)\alpha_i = \beta_i (i = 1,2,3)$，解得

$$\xi_1 = \begin{pmatrix} k_1 \\ k_1 - 3 \\ 0 \end{pmatrix}, \xi_2 = \begin{pmatrix} k_2 \\ k_2 + 3 \\ 0 \end{pmatrix}, \xi_3 = \begin{pmatrix} k_3 + 1 \\ k_3 \\ 2 \end{pmatrix},$$

故

$$X = \begin{pmatrix} k_1 & k_2 & k_3 + 1 \\ k_1 - 3 & k_2 + 3 & k_3 \\ 0 & 0 & 2 \end{pmatrix}, k_1, k_2, k_3 \text{ 为任意常数}.$$

例17 设 $A = \begin{pmatrix} 1 & a \\ 1 & 0 \end{pmatrix}$，$B = \begin{pmatrix} 0 & 1 \\ 1 & b \end{pmatrix}$，当 a，b 为何值时，存在矩阵 C，使得 $AC - CA = B$，并求所有的矩阵 C.

【解析】 待定系数法

设 $C = \begin{pmatrix} x_1 & x_2 \\ x_3 & x_4 \end{pmatrix}$，则

$$\begin{pmatrix} 1 & a \\ 1 & 0 \end{pmatrix}\begin{pmatrix} x_1 & x_2 \\ x_3 & x_4 \end{pmatrix} - \begin{pmatrix} x_1 & x_2 \\ x_3 & x_4 \end{pmatrix}\begin{pmatrix} 1 & a \\ 1 & 0 \end{pmatrix} = \begin{pmatrix} 0 & 1 \\ 1 & b \end{pmatrix},$$

得

$$\begin{pmatrix} -x_2+ax_3 & -ax_1+x_2+ax_4 \\ x_1-x_3-x_4 & x_2-ax_3 \end{pmatrix}=\begin{pmatrix} 0 & 1 \\ 1 & b \end{pmatrix},$$

即$\begin{cases} -x_2+ax_3=0 \\ -ax_1+x_2+ax_4=1 \\ x_1-x_3-x_4=1 \\ x_2-ax_3=b \end{cases}$，对该方程组的增广矩阵作初等行变换，有

$$\begin{pmatrix} 0 & -1 & a & 0 & 0 \\ -a & 1 & 0 & a & 1 \\ 1 & 0 & -1 & -1 & 1 \\ 0 & 1 & -a & 0 & b \end{pmatrix}\to\begin{pmatrix} 1 & 0 & -1 & -1 & 1 \\ 0 & 1 & -a & 0 & 0 \\ 0 & 0 & 0 & 0 & a+1 \\ 0 & 0 & 0 & 0 & b \end{pmatrix},$$

当 $a\neq -1$ 或 $b\neq 0$ 时，方程组无解．当 $a=-1$，$b=0$ 时，方程组有解，此时有

$$\begin{pmatrix} 0 & -1 & -1 & 0 & 0 \\ 1 & 1 & 0 & -1 & 1 \\ 1 & 0 & -1 & -1 & 1 \\ 0 & 1 & 1 & 0 & 0 \end{pmatrix}\to\begin{pmatrix} 1 & 0 & -1 & -1 & 1 \\ 0 & 1 & 1 & 0 & 0 \\ 0 & 0 & 0 & 0 & 0 \\ 0 & 0 & 0 & 0 & 0 \end{pmatrix},$$

故同解方程组为$\begin{cases} x_1= \ \ x_3+x_4+1 \\ x_2=-x_3 \end{cases}$，通解为

$$\begin{pmatrix} x_1 \\ x_2 \\ x_3 \\ x_4 \end{pmatrix}=\begin{pmatrix} 1 \\ 0 \\ 0 \\ 0 \end{pmatrix}+k_1\begin{pmatrix} 1 \\ -1 \\ 1 \\ 0 \end{pmatrix}+k_2\begin{pmatrix} 1 \\ 0 \\ 0 \\ 1 \end{pmatrix},$$

其中 k_1，k_2 为任意常数．因此，当 $a=-1$，$b=0$ 时，存在满足条件的矩阵 $\boldsymbol{C}$，且

$$\boldsymbol{C}=\begin{pmatrix} 1+k_1+k_2 & -k_1 \\ k_1 & k_2 \end{pmatrix},k_1,k_2\text{ 为任意常数}.$$

题型 11 矩阵的秩

1. 求元素为数字型矩阵的秩时，常采用如下方法：

（1）初等变换法：把矩阵用初等行变换变成行阶梯形矩阵，行阶梯形矩阵中非零行的行数就是该矩阵的秩．

（2）计算矩阵 $\boldsymbol{A}$ 中非零子式的最高阶数．一般从二阶子式开始算起，直至找到最高阶非零子式．

2. 最高阶非零子式的求法

矩阵的最高阶非零子式可能有多种情况，通常取阶梯线的竖线后面第一个非零元所在行、列组成．

例 18 求矩阵 $\boldsymbol{A}=\begin{pmatrix} 3 & 2 & 0 & 5 & 0 \\ 3 & -2 & 3 & 6 & -1 \\ 2 & 0 & 1 & 5 & -3 \\ 1 & 6 & -4 & -1 & 4 \end{pmatrix}$的秩，并求 $\boldsymbol{A}$ 的一个最高阶非零子式．

【解析】　利用初等变换法．因为

$$A=\begin{pmatrix}3&2&0&5&0\\3&-2&3&6&-1\\2&0&1&5&-3\\1&6&-4&-1&4\end{pmatrix}\to\begin{pmatrix}1&6&-4&-1&4\\3&-2&3&6&-1\\2&0&1&5&-3\\3&2&0&5&0\end{pmatrix}$$

$$\to\begin{pmatrix}1&6&-4&-1&4\\0&-4&3&1&-1\\0&-12&9&7&-11\\0&-16&12&8&-12\end{pmatrix}\to\begin{pmatrix}1&6&-4&-1&4\\0&-4&3&1&-1\\0&0&0&4&-8\\0&0&0&4&-8\end{pmatrix}$$

$$\to\begin{pmatrix}1&6&-4&-1&4\\0&-4&3&1&-1\\0&0&0&4&-8\\0&0&0&0&0\end{pmatrix}$$

且行阶梯形矩阵有3个非零行，故 $r(A)=3$. 它的第1，2，3行和第1，2，4列构成最高阶非零子式．

例19　设矩阵 $A=\begin{pmatrix}k&1&1&1\\1&k&1&1\\1&1&k&1\\1&1&1&k\end{pmatrix}$，且 $r(A)=3$，则 $k=$________．

【解析】　因为 $|A|=(k+3)(k-1)^3$，且 $r(A)=3$，这表明 A 为降秩矩阵，故 $|A|=0$.

当 $k=1$ 时，有

$$A=\begin{pmatrix}1&1&1&1\\1&1&1&1\\1&1&1&1\\1&1&1&1\end{pmatrix}\to\begin{pmatrix}1&1&1&1\\0&0&0&0\\0&0&0&0\\0&0&0&0\end{pmatrix},$$

此时 $r(A)=1$，不满足条件．

当 $k=-3$ 时，有

$$A=\begin{pmatrix}-3&1&1&1\\1&-3&1&1\\1&1&-3&1\\1&1&1&-3\end{pmatrix}\to\begin{pmatrix}1&1&1&-3\\0&1&1&-2\\0&0&1&-1\\0&0&0&0\end{pmatrix},$$

此时 $r(A)=3$，满足条件．

题型12　分块矩阵

例20　设 $A=\begin{pmatrix}1&1&0&0\\3&2&0&0\\0&0&3&2\\0&0&3&4\end{pmatrix}=\begin{pmatrix}B&O\\O&C\end{pmatrix}$，求 $|A|$ 及 A 的逆．

【解析】 因为$|\boldsymbol{B}|=-1$，$|\boldsymbol{C}|=6$，所以$\boldsymbol{B}$和$\boldsymbol{C}$都是可逆矩阵，且

$$|\boldsymbol{A}|=|\boldsymbol{B}||\boldsymbol{C}|=-6\neq 0,$$

因此$\boldsymbol{A}$可逆．又

$$\boldsymbol{B}^{-1}=\begin{pmatrix}-2 & 1\\ 3 & -1\end{pmatrix},\quad \boldsymbol{C}^{-1}=\begin{pmatrix}\frac{2}{3} & -\frac{1}{3}\\ -\frac{1}{2} & \frac{1}{2}\end{pmatrix},$$

故

$$\boldsymbol{A}=\begin{pmatrix}\boldsymbol{B}^{-1} & \boldsymbol{O}\\ \boldsymbol{O} & \boldsymbol{C}^{-1}\end{pmatrix}=\begin{pmatrix}-2 & 1 & 0 & 0\\ 3 & -1 & 0 & 0\\ 0 & 0 & \frac{2}{3} & -\frac{1}{3}\\ 0 & 0 & -\frac{1}{2} & \frac{1}{2}\end{pmatrix}.$$

例21 设$\boldsymbol{A}=\begin{pmatrix}\boldsymbol{B} & \boldsymbol{D}\\ \boldsymbol{O} & \boldsymbol{C}\end{pmatrix}$，其中$\boldsymbol{B}$和$\boldsymbol{C}$都是可逆矩阵，证明：$\boldsymbol{A}$可逆，并求$\boldsymbol{A}$的逆．

【解析】 由$\boldsymbol{B}$，$\boldsymbol{C}$都可逆，有$|\boldsymbol{A}|=|\boldsymbol{B}||\boldsymbol{C}|\neq 0$，因此$\boldsymbol{A}$可逆．

设$\boldsymbol{A}^{-1}=\begin{pmatrix}\boldsymbol{X}_1 & \boldsymbol{X}_2\\ \boldsymbol{X}_3 & \boldsymbol{X}_4\end{pmatrix}$，则有

$$\begin{pmatrix}\boldsymbol{B} & \boldsymbol{D}\\ \boldsymbol{O} & \boldsymbol{C}\end{pmatrix}\begin{pmatrix}\boldsymbol{X}_1 & \boldsymbol{X}_2\\ \boldsymbol{X}_3 & \boldsymbol{X}_4\end{pmatrix}=\begin{pmatrix}\boldsymbol{E} & \boldsymbol{O}\\ \boldsymbol{O} & \boldsymbol{E}\end{pmatrix},$$

即

$$\begin{cases}\boldsymbol{B}\boldsymbol{X}_1+\boldsymbol{D}\boldsymbol{X}_3=\boldsymbol{E}\\ \boldsymbol{B}\boldsymbol{X}_2+\boldsymbol{D}\boldsymbol{X}_4=\boldsymbol{O}\\ \boldsymbol{C}\boldsymbol{X}_3=\boldsymbol{O}\\ \boldsymbol{C}\boldsymbol{X}_4=\boldsymbol{E}\end{cases},$$

从而解得$\begin{cases}\boldsymbol{X}_1=\boldsymbol{B}^{-1}\\ \boldsymbol{X}_2=-\boldsymbol{B}^{-1}\boldsymbol{D}\boldsymbol{C}^{-1}\\ \boldsymbol{X}_3=\boldsymbol{O}\\ \boldsymbol{X}_4=\boldsymbol{C}^{-1}\end{cases}$，因此

$$\boldsymbol{A}^{-1}=\begin{pmatrix}\boldsymbol{B}^{-1} & -\boldsymbol{B}^{-1}\boldsymbol{D}\boldsymbol{C}^{-1}\\ \boldsymbol{O} & \boldsymbol{C}^{-1}\end{pmatrix}.$$

巩固练习

一、填空题

1. 设$\boldsymbol{A}=\begin{pmatrix}a & a\\ -a & -a\end{pmatrix}$，$\boldsymbol{B}=\begin{pmatrix}b & -b\\ -b & b\end{pmatrix}$，则$\boldsymbol{AB}=$________．

2. 已知 $\boldsymbol{A}$ 是3阶矩阵，且所有元素都是 -1，则 $\boldsymbol{A}^4+2\boldsymbol{A}^3=$________.

3. 设 $\boldsymbol{A}=\begin{pmatrix}5&0&0\\0&2&0\\0&0&9\end{pmatrix}$，则 $\boldsymbol{A}^n=$________.

4. 已知 $\boldsymbol{\alpha}=(1,2,3)$，$\boldsymbol{\beta}=\left(1,\dfrac{1}{2},\dfrac{1}{3}\right)$. 记 $\boldsymbol{A}=\boldsymbol{\alpha}^{\mathrm{T}}\boldsymbol{\beta}$，则 $\boldsymbol{A}^n=$________.

5. 设 $\boldsymbol{A}$ 为 n 阶方阵，且 $|\boldsymbol{A}|=2$，则 $||\boldsymbol{A}|\boldsymbol{A}^{\mathrm{T}}|=$________.

6. 设3阶方阵 $\boldsymbol{A}$ 的伴随矩阵为 $\boldsymbol{A}^*$，且 $|\boldsymbol{A}|=\dfrac{1}{2}$，则 $|(3\boldsymbol{A})^{-1}-2\boldsymbol{A}^*|=$________.

7. 设 $\boldsymbol{A}=\begin{pmatrix}1&0&0\\2&3&0\\4&5&6\end{pmatrix}$，则 $\boldsymbol{A}^*=$________，$\boldsymbol{A}^{-1}=$________.

8. 设 $\boldsymbol{A}=\begin{pmatrix}1&0&0\\2&2&0\\3&4&5\end{pmatrix}$，$\boldsymbol{A}^*$ 是 $\boldsymbol{A}$ 的伴随矩阵，则 $(\boldsymbol{A}^*)^{-1}=$________.

9. 设方阵 $\boldsymbol{A}$ 满足方程 $\boldsymbol{A}^3=2\boldsymbol{E}$，则 $(\boldsymbol{E}-\boldsymbol{A})^{-1}=$________.

10. 已知 $\boldsymbol{\alpha}=(1,1,1)$，$\boldsymbol{\beta}=(1,-1,1)$. 若 $\boldsymbol{A}=\boldsymbol{\alpha}^{\mathrm{T}}\boldsymbol{\beta}$，则 $r(\boldsymbol{A})=$________.

11. 设 $\boldsymbol{A}$ 是 4×3 矩阵，且 $r(\boldsymbol{A})=2$，而 $\boldsymbol{B}=\begin{pmatrix}1&0&2\\0&2&0\\-1&0&3\end{pmatrix}$，则 $r(\boldsymbol{AB})=$________.

12. 设 $\boldsymbol{A}=\begin{pmatrix}0&0&5&2\\0&0&2&1\\2&1&0&0\\1&1&0&0\end{pmatrix}$，则 $\boldsymbol{A}^{-1}=$________.

二、选择题

1. 设 $\boldsymbol{A}$，$\boldsymbol{B}$，$\boldsymbol{C}$ 均为 n 阶方阵，且 $\boldsymbol{AB}=\boldsymbol{BC}=\boldsymbol{CA}=\boldsymbol{E}$，则 $\boldsymbol{A}^2+\boldsymbol{B}^2+\boldsymbol{C}^2=$（　　）.

（A）$3\boldsymbol{E}$　　（B）$2\boldsymbol{E}$　　（C）$\boldsymbol{E}$　　（D）$\boldsymbol{O}$

2. 设 $\boldsymbol{A}=\begin{pmatrix}a&0\\0&b\end{pmatrix}$，其中 $a\neq b$，则与 $\boldsymbol{A}$ 可交换的矩阵是(　　).

（A）$\begin{pmatrix}1&2\\0&0\end{pmatrix}$　　（B）$\begin{pmatrix}1&0\\2&0\end{pmatrix}$　　（C）$\begin{pmatrix}1&0\\0&2\end{pmatrix}$　　（D）$\begin{pmatrix}1&1\\2&2\end{pmatrix}$

3. 设 $\boldsymbol{A}$，$\boldsymbol{B}$ 为 n 阶方阵，且 $\boldsymbol{A}^{\mathrm{T}}=-\boldsymbol{A}$，$\boldsymbol{B}^{\mathrm{T}}=\boldsymbol{B}$，则下列说法中正确的是(　　).

（A）$(\boldsymbol{A}+\boldsymbol{B})^{\mathrm{T}}=\boldsymbol{A}+\boldsymbol{B}$　　（B）$(\boldsymbol{AB})^{\mathrm{T}}=-\boldsymbol{AB}$

（C）$\boldsymbol{A}^2$ 是对称矩阵　　（D）$\boldsymbol{B}^2+\boldsymbol{A}$ 是对称矩阵

4. 设 n 阶方阵 $\boldsymbol{A}$ 与 $\boldsymbol{B}$ 等价，则(　　).

（A）$|\boldsymbol{A}|=|\boldsymbol{B}|$　　（B）若 $|\boldsymbol{A}|\neq0$，则 $|\boldsymbol{B}|\neq0$

（C）$|\boldsymbol{A}|\neq|\boldsymbol{B}|$　　（D）$|\boldsymbol{A}|=-|\boldsymbol{B}|$

5. 设 $\boldsymbol{A}$，$\boldsymbol{B}$ 为 n 阶方阵，且 $\boldsymbol{AB}=\boldsymbol{O}$，则必有(　　).

(A) $\boldsymbol{A}=\boldsymbol{O}$ 或 $\boldsymbol{B}=\boldsymbol{O}$

(B) $\boldsymbol{A}+\boldsymbol{B}=\boldsymbol{O}$

(C) $|\boldsymbol{A}|=0$ 或 $|\boldsymbol{B}|=0$

(D) $|\boldsymbol{A}|+|\boldsymbol{B}|=0$

6. 设 $\boldsymbol{A}$ 为 n ($n\geqslant 2$) 阶可逆矩阵，$\boldsymbol{A}^*$ 是 $\boldsymbol{A}$ 的伴随矩阵，则(　　).

(A) $(\boldsymbol{A}^*)^*=|\boldsymbol{A}|^{n-1}\boldsymbol{A}$

(B) $(\boldsymbol{A}^*)^*=|\boldsymbol{A}|^{n+1}\boldsymbol{A}$

(C) $(\boldsymbol{A}^*)^*=|\boldsymbol{A}|^{n-2}\boldsymbol{A}$

(D) $(\boldsymbol{A}^*)^*=|\boldsymbol{A}|^{n+2}\boldsymbol{A}$

7. 已知 $\boldsymbol{A}^2+\boldsymbol{A}-\boldsymbol{E}=\boldsymbol{O}$，则 $\boldsymbol{A}^{-1}=$(　　).

(A) $\boldsymbol{A}-\boldsymbol{E}$　(B) $-\boldsymbol{A}-\boldsymbol{E}$　(C) $\boldsymbol{A}+\boldsymbol{E}$　(D) $-\boldsymbol{A}+\boldsymbol{E}$

8. 设 $\boldsymbol{A}$，$\boldsymbol{B}$ 为 n 阶方阵，则下列说法中不正确的是(　　).

(A) 若 $\boldsymbol{A}$ 可逆，且 $\boldsymbol{AB}=\boldsymbol{O}$，则 $\boldsymbol{B}=\boldsymbol{O}$

(B) 若 $\boldsymbol{A}$，$\boldsymbol{B}$ 中有一个不可逆，则 $\boldsymbol{AB}$ 不可逆

(C) 若 $\boldsymbol{A}$，$\boldsymbol{B}$ 可逆，则存在非零矩阵 $\boldsymbol{C}$，使得 $\boldsymbol{ABC}=\boldsymbol{O}$

(D) 若 $\boldsymbol{A}$，$\boldsymbol{B}$ 可逆，则 $\boldsymbol{A}^{\mathrm{T}}\boldsymbol{B}$ 可逆

9. 设 $\boldsymbol{A}$ 为 3 阶方阵，将 $\boldsymbol{A}$ 的第 1 列与第 2 列交换得 $\boldsymbol{B}$，再将 $\boldsymbol{B}$ 的第 2 列加到第 3 列得 $\boldsymbol{C}$，则满足 $\boldsymbol{AQ}=\boldsymbol{C}$ 的可逆矩阵 $\boldsymbol{Q}=$(　　).

(A) $\begin{pmatrix}0&1&0\\1&0&0\\1&0&1\end{pmatrix}$　(B) $\begin{pmatrix}0&1&0\\1&0&1\\0&0&1\end{pmatrix}$　(C) $\begin{pmatrix}0&1&0\\1&0&0\\0&1&1\end{pmatrix}$　(D) $\begin{pmatrix}0&1&1\\1&0&0\\0&0&1\end{pmatrix}$

10. 设 $\boldsymbol{A}$ 为 3 阶可逆方阵，交换 $\boldsymbol{A}$ 的第 1 行与第 2 行得矩阵 $\boldsymbol{B}$，则(　　).

(A) 交换 $\boldsymbol{A}^*$ 的第 1 列与第 2 列得 $\boldsymbol{B}^*$

(B) 交换 $\boldsymbol{A}^*$ 的第 1 行与第 2 行得 $\boldsymbol{B}^*$

(C) 交换 $\boldsymbol{A}^*$ 的第 1 列与第 2 列得 $-\boldsymbol{B}^*$

(D) 交换 $\boldsymbol{A}^*$ 的第 1 行与第 2 行得 $-\boldsymbol{B}^*$

11. 设 3 阶矩阵 $\boldsymbol{A}=\begin{pmatrix}a&b&b\\b&a&b\\b&b&a\end{pmatrix}$，若 $r(\boldsymbol{A}^*)=1$，则必有(　　).

(A) $a=b$ 或 $a+2b=0$

(B) $a=b$ 或 $a+2b\neq 0$

(C) $a\neq b$ 且 $a+2b=0$

(D) $a\neq b$ 且 $a+2b\neq 0$

12. 设 $\boldsymbol{A}$，$\boldsymbol{B}$ 为 n 阶非零矩阵，且 $\boldsymbol{AB}=\boldsymbol{O}$，则 $r(\boldsymbol{A})$ 和 $r(\boldsymbol{B})$(　　).

(A) 有一个等于 0

(B) 都小于 n

(C) 都为 n

(D) 一个小于 n，一个等于 n

三、解答题

1. 设 $\boldsymbol{A}=\begin{pmatrix}1&a\\0&1\end{pmatrix}$，其中 $a\neq 0$，试求所有与 $\boldsymbol{A}$ 可交换的矩阵.

2. 设

$$\boldsymbol{P}=\begin{pmatrix}2&1\\5&3\end{pmatrix},\quad \boldsymbol{Q}=\begin{pmatrix}3&-1\\-5&2\end{pmatrix},\quad \boldsymbol{\Lambda}=\begin{pmatrix}-1&0\\0&2\end{pmatrix}.$$

(1) 计算 $\boldsymbol{QP}$；

(2) 设 $\boldsymbol{A}=\boldsymbol{P\Lambda Q}$，计算 $\boldsymbol{A}^n$.

3. 设 $\boldsymbol{A}=\begin{pmatrix}0&1&0\\1&0&-1\\0&-1&0\end{pmatrix}$，计算 $\boldsymbol{A}^n$.

4. 设$\boldsymbol{A}$是n阶反对称矩阵，若$\boldsymbol{A}$可逆，则n必为偶数.

5. 设$\boldsymbol{A}$，$\boldsymbol{B}$均为n阶方阵，$|\boldsymbol{A}|=2$，$|\boldsymbol{B}|=-3$，求：$|\boldsymbol{A}^{-1}\boldsymbol{B}^*-\boldsymbol{A}^*\boldsymbol{B}^{-1}|$.

6. 设$\boldsymbol{A}$是n阶矩阵，满足$\boldsymbol{A}\boldsymbol{A}^{\mathrm{T}}=\boldsymbol{E}$，且$|\boldsymbol{A}|<0$，求：$|\boldsymbol{A}|$和$|\boldsymbol{A}+\boldsymbol{E}|$.

7. 已知3阶矩阵$\boldsymbol{A}$的逆矩阵为$\boldsymbol{A}^{-1}=\begin{pmatrix}1&1&1\\1&2&1\\1&1&3\end{pmatrix}$，试求：伴随矩阵$\boldsymbol{A}^*$的逆矩阵.

8. 设$\boldsymbol{B}=(\boldsymbol{E}+\boldsymbol{A})(\boldsymbol{E}-\boldsymbol{A})^{-1}$，其中$\boldsymbol{A}=\begin{pmatrix}1&2&3\\2&1&5\\1&1&1\end{pmatrix}$，试求：$\boldsymbol{E}+\boldsymbol{B}$的逆矩阵.

9. 设方阵$\boldsymbol{A}$满足$\boldsymbol{A}^3-\boldsymbol{A}^2+2\boldsymbol{A}-\boldsymbol{E}=\boldsymbol{O}$，证明：$\boldsymbol{A}$和$\boldsymbol{E}-\boldsymbol{A}$可逆，并求它们的逆矩阵.

10. 已知$\boldsymbol{A}^3=2\boldsymbol{E}$，$\boldsymbol{B}=\boldsymbol{A}^2-2\boldsymbol{A}+2\boldsymbol{E}$，证明：$\boldsymbol{B}$可逆，并求它的逆矩阵.

11. 设$\boldsymbol{A}=\begin{pmatrix}1&2&3\\2&2&1\\3&4&3\end{pmatrix}$，$\boldsymbol{B}=\begin{pmatrix}2&1\\5&3\end{pmatrix}$，$\boldsymbol{C}=\begin{pmatrix}1&3\\2&0\\3&1\end{pmatrix}$，求矩阵$\boldsymbol{X}$，使其满足$\boldsymbol{AXB}=\boldsymbol{C}$.

12. 设矩阵$\boldsymbol{A}=\begin{pmatrix}1&0&1\\0&2&0\\1&0&1\end{pmatrix}$，且满足$\boldsymbol{AX}+\boldsymbol{E}=\boldsymbol{A}^2+\boldsymbol{X}$，其中$\boldsymbol{E}$是三阶单位矩阵，求矩阵$\boldsymbol{X}$.

13. 求解矩阵方程$\boldsymbol{AX}=\boldsymbol{A}+\boldsymbol{X}$，其中，$\boldsymbol{A}=\begin{pmatrix}2&2&0\\2&1&3\\0&1&0\end{pmatrix}$.

14. 设矩阵$\boldsymbol{A}=\begin{pmatrix}2&-2&-4\\-1&3&4\\1&-2&-3\end{pmatrix}$，问是否存在三阶非单位矩阵$\boldsymbol{B}$，使得$\boldsymbol{AB}=\boldsymbol{A}$？若不存在，请说明理由；若存在，求出满足条件的矩阵$\boldsymbol{B}$.

15. 求矩阵$\boldsymbol{A}=\begin{pmatrix}1&-2&2&-1&1\\2&-4&8&0&2\\-2&4&-2&3&3\\3&-6&0&-6&4\end{pmatrix}$的秩，并求$\boldsymbol{A}$的一个最高阶非零子式.

16. 设$\boldsymbol{A}=\begin{pmatrix}1&2&-1&1\\3&2&\lambda&-1\\5&6&3&\mu\end{pmatrix}$，已知$r(\boldsymbol{A})=2$，求$\lambda$与$\mu$的值.

17. 设$\boldsymbol{A}=\begin{pmatrix}1&-2&3k\\-1&2k&-3\\k&-2&3\end{pmatrix}$，问$k$取何值时，可使：（1）$r(\boldsymbol{A})=1$；（2）$r(\boldsymbol{A})=2$；（3）$r(\boldsymbol{A})=3$.

18. 设$\boldsymbol{A}=\begin{pmatrix}3&4&0&0\\4&-3&0&0\\0&0&2&0\\0&0&2&2\end{pmatrix}$，求$|\boldsymbol{A}|$及$\boldsymbol{A}^4$.

第3章　向　　量

基本要求

1. 理解 n 维向量、向量的线性组合与线性表示的概念.

2. 理解向量组线性相关、线性无关的概念，掌握向量组线性相关、线性无关的有关性质及判别法.

3. 理解向量组的极大线性无关组和向量组的秩的概念，会求向量组的极大线性无关组及秩.

4. 理解向量组等价的概念，理解矩阵的秩与其行（列）向量组的秩之间的关系.

5. 了解内积的概念，掌握线性无关向量组正交规范化的施密特（Schmidt）方法.

6. 了解 n 维向量空间、子空间、基底、维数、坐标等概念.

7. 了解基变换和坐标变换公式，会求过渡矩阵.

8. 了解规范正交基、正交矩阵的概念以及它们的性质.

知识点拨

一、向量

1. 向量的概念

n 个有次序的数 a_1，a_2，…，a_n 所组成的数组称为 n 维向量，这 n 个数称为该向量的 n 个分量，第 i 个数 a_i 称为第 i 个分量.

2. 特殊的向量

（1）零向量：分量全为0的向量.

（2）行向量：n 维向量写成一行，即$\boldsymbol{a}^{\mathrm{T}}=(a_1,a_2,\cdots,a_n)$.

（3）列向量：n 维向量写成一列，即 $\boldsymbol{a}=\begin{pmatrix}a_1\\a_2\\\vdots\\a_n\end{pmatrix}$.

说明：行向量和列向量也称为行矩阵和列矩阵，可以按矩阵的运算规则进行计算.

3. 向量组与矩阵

向量组：若干个同维数的列向量（行向量）所组成的集合.

一个 $m\times n$ 矩阵 $\boldsymbol{A}$ 的每一列组成的向量组称为矩阵 $\boldsymbol{A}$ 的列向量组，而由矩阵的每一行组成的向量组称为矩阵 $\boldsymbol{A}$ 的行向量组.

二、向量组的线性表示

1. 线性组合

给定向量组$\boldsymbol{a}_1$，$\boldsymbol{a}_2$，…，$\boldsymbol{a}_m$，对于任何一组实数k_1，k_2，…，k_m，则向量

$$k_1\boldsymbol{a}_1+k_2\boldsymbol{a}_2+\cdots+k_m\boldsymbol{a}_m$$

称为向量组$\boldsymbol{a}_1$，$\boldsymbol{a}_2$，…，$\boldsymbol{a}_m$的一个线性组合，k_1，k_2，…，k_m称为这个线性组合的系数.

2. 线性表示

给定向量组$\boldsymbol{a}_1$，$\boldsymbol{a}_2$，…，$\boldsymbol{a}_m$和向量$\boldsymbol{b}$，如果存在一组实数λ_1，λ_2，…，λ_m，使得

$$\boldsymbol{b}=\lambda_1\boldsymbol{a}_1+\lambda_2\boldsymbol{a}_2+\cdots+\lambda_m\boldsymbol{a}_m,$$

则称向量$\boldsymbol{b}$是向量组$\boldsymbol{a}_1$，$\boldsymbol{a}_2$，…，$\boldsymbol{a}_m$的线性组合，这时称向量$\boldsymbol{b}$能由向量组$\boldsymbol{a}_1$，$\boldsymbol{a}_2$，…，$\boldsymbol{a}_m$的线性表示.

3. 判定条件

记$\boldsymbol{A}=(\boldsymbol{a}_1,\boldsymbol{a}_2,\cdots,\boldsymbol{a}_m)$，$\boldsymbol{x}=(x_1,x_2,\cdots,x_m)^{\mathrm{T}}$，则

向量$\boldsymbol{b}$能由$\boldsymbol{a}_1$，$\boldsymbol{a}_2$，…，$\boldsymbol{a}_m$线性表示⇔非齐次线性方程组$\boldsymbol{Ax}=\boldsymbol{b}$有解；

$$\Leftrightarrow r(\boldsymbol{A})=r(\boldsymbol{A},\boldsymbol{b}).$$

三、向量组间的线性表示

1. 向量组等价的概念

设有两个向量组

$$(\mathrm{I})\boldsymbol{a}_1,\boldsymbol{a}_2,\cdots,\boldsymbol{a}_m \text{ 及 } (\mathrm{II})\boldsymbol{b}_1,\boldsymbol{b}_2,\cdots,\boldsymbol{b}_l,$$

若向量组（Ⅱ）中的每个向量$\boldsymbol{b}_i(i=1,2,\cdots,l)$都能由向量组（Ⅰ）线性表示，则称向量组（Ⅱ）能由向量组（Ⅰ）线性表示；若向量组（Ⅰ）与向量组（Ⅱ）能相互线性表示，则称这两个向量组等价.

2. 向量组间的线性表示的判定条件

记$\boldsymbol{A}=(\boldsymbol{a}_1,\boldsymbol{a}_2,\cdots,\boldsymbol{a}_m)$，$\boldsymbol{B}=(\boldsymbol{b}_1,\boldsymbol{b}_2,\cdots,\boldsymbol{b}_l)$，则

向量组$\boldsymbol{B}$能由向量组$\boldsymbol{A}$线性表示⇔矩阵方程$\boldsymbol{AX}=\boldsymbol{B}$有解；

$$\Leftrightarrow r(\boldsymbol{A})=r(\boldsymbol{A},\boldsymbol{B});$$

$$\Rightarrow r(\boldsymbol{B})\leqslant r(\boldsymbol{A}).$$

3. 向量组等价的判定条件

记$\boldsymbol{A}=(\boldsymbol{a}_1,\boldsymbol{a}_2,\cdots,\boldsymbol{a}_m)$，$\boldsymbol{B}=(\boldsymbol{b}_1,\boldsymbol{b}_2,\cdots,\boldsymbol{b}_l)$，则

向量组$\boldsymbol{A}$与向量组$\boldsymbol{B}$等价$\Leftrightarrow r(\boldsymbol{A})=r(\boldsymbol{B})=r(\boldsymbol{A},\boldsymbol{B})$.

四、向量组的线性相关性

1. 线性相关性的概念

给定向量组$\boldsymbol{a}_1$，$\boldsymbol{a}_2$，…，$\boldsymbol{a}_m$，如果存在不全为零的实数k_1，k_2，…，k_m，使得

$$k_1\boldsymbol{a}_1+k_2\boldsymbol{a}_2+\cdots+k_m\boldsymbol{a}_m=\boldsymbol{0},$$

则称向量组线性相关.

当且仅当$k_1=k_2=\cdots=k_m=0$时，才有$k_1\boldsymbol{a}_1+k_2\boldsymbol{a}_2+\cdots+k_m\boldsymbol{a}_m=\boldsymbol{0}$，则称向量组线性

无关.

2. 线性相关性的有关结论

(1) 给定向量组$\boldsymbol{a}_1$, $\boldsymbol{a}_2$, …, $\boldsymbol{a}_m$, 不是线性相关, 就是线性无关, 两者必占其一;

(2) 若向量组仅含有一个向量, 且是非零向量, 则它必线性无关;

(3) 包含零向量的任意向量组都是线性相关的;

(4) 若向量组含有两个向量$\boldsymbol{a}_1$, $\boldsymbol{a}_2$, 则它线性相关$\Leftrightarrow\boldsymbol{a}_1$, $\boldsymbol{a}_2$ 对应分量成比例.

3. 线性相关性的判定

(1) 向量组$\boldsymbol{a}_1$, $\boldsymbol{a}_2$, …, $\boldsymbol{a}_m$ ($m\geqslant 2$) 线性相关$\Leftrightarrow\boldsymbol{a}_1$, $\boldsymbol{a}_2$, …, $\boldsymbol{a}_m$ 中至少有一个向量能由其余 $m-1$ 个向量线性表示. 反之, 向量组$\boldsymbol{a}_1$, $\boldsymbol{a}_2$, …, $\boldsymbol{a}_m$ ($m\geqslant 2$) 线性无关$\Leftrightarrow\boldsymbol{a}_1$, $\boldsymbol{a}_2$, …, $\boldsymbol{a}_m$ 中任一向量都不能由其余 $m-1$ 个向量线性表示.

(2) 记 $\boldsymbol{A}=(\boldsymbol{a}_1,\boldsymbol{a}_2,\cdots,\boldsymbol{a}_m)$, $\boldsymbol{x}=(x_1,x_2,\cdots,x_m)^{\mathrm{T}}$, 则

向量组$\boldsymbol{a}_1$, $\boldsymbol{a}_2$, …, $\boldsymbol{a}_m$ 线性相关$\Leftrightarrow$齐次线性方程组 $\boldsymbol{Ax}=\boldsymbol{0}$ 有非零解;

$$\Leftrightarrow r(\boldsymbol{A})<m.$$

向量组$\boldsymbol{a}_1$, $\boldsymbol{a}_2$, …, $\boldsymbol{a}_m$ 线性无关$\Leftrightarrow$齐次线性方程组 $\boldsymbol{Ax}=\boldsymbol{0}$ 只有零解;

$$\Leftrightarrow r(\boldsymbol{A})=m.$$

说明: n 个 n 维向量组线性相关$\Leftrightarrow|\boldsymbol{A}|=0$; 线性无关$\Leftrightarrow|\boldsymbol{A}|\neq 0$.

4. 线性相关性的性质

(1) 若向量组$\boldsymbol{a}_1$, $\boldsymbol{a}_2$, …, $\boldsymbol{a}_m$ 线性相关, 则向量组$\boldsymbol{a}_1$, $\boldsymbol{a}_2$, …, $\boldsymbol{a}_m$, $\boldsymbol{a}_{m+1}$也线性相关;

若向量组$\boldsymbol{a}_1$, $\boldsymbol{a}_2$, …, $\boldsymbol{a}_m$, $\boldsymbol{a}_{m+1}$线性无关, 则向量组$\boldsymbol{a}_1$, $\boldsymbol{a}_2$, …, $\boldsymbol{a}_m$ 也线性无关.

简记为: 部分相关则整体相关; 整体无关则部分无关.

(2) m 个 n 维向量组成的向量组, 当维数 n 小于向量个数 m 时, 一定线性相关.

说明: 当向量组中所含向量的个数大于向量的维数时, 该向量组必线性相关.

特别地, 任意 $n+1$ 个 n 维向量一定线性相关.

(3) 唯一表示定理: 若向量组$\boldsymbol{a}_1$, $\boldsymbol{a}_2$, …, $\boldsymbol{a}_m$ 线性无关, 而向量组$\boldsymbol{a}_1$, $\boldsymbol{a}_2$, …, $\boldsymbol{a}_m$, $\boldsymbol{b}$ 线性相关, 则 $\boldsymbol{b}$ 可由向量组$\boldsymbol{a}_1$, $\boldsymbol{a}_2$, …, $\boldsymbol{a}_m$ 线性表示, 且表示法唯一.

五、向量组的最大线性无关组与秩

1. 最大线性无关组的概念

设有向量组 A, 如果在 A 中能选出 r 个向量$\boldsymbol{a}_1$, $\boldsymbol{a}_2$, …, $\boldsymbol{a}_r$, 满足:

(1) 向量组 A_0: $\boldsymbol{a}_1$, $\boldsymbol{a}_2$, …, $\boldsymbol{a}_r$ 线性无关;

(2) 向量组 A 中任意 $r+1$ 个向量 (如果 A 中有 $r+1$ 个向量) 都线性相关, 则称向量组 A_0 是向量组 A 的一个最大线性无关向量组, 简称为最大无关组.

2. 最大线性无关组的有关结论

(1) 向量组的最大无关组一般不是唯一的, 但其向量的个数是相同的;

(2) 设向量组 A_0: $\boldsymbol{a}_1$, $\boldsymbol{a}_2$, …, $\boldsymbol{a}_r$ 是向量组 A 的 r 个线性无关部分组, 则它是最大无关组的充分必要条件是向量组 A 中的每一个向量都能由向量组 A_0 线性表示.

(3) 向量组与其最大无关组等价.

3. 向量组的秩

向量组 A 的最大无关组所含向量的个数 r 称为向量组 A 的秩, 记作 r_A.

向量组$\boldsymbol{a}_1$，$\boldsymbol{a}_2$，…，$\boldsymbol{a}_m$的秩也记作$r(\boldsymbol{a}_1,\boldsymbol{a}_2,\cdots,\boldsymbol{a}_m)$.

规定：只含零向量的向量组的秩为0.

4. 矩阵与向量组的秩的关系

（1）向量组的秩等于它所构成的矩阵$\boldsymbol{A}$的秩；

（2）矩阵$\boldsymbol{A}$的秩等于它的列向量组的秩，也等于它的行向量组的秩；

（3）若D_r是矩阵$\boldsymbol{A}$的一个最高阶非零子式，则D_r所在的r列是$\boldsymbol{A}$的列向量组的一个最大无关组，D_r所在的r行是$\boldsymbol{A}$的行向量组的一个最大无关组.

六、向量空间

1. 向量空间的概念

设V为n维向量的集合，如果集合V非空，且集合V对于n维向量的加法及数乘两种运算封闭，即

（1）若$\boldsymbol{a}\in V$，$\boldsymbol{b}\in V$，则$\boldsymbol{a}+\boldsymbol{b}\in V$；

（2）若$\boldsymbol{a}\in V$，$\lambda\in\mathbf{R}$，则$\lambda\boldsymbol{a}\in V$，

那么就称集合V为向量空间.

2. 向量空间的子空间

设V_1，V_2均为向量空间，若$V_1\subset V_2$，则称V_1是V_2的子空间.

（1）n维列向量的全体所构成的集合$\mathbf{R}^n$称为实数域上的n维向量空间.

（2）由向量组$\boldsymbol{a}_1$，$\boldsymbol{a}_2$，…，$\boldsymbol{a}_m$所生成的向量空间为

$$V=\{\boldsymbol{x}=\lambda_1\boldsymbol{a}_1+\lambda_2\boldsymbol{a}_2+\cdots+\lambda_m\boldsymbol{a}_m\mid\lambda_1,\cdots,\lambda_m\in\mathbf{R}\}.$$

说明：向量空间V与向量组$\boldsymbol{a}_1$，$\boldsymbol{a}_2$，…，$\boldsymbol{a}_m$等价.

3. 向量空间的基与维数

设有向量空间V，如果在V中能选出r个向量$\boldsymbol{a}_1$，$\boldsymbol{a}_2$，…，$\boldsymbol{a}_r\in V$，且满足

（1）$\boldsymbol{a}_1$，$\boldsymbol{a}_2$，…，$\boldsymbol{a}_r$线性无关；

（2）V中任一向量都能由$\boldsymbol{a}_1$，$\boldsymbol{a}_2$，…，$\boldsymbol{a}_r$线性表示，

则称向量组$\boldsymbol{a}_1$，$\boldsymbol{a}_2$，…，$\boldsymbol{a}_r$为向量空间V的一个基，r称为向量空间的维数，并称V是r维向量空间.

说明：只含有零向量的向量空间称为0维向量空间，因此它没有基．若把向量空间V看作向量组，那么V的基就是向量组的最大无关组，V的维数就是向量组的秩.

4. 向量空间的坐标

如果在向量空间V中取定一个基$\boldsymbol{a}_1$，$\boldsymbol{a}_2$，…，$\boldsymbol{a}_r$，如果V中任意一个向量可表示为

$$\boldsymbol{x}=\lambda_1\boldsymbol{a}_1+\lambda_2\boldsymbol{a}_2+\cdots+\lambda_r\boldsymbol{a}_r,$$

称有序数组λ_1，λ_2，…，λ_r为向量$\boldsymbol{x}$在基$\boldsymbol{a}_1$，$\boldsymbol{a}_2$，…，$\boldsymbol{a}_r$下的坐标．从而向量空间可表示为

$$V=\{\boldsymbol{x}=\lambda_1\boldsymbol{a}_1+\lambda_2\boldsymbol{a}_2+\cdots+\lambda_r\boldsymbol{a}_r\mid\lambda_1,\cdots,\lambda_r\in\mathbf{R}\}.$$

5. 基变换公式

设$\boldsymbol{a}_1$，$\boldsymbol{a}_2$，…，$\boldsymbol{a}_n$与$\boldsymbol{b}_1$，$\boldsymbol{b}_2$，…，$\boldsymbol{b}_n$是n维向量空间V的两个基，且$\boldsymbol{b}_1$，$\boldsymbol{b}_2$，…，$\boldsymbol{b}_n$可由$\boldsymbol{a}_1$，$\boldsymbol{a}_2$，…，$\boldsymbol{a}_n$线性表示，即

$$\begin{cases}\boldsymbol{b}_1 = c_{11}\boldsymbol{a}_1 + c_{12}\boldsymbol{a}_2 + \cdots + c_{1n}\boldsymbol{a}_n \\ \boldsymbol{b}_2 = c_{21}\boldsymbol{a}_1 + c_{22}\boldsymbol{a}_2 + \cdots + c_{2n}\boldsymbol{a}_n \\ \qquad\vdots \\ \boldsymbol{b}_n = c_{n1}\boldsymbol{a}_1 + c_{n2}\boldsymbol{a}_2 + \cdots + c_{nn}\boldsymbol{a}_n\end{cases},$$

上式还可以写成

$$(\boldsymbol{b}_1,\boldsymbol{b}_2,\cdots,\boldsymbol{b}_n) = (\boldsymbol{a}_1,\boldsymbol{a}_2,\cdots,\boldsymbol{a}_n)\begin{pmatrix} c_{11} & c_{12} & \cdots & c_{1n} \\ c_{21} & c_{22} & \cdots & c_{2n} \\ \vdots & \vdots & & \vdots \\ c_{n1} & c_{n2} & \cdots & c_{nn}\end{pmatrix} = (\boldsymbol{a}_1,\boldsymbol{a}_2,\cdots,\boldsymbol{a}_n)\boldsymbol{C}, \qquad (*)$$

则称 $\boldsymbol{C}$ 为由基 $\boldsymbol{a}_1$，$\boldsymbol{a}_2$，…，$\boldsymbol{a}_n$ 到基 $\boldsymbol{b}_1$，$\boldsymbol{b}_2$，…，$\boldsymbol{b}_n$ 的过渡矩阵．并称式（*）由基 $\boldsymbol{a}_1$，$\boldsymbol{a}_2$，…，$\boldsymbol{a}_n$ 到基 $\boldsymbol{b}_1$，$\boldsymbol{b}_2$，…，$\boldsymbol{b}_n$ 的基变换公式．

6. 坐标变换公式

设 $\boldsymbol{v}$ 是向量空间中的任意一个向量，它在基 $\boldsymbol{a}_1$，$\boldsymbol{a}_2$，…，$\boldsymbol{a}_n$ 下的坐标为 x_1，x_2，…，x_n，在基 $\boldsymbol{b}_1$，$\boldsymbol{b}_2$，…，$\boldsymbol{b}_n$ 下的坐标为 y_1，y_2，…，y_n，则有坐标变换公式

$$\begin{pmatrix} y_1 \\ y_2 \\ \vdots \\ y_n\end{pmatrix} = \boldsymbol{C}^{-1}\begin{pmatrix} x_1 \\ x_2 \\ \vdots \\ x_n\end{pmatrix} \text{或} \begin{pmatrix} x_1 \\ x_2 \\ \vdots \\ x_n\end{pmatrix} = \boldsymbol{C}\begin{pmatrix} y_1 \\ y_2 \\ \vdots \\ y_n\end{pmatrix},$$

其中 $\boldsymbol{C}$ 为由基 $\boldsymbol{a}_1$，$\boldsymbol{a}_2$，…，$\boldsymbol{a}_n$ 到基 $\boldsymbol{b}_1$，$\boldsymbol{b}_2$，…，$\boldsymbol{b}_n$ 的过渡矩阵．

七、向量的内积与正交

1. 向量的内积

设有 n 维向量 $\boldsymbol{x} = (x_1,x_2,\cdots,x_n)^{\mathrm{T}}$，$\boldsymbol{y} = (y_1,y_2,\cdots,y_n)^{\mathrm{T}}$，则称

$$[\boldsymbol{x},\boldsymbol{y}] = x_1y_1 + x_2y_2 + \cdots + x_ny_n = \boldsymbol{x}^{\mathrm{T}}\boldsymbol{y}$$

为向量 $\boldsymbol{x}$ 和 $\boldsymbol{y}$ 的内积．

2. 向量的长度

称 $\|\boldsymbol{x}\| = \sqrt{[\boldsymbol{x},\boldsymbol{x}]} = \sqrt{x_1^2 + x_2^2 + \cdots + x_n^2}$ 为 n 维向量 $\boldsymbol{x}$ 的长度．

当 $\|x\| = 1$ 时，称 $\boldsymbol{x}$ 为单位向量．

当 $\boldsymbol{x} \neq \boldsymbol{0}$ 时，$\dfrac{\boldsymbol{x}}{\|x\|}$ 是一个单位向量，称为将向量 $\boldsymbol{x}$ 单位化．

3. 向量的正交性

若 $[\boldsymbol{x},\boldsymbol{y}] = 0$，则称向量 $\boldsymbol{x}$ 和 $\boldsymbol{y}$ 正交．

若 n 维向量 $\boldsymbol{a}_1$，$\boldsymbol{a}_2$，…，$\boldsymbol{a}_r$ 是一个非零向量组，且它们之间两两正交，则称该向量组为正交向量组．例如，n 维单位向量组 $\boldsymbol{e}_1$，$\boldsymbol{e}_2$，…，$\boldsymbol{e}_r$ 是正交向量组．

若向量组 $\boldsymbol{a}_1$，$\boldsymbol{a}_2$，…，$\boldsymbol{a}_r$ 两两正交，且其中每个向量都是单位向量，则称该向量组为规范正交向量组．

若 n 维向量 $\boldsymbol{a}_1$，$\boldsymbol{a}_2$，…，$\boldsymbol{a}_r$ 是一个正交向量组，则 $\boldsymbol{a}_1$，$\boldsymbol{a}_2$，…，$\boldsymbol{a}_r$ 线性无关．

4. 规范正交基

若$\boldsymbol{a}_1$，$\boldsymbol{a}_2$，…，$\boldsymbol{a}_r$是n维向量空间V的一个基，且是两两正交的向量组，则称$\boldsymbol{a}_1$，$\boldsymbol{a}_2$，…，$\boldsymbol{a}_r$是向量空间V的一个正交基.

若$\boldsymbol{e}_1$，$\boldsymbol{e}_2$，…，$\boldsymbol{e}_r$是向量空间V的一个正交基，且都是单位向量，则称$\boldsymbol{e}_1$，$\boldsymbol{e}_2$，…，$\boldsymbol{e}_r$是向量空间V的一个规范正交基（标准正交基）.

5. 施密特标准正交化（规范正交化）

设向量组$\boldsymbol{a}_1$，$\boldsymbol{a}_2$，…，$\boldsymbol{a}_r$线性无关，

（1）正交化：取$\boldsymbol{b}_1=\boldsymbol{a}_1$，

$$\boldsymbol{b}_2=\boldsymbol{a}_2-\frac{[\boldsymbol{b}_1,\boldsymbol{a}_2]}{[\boldsymbol{b}_1,\boldsymbol{b}_1]}\boldsymbol{b}_1,$$

$$\boldsymbol{b}_3=\boldsymbol{a}_3-\frac{[\boldsymbol{b}_1,\boldsymbol{a}_3]}{[\boldsymbol{b}_1,\boldsymbol{b}_1]}\boldsymbol{b}_1-\frac{[\boldsymbol{b}_2,\boldsymbol{a}_3]}{[\boldsymbol{b}_2,\boldsymbol{b}_2]}\boldsymbol{b}_2,\cdots,$$

$$\boldsymbol{b}_r=\boldsymbol{a}_r-\frac{[\boldsymbol{b}_1,\boldsymbol{a}_r]}{[\boldsymbol{b}_1,\boldsymbol{b}_1]}\boldsymbol{b}_1-\frac{[\boldsymbol{b}_2,\boldsymbol{a}_r]}{[\boldsymbol{b}_2,\boldsymbol{b}_2]}\boldsymbol{b}_2-\cdots-\frac{[\boldsymbol{b}_{r-1},\boldsymbol{a}_r]}{[\boldsymbol{b}_{r-1},\boldsymbol{b}_{r-1}]}\boldsymbol{b}_{r-1},$$

则$\boldsymbol{b}_1$，$\boldsymbol{b}_2$，…，$\boldsymbol{b}_r$是正交向量组.

（2）单位化：取

$$\boldsymbol{e}_1=\frac{1}{\|\boldsymbol{b}_1\|}\boldsymbol{b}_1,\quad \boldsymbol{e}_2=\frac{1}{\|\boldsymbol{b}_2\|}\boldsymbol{b}_2,\cdots,\quad \boldsymbol{e}_r=\frac{1}{\|\boldsymbol{b}_r\|}\boldsymbol{b}_r,$$

则$\boldsymbol{e}_1$，$\boldsymbol{e}_2$，…，$\boldsymbol{e}_r$是一个规范正交（标准正交）向量组.

八、正交矩阵

1. 正交矩阵的概念

如果n阶方阵$\boldsymbol{A}$满足$\boldsymbol{A}^{\mathrm{T}}\boldsymbol{A}=\boldsymbol{A}\boldsymbol{A}^{\mathrm{T}}=\boldsymbol{E}$，则称$\boldsymbol{A}$为正交矩阵.

2. 正交矩阵的性质

（1）$\boldsymbol{A}^{-1}=\boldsymbol{A}^{\mathrm{T}}$；

（2）若$\boldsymbol{A}$是正交阵，则$\boldsymbol{A}^{\mathrm{T}}$也是正交矩阵；

（3）若$\boldsymbol{A}$和$\boldsymbol{B}$都是正交矩阵，则$\boldsymbol{AB}$也是正交矩阵；

（4）正交矩阵的行列式等于1或-1.

3. 正交矩阵的判定

方阵$\boldsymbol{A}$为正交矩阵的充分必要条件是$\boldsymbol{A}$的列（行）向量都是单位向量，且两两正交.

典型例题解析

题型1 具体向量组线性相关性的判定

方法1 求秩法：若向量组$\boldsymbol{a}_1$，$\boldsymbol{a}_2$，…，$\boldsymbol{a}_m$为列（行）向量组，将其排成矩阵

$$\boldsymbol{A}=(\boldsymbol{a}_1,\boldsymbol{a}_2,\cdots,\boldsymbol{a}_m)\text{或}\boldsymbol{A}=(\boldsymbol{a}_1^{\mathrm{T}},\boldsymbol{a}_2^{\mathrm{T}},\cdots,\boldsymbol{a}_m^{\mathrm{T}}),$$

再求$\boldsymbol{A}$的秩. 当$r(\boldsymbol{A})<m$时，向量组线性相关；当$r(\boldsymbol{A})=m$时，向量组线性无关.

方法2 行列式法：对于n个n维向量$\boldsymbol{a}_1$，$\boldsymbol{a}_2$，…，$\boldsymbol{a}_n$，可按方法1的情形将其排成n阶方阵$\boldsymbol{A}$. 当$|\boldsymbol{A}|=0$时，向量组线性相关；当$|\boldsymbol{A}|\neq 0$时，向量组线性无关.

方法3 利用向量组线性相关性的有关结论与性质.

例1 设

$$\boldsymbol{a}_1=(1,-1,1)^{\mathrm{T}},\boldsymbol{a}_2=(1,2,0)^{\mathrm{T}},\boldsymbol{a}_3=(1,0,3)^{\mathrm{T}},$$

试讨论向量组$\boldsymbol{a}_1$，$\boldsymbol{a}_2$，$\boldsymbol{a}_3$的线性相关性.

【解析】 **方法1** 求秩法. 因为

$$\boldsymbol{A}=(\boldsymbol{a}_1,\boldsymbol{a}_2,\boldsymbol{a}_3)=\begin{pmatrix}1&1&1\\-1&2&0\\1&0&3\end{pmatrix}\to\begin{pmatrix}1&1&1\\0&3&1\\0&-1&2\end{pmatrix}\to\begin{pmatrix}1&1&1\\0&-1&2\\0&0&7\end{pmatrix},$$

所以$r(\boldsymbol{A})=3$，这表明向量组$\boldsymbol{a}_1$，$\boldsymbol{a}_2$，$\boldsymbol{a}_3$线性无关.

方法2 行列式法. 因为

$$|\boldsymbol{A}|=|(\boldsymbol{a}_1,\boldsymbol{a}_2,\boldsymbol{a}_3)|=\begin{vmatrix}1&1&1\\-1&2&0\\1&0&3\end{vmatrix}=7\neq0,$$

所以向量组$\boldsymbol{a}_1$，$\boldsymbol{a}_2$，$\boldsymbol{a}_3$线性无关.

例2 设3阶矩阵$\boldsymbol{A}=\begin{pmatrix}1&2&-2\\2&1&2\\3&0&4\end{pmatrix}$，3维列向量$\boldsymbol{\alpha}=\begin{pmatrix}a\\1\\1\end{pmatrix}$. 已知$\boldsymbol{A\alpha}$与$\boldsymbol{\alpha}$线性相关，则$a=$________.

【解析】 由于

$$\boldsymbol{A\alpha}=\begin{pmatrix}1&2&-2\\2&1&2\\3&0&4\end{pmatrix}\begin{pmatrix}a\\1\\1\end{pmatrix}=\begin{pmatrix}a\\2a+3\\3a+4\end{pmatrix},$$

且$\boldsymbol{A\alpha}$与$\boldsymbol{\alpha}$线性相关，所以$\boldsymbol{A\alpha}$与$\boldsymbol{\alpha}$对应分量成比例，即

$$\frac{a}{a}=\frac{1}{2a+3}=\frac{1}{3a+4},$$

故$a=-1$.

题型2 抽象向量组线性相关性的判定

方法1 定义法：先设

$$k_1\boldsymbol{a}_1+k_2\boldsymbol{a}_2+\cdots+k_m\boldsymbol{a}_m=\boldsymbol{0},$$

然后对其作恒等变形，比如对该式拆项重新组合等. 究竟用什么方法应当从已知条件去寻找信息，通过一次或多次恒等变形来分析k_1，k_2，…，k_m是不全为0还是必须全为0，从而得知$\boldsymbol{a}_1$，$\boldsymbol{a}_2$，…，$\boldsymbol{a}_m$是线性相关还是线性无关.

方法2 求秩法：要论证$\boldsymbol{a}_1$，$\boldsymbol{a}_2$，…，$\boldsymbol{a}_m$是线性相关还是线性无关，可将其构成矩阵$\boldsymbol{A}$. 当$r(\boldsymbol{A})<m$时，向量组线性相关；当$r(\boldsymbol{A})=m$时，向量组线性无关.

方法3 利用向量组线性相关性的有关结论与性质.

方法4 反证法.

例3 已知向量组$\boldsymbol{a}_1$，$\boldsymbol{a}_2$，$\boldsymbol{a}_3$线性无关，证明：

(1) 向量组$\boldsymbol{a}_1-\boldsymbol{a}_3$，$2\boldsymbol{a}_1-\boldsymbol{a}_2$，$2\boldsymbol{a}_3-\boldsymbol{a}_2$线性相关；

(2) 向量组$\boldsymbol{a}_1-\boldsymbol{a}_2$，$2\boldsymbol{a}_2-\boldsymbol{a}_3$，$\boldsymbol{a}_3-\boldsymbol{a}_1$线性无关.

【解析】 **方法1** 定义法

（1）设有实数 k_1，k_2，k_3，使得

$$k_1(\boldsymbol{a}_1-\boldsymbol{a}_3)+k_2(2\boldsymbol{a}_1-\boldsymbol{a}_2)+k_3(2\boldsymbol{a}_3-\boldsymbol{a}_2)=\boldsymbol{0},$$

即

$$(k_1+2k_2)\boldsymbol{a}_1+(-k_2-k_3)\boldsymbol{a}_2+(2k_3-k_1)\boldsymbol{a}_3=\boldsymbol{0}.$$

因为向量组$\boldsymbol{a}_1$，$\boldsymbol{a}_2$，$\boldsymbol{a}_3$ 线性无关，于是得方程组$\begin{cases}k_1+2k_2=0\\-k_2-k_3=0\\2k_3-k_1=0\end{cases}$，其系数行列式

$$\begin{vmatrix}1&2&0\\0&-1&-1\\-1&0&2\end{vmatrix}=0,$$

这说明方程组有非零解，即 k_1，k_2，k_3 不全为0，故向量组$\boldsymbol{a}_1-\boldsymbol{a}_3$，$2\boldsymbol{a}_1-\boldsymbol{a}_2$，$2\boldsymbol{a}_3-\boldsymbol{a}_2$ 线性相关.

（2）设有实数 l_1，l_2，l_3，使得

$$l_1(\boldsymbol{a}_1-\boldsymbol{a}_2)+l_2(2\boldsymbol{a}_2-\boldsymbol{a}_3)+l_3(\boldsymbol{a}_3-\boldsymbol{a}_1)=\boldsymbol{0},$$

即

$$(l_1-l_3)\boldsymbol{a}_1+(2l_2-l_1)\boldsymbol{a}_2+(l_3-l_2)\boldsymbol{a}_3=\boldsymbol{0}.$$

因为向量组$\boldsymbol{a}_1$，$\boldsymbol{a}_2$，$\boldsymbol{a}_3$ 线性无关，于是得方程组$\begin{cases}l_1-l_3=0\\2l_2-l_1=0\\l_3-l_2=0\end{cases}$，其系数行列式

$$\begin{vmatrix}1&0&-1\\-1&2&0\\0&-1&1\end{vmatrix}=1\neq0,$$

这说明方程组只有零解，即 $l_1=l_2=l_3=0$，故向量组$\boldsymbol{a}_1-\boldsymbol{a}_2$，$2\boldsymbol{a}_2-\boldsymbol{a}_3$，$\boldsymbol{a}_3-\boldsymbol{a}_1$ 线性无关.

方法2 求秩法

（1）令 $\boldsymbol{A}=(\boldsymbol{a}_1,\boldsymbol{a}_2,\boldsymbol{a}_3)$，$\boldsymbol{B}_1=(\boldsymbol{a}_1-\boldsymbol{a}_3,2\boldsymbol{a}_1-\boldsymbol{a}_2,2\boldsymbol{a}_3-\boldsymbol{a}_2)$，则

$$\boldsymbol{B}_1=(\boldsymbol{a}_1-\boldsymbol{a}_3,2\boldsymbol{a}_1-\boldsymbol{a}_2,2\boldsymbol{a}_3-\boldsymbol{a}_2)=(\boldsymbol{a}_1,\boldsymbol{a}_2,\boldsymbol{a}_3)\begin{pmatrix}1&2&0\\0&-1&-1\\-1&0&2\end{pmatrix}=\boldsymbol{AC}_1,$$

因为向量组$\boldsymbol{a}_1$，$\boldsymbol{a}_2$，$\boldsymbol{a}_3$ 线性无关，所以 $r(\boldsymbol{A})=3$. 又$\begin{vmatrix}1&2&0\\0&-1&-1\\-1&0&2\end{vmatrix}=0$，所以矩阵$\boldsymbol{C}_1$ 不可逆. 于是

$$r(\boldsymbol{B}_1)=r(\boldsymbol{AC}_1)\leqslant\min\{r(\boldsymbol{A}),r(\boldsymbol{C}_1)\}<3,$$

故向量组$\boldsymbol{a}_1-\boldsymbol{a}_3$，$2\boldsymbol{a}_1-\boldsymbol{a}_2$，$2\boldsymbol{a}_3-\boldsymbol{a}_2$ 线性相关.

（2）令 $\boldsymbol{A}=(\boldsymbol{a}_1,\boldsymbol{a}_2,\boldsymbol{a}_3)$，$\boldsymbol{B}_2=(\boldsymbol{a}_1-\boldsymbol{a}_2,2\boldsymbol{a}_2-\boldsymbol{a}_3,\boldsymbol{a}_3-\boldsymbol{a}_1)$，则

$$\boldsymbol{B}_2=(\boldsymbol{a}_1-\boldsymbol{a}_2,2\boldsymbol{a}_2-\boldsymbol{a}_3,\boldsymbol{a}_3-\boldsymbol{a}_1)=(\boldsymbol{a}_1,\boldsymbol{a}_2,\boldsymbol{a}_3)\begin{pmatrix}1&0&-1\\-1&2&0\\0&-1&1\end{pmatrix}=\boldsymbol{AC}_2,$$

因为向量组$\boldsymbol{a}_1$，$\boldsymbol{a}_2$，$\boldsymbol{a}_3$线性无关，所以$r(\boldsymbol{A})=3$. 又$\begin{vmatrix}1&0&-1\\-1&2&0\\0&-1&1\end{vmatrix}=1\neq0$，所以矩阵$\boldsymbol{C}_2$可逆. 于是

$$r(\boldsymbol{B}_2)=r(\boldsymbol{AC}_2)=r(\boldsymbol{A})=3,$$

故向量组$\boldsymbol{a}_1-\boldsymbol{a}_2$，$2\boldsymbol{a}_2-\boldsymbol{a}_3$，$\boldsymbol{a}_3-\boldsymbol{a}_1$线性无关.

题型3 具体向量由向量组线性表示的判定方法

判断一个向量$\boldsymbol{\beta}$能否由向量组$\boldsymbol{\alpha}_1$，$\boldsymbol{\alpha}_2$，…，$\boldsymbol{\alpha}_m$线性表示，根据定义，先假设

$$\boldsymbol{\beta}=x_1\alpha_1+x_2\alpha_2+\cdots+x_m\alpha_m,$$

由向量相等即对应分量相等得到以x_1，x_2，…，x_m为未知数的非齐次线性方程组，然后判断此方程组是否有解或求解此方程组．如果方程组无解，则$\boldsymbol{\beta}$不能由$\boldsymbol{\alpha}_1$，$\boldsymbol{\alpha}_2$，…，$\boldsymbol{\alpha}_m$线性表示；如果方程组有解，则$\boldsymbol{\beta}$能由$\boldsymbol{\alpha}_1$，$\boldsymbol{\alpha}_2$，…，$\boldsymbol{\alpha}_m$线性表示，且当解唯一时，其表达式唯一；当解不唯一时，其表达式不唯一．

例4 设有三维列向量

$$\boldsymbol{\alpha}_1=\begin{pmatrix}1+\lambda\\1\\1\end{pmatrix},\quad \boldsymbol{\alpha}_2=\begin{pmatrix}1\\1+\lambda\\1\end{pmatrix},\quad \boldsymbol{\alpha}_3=\begin{pmatrix}1\\1\\1+\lambda\end{pmatrix},\quad \boldsymbol{\beta}=\begin{pmatrix}0\\\lambda\\\lambda^2\end{pmatrix},$$

问：λ取何值时，

(1) $\boldsymbol{\beta}$能由$\boldsymbol{\alpha}_1$，$\boldsymbol{\alpha}_2$，$\boldsymbol{\alpha}_3$线性表示，且表达式唯一；

(2) $\boldsymbol{\beta}$能由$\boldsymbol{\alpha}_1$，$\boldsymbol{\alpha}_2$，$\boldsymbol{\alpha}_3$线性表示，且表达式不唯一；

(3) $\boldsymbol{\beta}$不能由$\boldsymbol{\alpha}_1$，$\boldsymbol{\alpha}_2$，$\boldsymbol{\alpha}_3$线性表示.

【解析】 设$\boldsymbol{\beta}=x_1\boldsymbol{\alpha}_1+x_2\boldsymbol{\alpha}_2+x_3\boldsymbol{\alpha}_3$，得线性方程组

$$\begin{pmatrix}1+\lambda&1&1\\1&1+\lambda&1\\1&1&1+\lambda\end{pmatrix}\begin{pmatrix}x_1\\x_2\\x_3\end{pmatrix}=\begin{pmatrix}0\\\lambda\\\lambda^2\end{pmatrix},$$

其系数行列式

$$|\boldsymbol{A}|=\begin{vmatrix}1+\lambda&1&1\\1&1+\lambda&1\\1&1&1+\lambda\end{vmatrix}=\lambda^2(\lambda+3),$$

(1) 当$\lambda\neq0$且$\lambda\neq-3$时，方程组有唯一解，此时$\boldsymbol{\beta}$能由$\boldsymbol{\alpha}_1$，$\boldsymbol{\alpha}_2$，$\boldsymbol{\alpha}_3$线性表示，且表达式唯一；

(2) 当$\lambda=0$时，方程组为齐次线性方程组，其系数矩阵

$$\begin{pmatrix}1&1&1\\1&1&1\\1&1&1\end{pmatrix}\to\begin{pmatrix}1&1&1\\0&0&0\\0&0&0\end{pmatrix},$$

方程组有无穷多个解，此时$\boldsymbol{\beta}$能由$\boldsymbol{\alpha}_1$，$\boldsymbol{\alpha}_2$，$\boldsymbol{\alpha}_3$线性表示，且表达式不唯一；

(3) 当$\lambda=-3$时，方程组为非齐次线性方程组，其增广矩阵

$$\begin{pmatrix}-2&1&1&0\\1&-2&1&-3\\1&1&-2&9\end{pmatrix}\to\begin{pmatrix}1&1&-2&9\\0&-3&3&-12\\0&0&0&6\end{pmatrix},$$

可见方程组的系数矩阵 $\boldsymbol{A}$ 的秩与增广矩阵 $\boldsymbol{B}$ 的秩不相等，故方程组无解，从而 $\boldsymbol{\beta}$ 不能由 $\boldsymbol{\alpha}_1$，$\boldsymbol{\alpha}_2$，$\boldsymbol{\alpha}_3$ 线性表示.

题型4 抽象向量由向量组线性表示的判定方法

对于分量没有给出的抽象向量组 $\boldsymbol{\alpha}_1$，$\boldsymbol{\alpha}_2$，…，$\boldsymbol{\alpha}_m$，$\boldsymbol{\beta}$，为证 $\boldsymbol{\beta}$ 能由向量组 $\boldsymbol{\alpha}_1$，$\boldsymbol{\alpha}_2$，…，$\boldsymbol{\alpha}_m$ 线性表示，可证表达式

$$k_1\boldsymbol{\alpha}_1+k_2\boldsymbol{\alpha}_2+\cdots+k_m\boldsymbol{\alpha}_m+k\boldsymbol{\beta}=\mathbf{0}$$

中的 $k\neq0$；也可利用唯一表示定理，即若 $\boldsymbol{\alpha}_1$，$\boldsymbol{\alpha}_2$，…，$\boldsymbol{\alpha}_m$ 线性无关，而 $\boldsymbol{\alpha}_1$，$\boldsymbol{\alpha}_2$，…，$\boldsymbol{\alpha}_m$，$\boldsymbol{\beta}$ 线性相关，则 $\boldsymbol{\beta}$ 能由向量组 $\boldsymbol{\alpha}_1$，$\boldsymbol{\alpha}_2$，…，$\boldsymbol{\alpha}_m$ 线性表示.

为证 $\boldsymbol{\beta}$ 不能由向量组 $\boldsymbol{\alpha}_1$，$\boldsymbol{\alpha}_2$，…，$\boldsymbol{\alpha}_m$ 线性表示，可证上式当且仅当 $k=0$ 时才成立；或证 $\boldsymbol{\alpha}_1$，$\boldsymbol{\alpha}_2$，…，$\boldsymbol{\alpha}_m$，$\boldsymbol{\beta}$ 线性无关；或证

$$r(\boldsymbol{\alpha}_1,\boldsymbol{\alpha}_2,\cdots,\boldsymbol{\alpha}_m,\boldsymbol{\beta})\neq r(\boldsymbol{\alpha}_1,\boldsymbol{\alpha}_2,\cdots,\boldsymbol{\alpha}_m).$$

例5 若向量组 $\boldsymbol{\alpha}$，$\boldsymbol{\beta}$，$\boldsymbol{\gamma}$ 线性无关；$\boldsymbol{\alpha}$，$\boldsymbol{\beta}$，$\boldsymbol{\delta}$ 线性相关，则(　　).

(A) $\boldsymbol{\alpha}$ 必可由 $\boldsymbol{\beta}$，$\boldsymbol{\gamma}$，$\boldsymbol{\delta}$ 线性表示

(B) $\boldsymbol{\alpha}$ 必不可由 $\boldsymbol{\beta}$，$\boldsymbol{\gamma}$，$\boldsymbol{\delta}$ 线性表示

(C) $\boldsymbol{\delta}$ 必可由 $\boldsymbol{\alpha}$，$\boldsymbol{\beta}$，$\boldsymbol{\gamma}$ 线性表示

(D) $\boldsymbol{\delta}$ 必不可由 $\boldsymbol{\alpha}$，$\boldsymbol{\beta}$，$\boldsymbol{\gamma}$ 线性表示

【解析】 因为 $\boldsymbol{\alpha}$，$\boldsymbol{\beta}$，$\boldsymbol{\gamma}$ 线性无关，所以 $\boldsymbol{\alpha}$，$\boldsymbol{\beta}$ 线性无关. 又 $\boldsymbol{\alpha}$，$\boldsymbol{\beta}$，$\boldsymbol{\delta}$ 线性相关，因此 $\boldsymbol{\delta}$ 必可由 $\boldsymbol{\alpha}$，$\boldsymbol{\beta}$ 线性表示，从而 $\boldsymbol{\delta}$ 必可由 $\boldsymbol{\alpha}$，$\boldsymbol{\beta}$，$\boldsymbol{\gamma}$ 线性表示，故选（C).

题型5 求向量组的秩与最大无关组

若向量组 $\boldsymbol{a}_1$，$\boldsymbol{a}_2$，…，$\boldsymbol{a}_m$ 为列向量组，将其排成矩阵

$$\boldsymbol{A}=(\boldsymbol{a}_1,\boldsymbol{a}_2,\cdots,\boldsymbol{a}_m),$$

并用初等行变换化 $\boldsymbol{A}$ 为行阶梯形矩阵，则行阶梯形矩阵中非零行的行数就是向量组的秩；而行阶梯形矩阵中各非零行的第1个非零首元所在的列就是该列向量组的一个最大无关组.

若向量组 $\boldsymbol{a}_1$，$\boldsymbol{a}_2$，…，$\boldsymbol{a}_m$ 为行向量组，将其排成矩阵 $\boldsymbol{A}=(\boldsymbol{a}_1^{\mathrm{T}},\boldsymbol{a}_2^{\mathrm{T}},\cdots,\boldsymbol{a}_m^{\mathrm{T}})$，并用初等行变换化其为行阶梯形矩阵.

例6 求向量组 $\boldsymbol{a}_1=(1,-1,2,4)$，$\boldsymbol{a}_2=(0,3,1,2)$，$\boldsymbol{a}_3=(3,0,7,14)$，$\boldsymbol{a}_4=(1,-1,2,0)$，$\boldsymbol{a}_5=(2,1,5,6)$ 的秩与一个最大无关组.

【解析】 记 $\boldsymbol{A}=(\boldsymbol{a}_1^{\mathrm{T}},\boldsymbol{a}_2^{\mathrm{T}},\boldsymbol{a}_3^{\mathrm{T}},\boldsymbol{a}_4^{\mathrm{T}},\boldsymbol{a}_5^{\mathrm{T}})$，则

$$\boldsymbol{A}=\begin{pmatrix}1&0&3&1&2\\-1&3&0&-1&1\\2&1&7&2&5\\4&2&14&0&6\end{pmatrix}\to\begin{pmatrix}1&0&3&1&2\\0&3&3&0&3\\0&1&1&0&1\\0&2&2&-4&-2\end{pmatrix}\to\begin{pmatrix}1&0&3&1&2\\0&3&3&0&3\\0&1&1&0&1\\0&2&2&-4&-2\end{pmatrix}$$

$$\to\begin{pmatrix}1&0&3&1&2\\0&1&1&0&1\\0&0&0&0&0\\0&0&0&-4&-4\end{pmatrix}\to\begin{pmatrix}1&0&3&1&2\\0&1&1&0&1\\0&0&0&1&1\\0&0&0&0&0\end{pmatrix}.$$

由于非零行有 3 行，故向量组的秩为 3，且向量组的一个最大无关组为$\boldsymbol{a}_1$，$\boldsymbol{a}_2$，$\boldsymbol{a}_4$.

例 7 求向量组$\boldsymbol{a}_1=(1,1,1)^{\mathrm{T}}$，$\boldsymbol{a}_2=(1,1,0)^{\mathrm{T}}$，$\boldsymbol{a}_3=(1,0,0)^{\mathrm{T}}$，$\boldsymbol{a}_4=(1,2,-3)^{\mathrm{T}}$的一个最大无关组，并将其余向量用此最大无关组线性表示 .

【解析】 因为

$$\boldsymbol{A}=(\boldsymbol{a}_1,\boldsymbol{a}_2,\boldsymbol{a}_3,\boldsymbol{a}_4)=\begin{pmatrix}1&1&1&1\\1&1&0&2\\1&0&0&-3\end{pmatrix}\to\begin{pmatrix}1&1&1&1\\0&0&-1&1\\0&-1&-1&-4\end{pmatrix}$$

$$\to\begin{pmatrix}1&1&1&1\\0&-1&-1&-4\\0&0&-1&1\end{pmatrix}\to\begin{pmatrix}1&0&0&-3\\0&1&0&5\\0&0&1&-1\end{pmatrix}.$$

所以$\boldsymbol{a}_1$，$\boldsymbol{a}_2$，$\boldsymbol{a}_3$ 为向量组的一个最大无关组，且$\boldsymbol{a}_4=-3\boldsymbol{a}_1+5\boldsymbol{a}_2-\boldsymbol{a}_3$.

题型 6 向量组间的线性表示的判定条件

记$\boldsymbol{A}=(\boldsymbol{a}_1,\boldsymbol{a}_2,\cdots,\boldsymbol{a}_m)$，$\boldsymbol{B}=(\boldsymbol{b}_1,\boldsymbol{b}_2,\cdots,\boldsymbol{b}_l)$，则

1. 向量组 $\boldsymbol{B}$ 能由向量组 $\boldsymbol{A}$ 线性表示$\Leftrightarrow$矩阵方程 $\boldsymbol{AX}=\boldsymbol{B}$ 有解；

$\Leftrightarrow r(\boldsymbol{A})=r(\boldsymbol{A},\boldsymbol{B})$；

$\Rightarrow r(\boldsymbol{B})\leqslant r(\boldsymbol{A})$.

2. 向量组 $\boldsymbol{A}$ 与向量组 $\boldsymbol{B}$ 等价$\Leftrightarrow r(\boldsymbol{A})=r(\boldsymbol{B})=r(\boldsymbol{A},\boldsymbol{B})$.

例 8 试确定常数 a，使向量组$\boldsymbol{\alpha}_1=(1,1,a)^{\mathrm{T}}$，$\boldsymbol{\alpha}_2=(1,a,1)^{\mathrm{T}}$，$\boldsymbol{\alpha}_3=(a,1,1)^{\mathrm{T}}$可由向量组$\boldsymbol{\beta}_1=(1,1,a)^{\mathrm{T}}$，$\boldsymbol{\beta}_2=(-2,a,4)^{\mathrm{T}}$，$\boldsymbol{\beta}_3=(-2,a,a)^{\mathrm{T}}$线性表示，但$\boldsymbol{\beta}_1$，$\boldsymbol{\beta}_2$，$\boldsymbol{\beta}_3$不能由$\boldsymbol{\alpha}_1$，$\boldsymbol{\alpha}_2$，$\boldsymbol{\alpha}_3$线性表示 .

【解析】 **方法 1** 对矩阵$(\boldsymbol{\alpha}_1,\boldsymbol{\alpha}_2,\boldsymbol{\alpha}_3,\boldsymbol{\beta}_1,\boldsymbol{\beta}_2,\boldsymbol{\beta}_3)$实施初等行变换，有

$$(\boldsymbol{\alpha}_1,\boldsymbol{\alpha}_2,\boldsymbol{\alpha}_3,\boldsymbol{\beta}_1,\boldsymbol{\beta}_2,\boldsymbol{\beta}_3)=\begin{pmatrix}1&1&a&1&-2&-2\\1&a&1&1&a&a\\a&1&1&a&4&a\end{pmatrix}$$

$$\to\begin{pmatrix}1&1&a&1&-2&-2\\0&a-1&1-a&0&a+2&a+2\\0&1-a&1-a^2&0&4+2a&3a\end{pmatrix}$$

$$\to\begin{pmatrix}1&1&a&1&-2&-2\\0&a-1&1-a&0&a+2&a+2\\0&0&-(a-1)(a+2)&0&3a+6&4a+2\end{pmatrix}.$$

由于$\boldsymbol{\beta}_1$，$\boldsymbol{\beta}_2$，$\boldsymbol{\beta}_3$不能由$\boldsymbol{\alpha}_1$，$\boldsymbol{\alpha}_2$，$\boldsymbol{\alpha}_3$线性表示，故 $r(\boldsymbol{\alpha}_1,\boldsymbol{\alpha}_2,\boldsymbol{\alpha}_3)<3$，因此 $a=1$ 或 $a=-2$.

当 $a=1$ 时，有

$$(\boldsymbol{\alpha}_1,\boldsymbol{\alpha}_2,\boldsymbol{\alpha}_3,\boldsymbol{\beta}_1,\boldsymbol{\beta}_2,\boldsymbol{\beta}_3)\to\begin{pmatrix}1&1&1&1&-2&-2\\0&0&0&0&3&3\\0&0&0&0&9&6\end{pmatrix}\to\begin{pmatrix}1&1&1&1&-2&-2\\0&0&0&0&3&3\\0&0&0&0&0&-3\end{pmatrix},$$

所以 $r(\boldsymbol{\alpha}_1,\boldsymbol{\alpha}_2,\boldsymbol{\alpha}_3,\boldsymbol{\beta}_1,\boldsymbol{\beta}_2,\boldsymbol{\beta}_3)=r(\boldsymbol{\beta}_1,\boldsymbol{\beta}_2,\boldsymbol{\beta}_3)=3$，这表明向量组$\boldsymbol{\alpha}_1$，$\boldsymbol{\alpha}_2$，$\boldsymbol{\alpha}_3$能由向量组$\boldsymbol{\beta}_1$，$\boldsymbol{\beta}_2$，$\boldsymbol{\beta}_3$线性表示，符合题意 .

当 $a=-2$ 时，有

$$(\boldsymbol{\alpha}_1,\boldsymbol{\alpha}_2,\boldsymbol{\alpha}_3,\boldsymbol{\beta}_1,\boldsymbol{\beta}_2,\boldsymbol{\beta}_3)\to\begin{pmatrix}1&1&-2&1&-2&-2\\0&-3&3&0&0&0\\0&0&0&0&0&-6\end{pmatrix},$$

所以 $r(\boldsymbol{\alpha}_1,\boldsymbol{\alpha}_2,\boldsymbol{\alpha}_3,\boldsymbol{\beta}_1,\boldsymbol{\beta}_2,\boldsymbol{\beta}_3)=3\neq r(\boldsymbol{\beta}_1,\boldsymbol{\beta}_2,\boldsymbol{\beta}_3)=2$，这表明向量组$\boldsymbol{\alpha}_1$，$\boldsymbol{\alpha}_2$，$\boldsymbol{\alpha}_3$ 不能由向量组 $\boldsymbol{\beta}_1$，$\boldsymbol{\beta}_2$，$\boldsymbol{\beta}_3$ 线性表示，不符合题意.

综上，当 $a=1$ 时，即为所求.

方法2 因为4个三维向量$\boldsymbol{\alpha}_1$，$\boldsymbol{\alpha}_2$，$\boldsymbol{\alpha}_3$，$\boldsymbol{\beta}_i(i=1,2,3)$必线性相关. 假设$\boldsymbol{\alpha}_1$，$\boldsymbol{\alpha}_2$，$\boldsymbol{\alpha}_3$ 线性无关，则 $\boldsymbol{\beta}_i(i=1,2,3)$可由$\boldsymbol{\alpha}_1$，$\boldsymbol{\alpha}_2$，$\boldsymbol{\alpha}_3$ 线性表示，这表明 $\boldsymbol{\beta}_1$，$\boldsymbol{\beta}_2$，$\boldsymbol{\beta}_3$ 可由$\boldsymbol{\alpha}_1$，$\boldsymbol{\alpha}_2$，$\boldsymbol{\alpha}_3$ 线性表示，与题设矛盾！于是$\boldsymbol{\alpha}_1$，$\boldsymbol{\alpha}_2$，$\boldsymbol{\alpha}_3$ 必线性相关，从而

$$|\boldsymbol{\alpha}_1,\boldsymbol{\alpha}_2,\boldsymbol{\alpha}_3|=\begin{vmatrix}1&1&a\\1&a&1\\a&1&1\end{vmatrix}=-(a-1)^2(a+2)=0,$$

因此 $a=1$ 或 $a=-2$.

对于 $a=1$ 与 $a=-2$ 这两种情形，可参照方法1.

例9 设有向量组（Ⅰ）$\boldsymbol{\alpha}_1=(1,0,2)^{\mathrm{T}}$，$\boldsymbol{\alpha}_2=(1,1,3)^{\mathrm{T}}$，$\boldsymbol{\alpha}_3=(1,-1,a+2)^{\mathrm{T}}$，

向量组（Ⅱ）$\boldsymbol{\beta}_1=(1,2,a+3)^{\mathrm{T}}$，$\boldsymbol{\beta}_2=(2,1,a+6)^{\mathrm{T}}$，$\boldsymbol{\beta}_3=(2,1,a+4)^{\mathrm{T}}$.

试问：当 a 为何值时，

(1) 向量组（Ⅰ）与（Ⅱ）等价？(2) 向量组（Ⅰ）与（Ⅱ）不等价？

【解析】 记 $\boldsymbol{A}=(\boldsymbol{\alpha}_1,\boldsymbol{\alpha}_2,\boldsymbol{\alpha}_3)$，$\boldsymbol{B}=(\boldsymbol{\beta}_1,\boldsymbol{\beta}_2,\boldsymbol{\beta}_3)$. 对矩阵（$\boldsymbol{A},\boldsymbol{B}$）实施初等行变换，有

$$(\boldsymbol{A},\boldsymbol{B})=\begin{pmatrix}1&1&1&1&2&2\\0&1&-1&2&1&1\\2&3&a+2&a+3&a+6&a+4\end{pmatrix}$$
$$\to\begin{pmatrix}1&1&1&1&2&2\\0&1&-1&2&1&1\\0&1&a&a+1&a+2&a\end{pmatrix}$$
$$\to\begin{pmatrix}1&1&1&1&2&2\\0&1&-1&2&1&1\\0&0&a+1&a-1&a+1&a-1\end{pmatrix}.$$

(1) 当 $a\neq-1$ 时，$r(\boldsymbol{A})=r(\boldsymbol{A},\boldsymbol{B})=3$，而

$$\boldsymbol{B}=\begin{pmatrix}1&2&2\\2&1&1\\a+3&a+6&a+4\end{pmatrix}\to\begin{pmatrix}1&2&2\\0&-3&-3\\0&-a&-a-2\end{pmatrix}$$
$$\to\begin{pmatrix}1&2&2\\0&1&1\\0&-a&-a-2\end{pmatrix}\to\begin{pmatrix}1&2&2\\0&1&1\\0&0&-2\end{pmatrix}.$$

所以 $r(\boldsymbol{B})=3$，因此 $r(\boldsymbol{A})=r(\boldsymbol{B})=r(\boldsymbol{A},\boldsymbol{B})$. 因此，向量组（Ⅰ）与（Ⅱ）等价.

(2) 当 $a=-1$ 时，有

$$(\boldsymbol{A},\boldsymbol{B})\to\begin{pmatrix}1&1&1&1&2&2\\0&1&-1&2&1&1\\0&0&0&-2&0&-2\end{pmatrix},$$

所以 $r(\boldsymbol{A})=2<r(\boldsymbol{A},\boldsymbol{B})=3$. 因此，向量组（Ⅰ）与向量组（Ⅱ）不等价.

题型7 向量空间的基与维数

1. 求向量空间的基与维数，应根据不同的情形采用不同的方法

情形1 向量空间用集合的形式来描述，即

$$V=\{\text{一般向量}\mid\text{向量所满足的条件}\}.$$

联立求解集合的向量所满足的条件得到齐次线性方程组，求该方程组的基础解系，它即为向量空间 V 的一个基，而基础解系的个数即为向量空间 V 的维数.

情形2 如果 V 是由向量组$\boldsymbol{a}_1$，$\boldsymbol{a}_2$，…，$\boldsymbol{a}_m$ 生成的向量空间，则向量组$\boldsymbol{a}_1$，$\boldsymbol{a}_2$，…，$\boldsymbol{a}_m$ 的秩为 V 的维数，而向量组$\boldsymbol{a}_1$，$\boldsymbol{a}_2$，…，$\boldsymbol{a}_m$ 的最大无关组为 V 的一个基.

例10 设$\boldsymbol{\alpha}_1=(1,2,-1,0)^{\mathrm{T}}$，$\boldsymbol{\alpha}_2=(1,1,0,2)^{\mathrm{T}}$，$\boldsymbol{\alpha}_3=(2,1,1,a)^{\mathrm{T}}$，若由$\boldsymbol{\alpha}_1$，$\boldsymbol{\alpha}_2$，$\boldsymbol{\alpha}_3$ 生成的向量空间的维数为2，则 $a=$________.

【解析】 由$\boldsymbol{\alpha}_1$，$\boldsymbol{\alpha}_2$，$\boldsymbol{\alpha}_3$ 生成的向量空间的维数为2，可知 $r(\boldsymbol{\alpha}_1,\boldsymbol{\alpha}_2,\boldsymbol{\alpha}_3)=2$. 所以，对 $(\boldsymbol{\alpha}_1,\boldsymbol{\alpha}_2,\boldsymbol{\alpha}_3)$ 实施初等行变换，有

$$(\boldsymbol{\alpha}_1,\boldsymbol{\alpha}_2,\boldsymbol{\alpha}_3)=\begin{pmatrix}1&1&2\\2&1&1\\-1&0&1\\0&2&a\end{pmatrix}\to\begin{pmatrix}1&1&2\\0&-1&-3\\0&1&3\\0&2&a\end{pmatrix}\to\begin{pmatrix}1&1&2\\0&-1&-3\\0&0&a-6\\0&0&0\end{pmatrix},$$

因此 $a-6=0$，即 $a=6$.

2. 验证向量组是向量空间的一个基，只需验证该向量组线性无关，且向量组包含向量的个数与向量空间的维数相同即可.

例11 设向量组$\boldsymbol{\alpha}_1$，$\boldsymbol{\alpha}_2$，$\boldsymbol{\alpha}_3$ 为3维向量空间 $\mathbf{R}^3$ 的一个基，令

$$\boldsymbol{\beta}_1=2\boldsymbol{\alpha}_1+2k\boldsymbol{\alpha}_3,\ \boldsymbol{\beta}_2=2\boldsymbol{\alpha}_2,\ \boldsymbol{\beta}_3=\boldsymbol{\alpha}_1+(k+1)\boldsymbol{\alpha}_3,$$

证明：向量组$\boldsymbol{\beta}_1$，$\boldsymbol{\beta}_2$，$\boldsymbol{\beta}_3$ 也是 $\mathbf{R}^3$ 的一个基.

【解析】 由于

$$(\boldsymbol{\beta}_1,\boldsymbol{\beta}_2,\boldsymbol{\beta}_3)=(\boldsymbol{\alpha}_1,\boldsymbol{\alpha}_2,\boldsymbol{\alpha}_3)\begin{pmatrix}2&0&1\\0&2&0\\2k&0&k+1\end{pmatrix},$$

而

$$\begin{vmatrix}2&0&1\\0&2&0\\2k&0&k+1\end{vmatrix}=4\neq0,$$

这表明矩阵$\begin{pmatrix}2&0&1\\0&2&0\\2k&0&k+1\end{pmatrix}$的秩为3. 又因为向量组$\boldsymbol{\alpha}_1$，$\boldsymbol{\alpha}_2$，$\boldsymbol{\alpha}_3$ 为3维向量空间 $\mathbf{R}^3$ 的一个基，故向量组$\boldsymbol{\alpha}_1$，$\boldsymbol{\alpha}_2$，$\boldsymbol{\alpha}_3$ 线性无关. 从而得到 $r(\boldsymbol{\beta}_1,\boldsymbol{\beta}_2,\boldsymbol{\beta}_3)=3$，这表明向量组$\boldsymbol{\beta}_1$，$\boldsymbol{\beta}_2$，$\boldsymbol{\beta}_3$ 也是线性无关的，进而得到向量组$\boldsymbol{\beta}_1$，$\boldsymbol{\beta}_2$，$\boldsymbol{\beta}_3$ 也是 $\mathbf{R}^3$ 的一个基.

题型8 求过渡矩阵与基下的坐标

1. 求过渡矩阵的方法

已知$\boldsymbol{\alpha}_1$，$\boldsymbol{\alpha}_2$，…，$\boldsymbol{\alpha}_n$ 和$\boldsymbol{\beta}_1$，$\boldsymbol{\beta}_2$，…，$\boldsymbol{\beta}_n$ 是向量空间 V 的两个基. 先取 V 的一个简单基

$$\boldsymbol{e}_1=(1,0,\cdots,0)^{\mathrm{T}},\boldsymbol{e}_2=(0,1,\cdots,0)^{\mathrm{T}},\boldsymbol{e}_n=(0,0,\cdots,1)^{\mathrm{T}},$$

则

$$(\boldsymbol{\alpha}_1,\boldsymbol{\alpha}_2,\cdots,\boldsymbol{\alpha}_n)=(\boldsymbol{e}_1,\boldsymbol{e}_2,\cdots,\boldsymbol{e}_n)\boldsymbol{A},$$
$$(\boldsymbol{\beta}_1,\boldsymbol{\beta}_2,\cdots,\boldsymbol{\beta}_n)=(\boldsymbol{e}_1,\boldsymbol{e}_2,\cdots,\boldsymbol{e}_n)\boldsymbol{B},$$

再求出由基 $\boldsymbol{\alpha}_1$，$\boldsymbol{\alpha}_2$，$\cdots$，$\boldsymbol{\alpha}_n$ 到基 $\boldsymbol{\beta}_1$，$\boldsymbol{\beta}_2$，$\cdots$，$\boldsymbol{\beta}_n$ 的过渡矩阵$\boldsymbol{A}^{-1}\boldsymbol{B}$，或由基 $\boldsymbol{\beta}_1$，$\boldsymbol{\beta}_2$，$\cdots$，$\boldsymbol{\beta}_n$ 到基 $\boldsymbol{\alpha}_1$，$\boldsymbol{\alpha}_2$，$\cdots$，$\boldsymbol{\alpha}_n$ 的过渡矩阵$\boldsymbol{B}^{-1}\boldsymbol{A}$.

例 12 从 $\mathbf{R}^2$ 的基$\boldsymbol{\alpha}_1=(1,0)^{\mathrm{T}}$，$\boldsymbol{\alpha}_2=(1,-1)^{\mathrm{T}}$ 到基$\boldsymbol{\beta}_1=(1,1)^{\mathrm{T}}$，$\boldsymbol{\beta}_2=(1,2)^{\mathrm{T}}$ 的过渡矩阵为________.

【解析】 取 $\mathbf{R}^2$ 的一个基$\boldsymbol{e}_1=(1,0)^{\mathrm{T}}$，$\boldsymbol{e}_2=(0,1)^{\mathrm{T}}$，则

$$(\boldsymbol{\alpha}_1,\boldsymbol{\alpha}_2)=(\boldsymbol{e}_1,\boldsymbol{e}_2)\begin{pmatrix}1&1\\0&-1\end{pmatrix},(\boldsymbol{\beta}_1,\boldsymbol{\beta}_2)=(\boldsymbol{e}_1,\boldsymbol{e}_2)\begin{pmatrix}1&1\\1&2\end{pmatrix},$$

所以由基 $\boldsymbol{\alpha}_1$，$\boldsymbol{\alpha}_2$ 到基 $\boldsymbol{\beta}_1$，$\boldsymbol{\beta}_2$ 的过渡矩阵为

$$\begin{pmatrix}1&1\\0&-1\end{pmatrix}^{-1}\begin{pmatrix}1&1\\1&2\end{pmatrix}=\begin{pmatrix}1&1\\0&-1\end{pmatrix}\begin{pmatrix}1&1\\1&2\end{pmatrix}=\begin{pmatrix}2&3\\-1&-2\end{pmatrix}.$$

2. 求基下的坐标的方法

已知某向量，求其在某个基下的坐标常采用定义法：设出其坐标，再列方程组求解.

例 13 已知三维线性空间的一组基为$\boldsymbol{\alpha}_1=(1,1,0)^{\mathrm{T}}$，$\boldsymbol{\alpha}_2=(1,0,1)^{\mathrm{T}}$，$\boldsymbol{\alpha}_3=(0,1,1)^{\mathrm{T}}$，则向量$\boldsymbol{\beta}=(2,0,0)^{\mathrm{T}}$ 在基 $\boldsymbol{\alpha}_1$，$\boldsymbol{\alpha}_2$，$\boldsymbol{\alpha}_3$ 下的坐标是________.

【解析】 设所求坐标为$(x_1,x_2,x_3)^{\mathrm{T}}$，则$\boldsymbol{\beta}=x_1\boldsymbol{\alpha}_1+x_2\boldsymbol{\alpha}_2+x_3\boldsymbol{\alpha}_3$，即

$$\begin{pmatrix}x_1\\x_1\\0\end{pmatrix}+\begin{pmatrix}x_2\\0\\x_2\end{pmatrix}+\begin{pmatrix}0\\x_3\\x_3\end{pmatrix}=\begin{pmatrix}2\\0\\0\end{pmatrix},$$

亦即

$$\begin{cases}x_1+x_2=2\\x_1+x_3=0,\\x_2+x_3=0\end{cases}$$

解得 $x_1=x_2=1$，$x_3=-1$，故所求坐标为$(1,1,-1)^{\mathrm{T}}$.

题型 9 施密特标准正交化（规范正交化）

例 14 设$\boldsymbol{\alpha}_1=(0,1,2)^{\mathrm{T}}$，$\boldsymbol{\alpha}_2=(1,0,1)^{\mathrm{T}}$，$\boldsymbol{\alpha}_3=(1,1,0)^{\mathrm{T}}$，试用施密特正交化方法把这组向量规范正交化.

【解析】 取 $\boldsymbol{\beta}_1=\boldsymbol{\alpha}_1=(0,1,2)^{\mathrm{T}}$，则

$$\boldsymbol{\beta}_2=\boldsymbol{\alpha}_2-\frac{[\boldsymbol{\beta}_1,\boldsymbol{\alpha}_2]}{[\boldsymbol{\beta}_1,\boldsymbol{\beta}_1]}\boldsymbol{\beta}_1=\begin{pmatrix}1\\0\\1\end{pmatrix}-\frac{2}{5}\begin{pmatrix}0\\1\\2\end{pmatrix}=\frac{1}{5}\begin{pmatrix}5\\-2\\1\end{pmatrix},$$

$$\boldsymbol{\beta}_3=\boldsymbol{\alpha}_3-\frac{[\boldsymbol{\beta}_1,\boldsymbol{\alpha}_3]}{[\boldsymbol{\beta}_1,\boldsymbol{\beta}_1]}\boldsymbol{\beta}_1-\frac{[\boldsymbol{\beta}_2,\boldsymbol{\alpha}_3]}{[\boldsymbol{\beta}_2,\boldsymbol{\beta}_2]}\boldsymbol{\beta}_2=\begin{pmatrix}1\\1\\0\end{pmatrix}-\frac{1}{5}\begin{pmatrix}0\\1\\2\end{pmatrix}-\frac{3}{30}\begin{pmatrix}5\\-2\\1\end{pmatrix}=\frac{1}{2}\begin{pmatrix}1\\2\\-1\end{pmatrix},$$

将其单位化，有

$$\gamma_1=\frac{1}{\sqrt{5}}\begin{pmatrix}0\\1\\2\end{pmatrix},\ \gamma_2=\frac{1}{\sqrt{30}}\begin{pmatrix}5\\-2\\1\end{pmatrix},\ \gamma_3=\frac{1}{\sqrt{6}}\begin{pmatrix}1\\2\\-1\end{pmatrix}.$$

题型 10 正交矩阵

判断一个实方阵 $\boldsymbol{A}$ 为正交矩阵的方法：

方法 1 定义法：即$\boldsymbol{A}^{\mathrm{T}}\boldsymbol{A}=\boldsymbol{A}\boldsymbol{A}^{\mathrm{T}}=\boldsymbol{E}$ 或$\boldsymbol{A}^{-1}=\boldsymbol{A}^{\mathrm{T}}$；

方法 2 验证 $\boldsymbol{A}$ 的列（行）向量是否是两两正交的单位向量.

例 15 如果实对称矩阵 $\boldsymbol{A}$ 满足$\boldsymbol{A}^2-4\boldsymbol{A}+3\boldsymbol{E}=\boldsymbol{O}$，证明：$\boldsymbol{A}-2\boldsymbol{E}$ 为正交矩阵.

【解析】 因为 $\boldsymbol{A}$ 满足$\boldsymbol{A}^{\mathrm{T}}=\boldsymbol{A}$ 及$\boldsymbol{A}^2-4\boldsymbol{A}+3\boldsymbol{E}=\boldsymbol{O}$，所以

$$\begin{aligned}(\boldsymbol{A}-2\boldsymbol{E})^{\mathrm{T}}(\boldsymbol{A}-2\boldsymbol{E})&=(\boldsymbol{A}^{\mathrm{T}}-2\boldsymbol{E}^{\mathrm{T}})(\boldsymbol{A}-2\boldsymbol{E})\\&=(\boldsymbol{A}-2\boldsymbol{E})(\boldsymbol{A}-2\boldsymbol{E})=\boldsymbol{A}^2-4\boldsymbol{A}+4\boldsymbol{E}\\&=(\boldsymbol{A}^2-4\boldsymbol{A}+3\boldsymbol{E})+\boldsymbol{E}=\boldsymbol{E}\end{aligned}$$

故 $\boldsymbol{A}-2\boldsymbol{E}$ 为正交矩阵.

巩固练习

一、填空题

1. 设向量组$(1,1,2,1)^{\mathrm{T}}$，$(1,0,0,2)^{\mathrm{T}}$，$(-1,-4,-8,k)^{\mathrm{T}}$线性相关，则 $k=$________.

2. 设向量组$(2,1,1,1)^{\mathrm{T}}$，$(2,1,a,a)^{\mathrm{T}}$，$(3,2,1,a)^{\mathrm{T}}$，$(4,3,2,1)^{\mathrm{T}}$线性相关，且 $a\neq1$，则 $a=$________.

3. 已知向量组$\boldsymbol{\alpha}_1$，$\boldsymbol{\alpha}_2$，$\boldsymbol{\alpha}_3$ 线性无关，而向量组$\boldsymbol{\alpha}_1+k\boldsymbol{\alpha}_2$，$\boldsymbol{\alpha}_1+2\boldsymbol{\alpha}_2+\boldsymbol{\alpha}_3$，$k\boldsymbol{\alpha}_1-\boldsymbol{\alpha}_3$ 线性相关，则 $k=$________.

4. 已知向量组$\boldsymbol{\alpha}_1$，$\boldsymbol{\alpha}_2$，$\boldsymbol{\alpha}_3$ 线性无关，若向量组 $l\boldsymbol{\alpha}_2-\boldsymbol{\alpha}_1$，$m\boldsymbol{\alpha}_3-\boldsymbol{\alpha}_2$，$\boldsymbol{\alpha}_1-\boldsymbol{\alpha}_3$ 也线性无关，则 l，m 满足________.

5. 向量组$\boldsymbol{\alpha}_1=(1,1,1,1)^{\mathrm{T}}$，$\boldsymbol{\alpha}_2=(1,2,3,4)^{\mathrm{T}}$，$\boldsymbol{\alpha}_3=(0,1,2,3)^{\mathrm{T}}$的秩为________.

6. 设向量组$\boldsymbol{\alpha}_1=(1,0,0)^{\mathrm{T}}$，$\boldsymbol{\alpha}_2=(0,1,0)^{\mathrm{T}}$，且 $\boldsymbol{\beta}_1=\boldsymbol{\alpha}_1-\boldsymbol{\alpha}_2$，$\boldsymbol{\beta}_2=\boldsymbol{\alpha}_2$，则向量组 $\boldsymbol{\beta}_1$，$\boldsymbol{\beta}_2$ 的秩为________.

7. 已知向量组$\boldsymbol{\alpha}_1=(1,2,-1,1)^{\mathrm{T}}$，$\boldsymbol{\alpha}_2=(2,0,t,0)^{\mathrm{T}}$，$\boldsymbol{\alpha}_3=(0,-4,5,-2)^{\mathrm{T}}$的秩为 2，则 $t=$________.

8. 已知向量组

$\boldsymbol{\alpha}_1=(1,1,1,3)^{\mathrm{T}}$，$\boldsymbol{\alpha}_2=(1,3,-5,-1)^{\mathrm{T}}$，$\boldsymbol{\alpha}_3=(-2,-6,10,a)^{\mathrm{T}}$，$\boldsymbol{\alpha}_4=(4,1,6,a+10)^{\mathrm{T}}$

线性相关，则向量组$\boldsymbol{\alpha}_1$，$\boldsymbol{\alpha}_2$，$\boldsymbol{\alpha}_3$，α_4 的最大线性无关组是________.

9. 与向量组$\boldsymbol{\alpha}_1=(2,-1,-3)^{\mathrm{T}}$，$\boldsymbol{\alpha}_2=(-3,1,5)^{\mathrm{T}}$都正交的单位向量 $\boldsymbol{\beta}=$________.

10. 实数向量空间 $V=\{(x_1,x_2,x_3)\mid x_1+x_2+x_3=0\}$的维数是________.

11. 从 $\mathbf{R}^2$ 的基$\boldsymbol{\alpha}_1=(1,1)^{\mathrm{T}}$，$\boldsymbol{\alpha}_2=(1,0)^{\mathrm{T}}$到基$\boldsymbol{\beta}_1=(2,3)^{\mathrm{T}}$，$\boldsymbol{\beta}_2=(3,1)^{\mathrm{T}}$的过渡矩阵为________.

12. 已知三维线性空间的一组基为$\boldsymbol{\alpha}_1=(1,2,1)^{\mathrm{T}}$，$\boldsymbol{\alpha}_2=(2,3,3)^{\mathrm{T}}$，$\boldsymbol{\alpha}_3=(3,7,1)^{\mathrm{T}}$，则向量$\boldsymbol{\beta}=(0,1,2)^{\mathrm{T}}$在基$\boldsymbol{\alpha}_1$，$\boldsymbol{\alpha}_2$，$\boldsymbol{\alpha}_3$ 下的坐标是________.

13. 已知 $\boldsymbol{\alpha}_1=(1,2,1)^{\mathrm{T}}$，$\boldsymbol{\alpha}_2=(2,3,3)^{\mathrm{T}}$，$\boldsymbol{\alpha}_3=(3,7,1)^{\mathrm{T}}$ 与 $\boldsymbol{\beta}_1=(2,1,1)^{\mathrm{T}}$，$\boldsymbol{\beta}_2=(5,2,2)^{\mathrm{T}}$，$\boldsymbol{\beta}_3=(1,3,4)^{\mathrm{T}}$ 是 $\mathbf{R}^3$ 的两组基．那么在这两组基下有相同坐标的向量是________．

二、选择题

1. 设向量组$\boldsymbol{\alpha}_1$，$\boldsymbol{\alpha}_2$，$\boldsymbol{\alpha}_3$ 线性无关，则下列向量组线性相关的是(　　)．

(A) $\boldsymbol{\alpha}_1-\boldsymbol{\alpha}_2$，$\boldsymbol{\alpha}_2-\boldsymbol{\alpha}_3$，$\boldsymbol{\alpha}_3-\boldsymbol{\alpha}_1$　　(B) $\boldsymbol{\alpha}_1+\boldsymbol{\alpha}_2$，$\boldsymbol{\alpha}_2+\boldsymbol{\alpha}_3$，$\boldsymbol{\alpha}_3+\boldsymbol{\alpha}_1$

(C) $\boldsymbol{\alpha}_1-2\boldsymbol{\alpha}_2$，$\boldsymbol{\alpha}_2-2\boldsymbol{\alpha}_3$，$\boldsymbol{\alpha}_3-2\boldsymbol{\alpha}_1$　　(D) $\boldsymbol{\alpha}_1+2\boldsymbol{\alpha}_2$，$\boldsymbol{\alpha}_2+2\boldsymbol{\alpha}_3$，$\boldsymbol{\alpha}_3+2\boldsymbol{\alpha}_1$

2. 向量组$\boldsymbol{\alpha}_1$，$\boldsymbol{\alpha}_2$，…，$\boldsymbol{\alpha}_s$ 线性无关的充分必要条件是(　　)．

(A) $\boldsymbol{\alpha}_1$，$\boldsymbol{\alpha}_2$，…，$\boldsymbol{\alpha}_s$ 均不为零向量

(B) $\boldsymbol{\alpha}_1$，$\boldsymbol{\alpha}_2$，…，$\boldsymbol{\alpha}_s$ 中任意两个向量的分量成比例

(C) $\boldsymbol{\alpha}_1$，$\boldsymbol{\alpha}_2$，…，$\boldsymbol{\alpha}_s$ 中任意一个向量都不能用其余的向量线性表出

(D) $\boldsymbol{\alpha}_1$，$\boldsymbol{\alpha}_2$，…，$\boldsymbol{\alpha}_s$ 中有一部分向量线性无关

3. 设$\boldsymbol{\alpha}_1=(1,0,6,a_1)^{\mathrm{T}}$，$\boldsymbol{\alpha}_2=(1,-1,2,a_2)^{\mathrm{T}}$，$\boldsymbol{\alpha}_3=(2,0,7,a_3)^{\mathrm{T}}$，$\boldsymbol{\alpha}_4=(0,0,0,a_4)^{\mathrm{T}}$，其中 a_1，a_2，a_3，a_4 为任意实数，则(　　)．

(A) $\boldsymbol{\alpha}_1$，$\boldsymbol{\alpha}_2$，$\boldsymbol{\alpha}_3$ 必线性相关　　(B) $\boldsymbol{\alpha}_1$，$\boldsymbol{\alpha}_2$，$\boldsymbol{\alpha}_3$ 必线性无关

(C) $\boldsymbol{\alpha}_1$，$\boldsymbol{\alpha}_2$，$\boldsymbol{\alpha}_3$，$\boldsymbol{\alpha}_4$ 必线性相关　　(D) $\boldsymbol{\alpha}_1$，$\boldsymbol{\alpha}_2$，$\boldsymbol{\alpha}_3$，$\boldsymbol{\alpha}_4$ 必线性无关

4. 设$\boldsymbol{\alpha}_1$，$\boldsymbol{\alpha}_2$，$\boldsymbol{\alpha}_3$，$\boldsymbol{\alpha}_4$ 都是三维向量，则必有(　　)．

(A) $\boldsymbol{\alpha}_1$，$\boldsymbol{\alpha}_2$，$\boldsymbol{\alpha}_3$，$\boldsymbol{\alpha}_4$ 线性相关　　(B) $\boldsymbol{\alpha}_1$，$\boldsymbol{\alpha}_2$，$\boldsymbol{\alpha}_3$，$\boldsymbol{\alpha}_4$ 线性无关

(C) $\boldsymbol{\alpha}_1$ 可由$\boldsymbol{\alpha}_2$，$\boldsymbol{\alpha}_3$，$\boldsymbol{\alpha}_4$ 线性表示　　(D) $\boldsymbol{\alpha}_1$ 不能由$\boldsymbol{\alpha}_2$，$\boldsymbol{\alpha}_3$，$\boldsymbol{\alpha}_4$ 线性表示

5. 设向量组$\boldsymbol{\alpha}_1=(1,2)^{\mathrm{T}}$，$\boldsymbol{\alpha}_2=(0,2)^{\mathrm{T}}$，$\boldsymbol{\beta}=(4,2)^{\mathrm{T}}$，则(　　)．

(A) $\boldsymbol{\alpha}_1$，$\boldsymbol{\alpha}_2$，$\boldsymbol{\beta}$ 线性无关

(B) $\boldsymbol{\beta}$ 不能由$\boldsymbol{\alpha}_1$，$\boldsymbol{\alpha}_2$ 线性表示

(C) $\boldsymbol{\beta}$ 可由$\boldsymbol{\alpha}_1$，$\boldsymbol{\alpha}_2$ 线性表示，但表示方法不唯一

(D) $\boldsymbol{\beta}$ 可由$\boldsymbol{\alpha}_1$，$\boldsymbol{\alpha}_2$ 线性表示，且表示方法唯一

6. 设向量$\boldsymbol{\beta}$ 可由向量组$\boldsymbol{\alpha}_1$，$\boldsymbol{\alpha}_2$，…，$\boldsymbol{\alpha}_m$ 线性表示，但不能由向量组（Ⅰ）$\boldsymbol{\alpha}_1$，$\boldsymbol{\alpha}_2$，…，$\boldsymbol{\alpha}_{m-1}$线性表示，记向量组（Ⅱ）$\boldsymbol{\alpha}_1$，$\boldsymbol{\alpha}_2$，…，$\boldsymbol{\alpha}_{m-1}$，$\boldsymbol{\beta}$，则(　　)．

(A) $\boldsymbol{\alpha}_m$ 不能由向量组（Ⅰ）线性表示，也不能由向量组（Ⅱ）线性表示

(B) $\boldsymbol{\alpha}_m$ 不能由向量组（Ⅰ）线性表示，但可由向量组（Ⅱ）线性表示

(C) $\boldsymbol{\alpha}_m$ 可由向量组（Ⅰ）线性表示，也可由向量组（Ⅱ）线性表示

(D) $\boldsymbol{\alpha}_m$ 可由向量组（Ⅰ）线性表示，但不能由向量组（Ⅱ）线性表示

7. 设 $\boldsymbol{A}$ 为 $m\times n$ 矩阵，齐次线性方程组 $\boldsymbol{AX}=\boldsymbol{O}$ 有非零解的充分必要条件是(　　)．

(A) $\boldsymbol{A}$ 的列向量组线性相关　　(B) $\boldsymbol{A}$ 的列向量组线性无关

(C) $\boldsymbol{A}$ 的行向量组线性相关　　(D) $\boldsymbol{A}$ 的行向量组线性无关

8. 已知向量组$\boldsymbol{\alpha}_1=(1,-1,2,4)$，$\boldsymbol{\alpha}_2=(0,3,1,2)$，$\boldsymbol{\alpha}_3=(3,0,7,14)$，$\boldsymbol{\alpha}_4=(1,-2,2,0)$，$\boldsymbol{\alpha}_5=(2,1,5,10)$，则下列向量组中不是向量组$\boldsymbol{\alpha}_1$，$\boldsymbol{\alpha}_2$，$\boldsymbol{\alpha}_3$，$\boldsymbol{\alpha}_4$，$\boldsymbol{\alpha}_5$ 的最大无关组的是(　　)．

(A) $\boldsymbol{\alpha}_1$，$\boldsymbol{\alpha}_2$，$\boldsymbol{\alpha}_3$　　(B) $\boldsymbol{\alpha}_1$，$\boldsymbol{\alpha}_2$，$\boldsymbol{\alpha}_4$

(C) $\boldsymbol{\alpha}_1$，$\boldsymbol{\alpha}_4$，$\boldsymbol{\alpha}_5$　　(D) $\boldsymbol{\alpha}_1$，$\boldsymbol{\alpha}_3$，$\boldsymbol{\alpha}_4$

9. 设$\boldsymbol{A}$为n阶方阵，$r(\boldsymbol{A})=r<n$，则在$\boldsymbol{A}$的n个行向量中(　　).

(A) 必有r个行向量线性无关

(B) 任意r个行向量线性无关

(C) 任意r个行向量都能构成最大线性无关组

(D) 任意一个行向量都能被其他r个行向量线性表示

10. 设向量组（Ⅰ）$\boldsymbol{\alpha}_1$，$\boldsymbol{\alpha}_2$，…，$\boldsymbol{\alpha}_r$是向量组（Ⅱ）$\boldsymbol{\alpha}_1$，$\boldsymbol{\alpha}_2$，…，$\boldsymbol{\alpha}_s$的部分线性无关组，则下列说法中正确的是(　　).

(A) 向量组（Ⅰ）是向量组（Ⅱ）的最大线性无关组

(B) $r(\boldsymbol{\alpha}_1,\boldsymbol{\alpha}_2,\cdots,\boldsymbol{\alpha}_r)=r(\boldsymbol{\alpha}_1,\boldsymbol{\alpha}_2,\cdots,\boldsymbol{\alpha}_s)$

(C) 若向量组（Ⅰ）可由向量组（Ⅱ）线性表示，则$r(\boldsymbol{\alpha}_1,\boldsymbol{\alpha}_2,\cdots,\boldsymbol{\alpha}_r)=r(\boldsymbol{\alpha}_1,\boldsymbol{\alpha}_2,\cdots,\boldsymbol{\alpha}_s)$

(D) 若向量组（Ⅱ）可由向量组（Ⅰ）线性表示，则$r(\boldsymbol{\alpha}_1,\boldsymbol{\alpha}_2,\cdots,\boldsymbol{\alpha}_r)=r(\boldsymbol{\alpha}_1,\boldsymbol{\alpha}_2,\cdots,\boldsymbol{\alpha}_s)$

三、解答题

1. 判断下列向量组是线性相关的还是线性无关的：

(1) $\boldsymbol{\alpha}_1=(1,1,1)^{\mathrm{T}}$，$\boldsymbol{\alpha}_2=(0,2,5)^{\mathrm{T}}$，$\boldsymbol{\alpha}_3=(2,4,7)^{\mathrm{T}}$；

(2) $\boldsymbol{\alpha}_1=(1,3,-5,1)$，$\boldsymbol{\alpha}_2=(2,6,1,4)$，$\boldsymbol{\alpha}_3=(3,9,7,10)$.

2. 设$\boldsymbol{\alpha}_1=(1,1,1)^{\mathrm{T}}$，$\boldsymbol{\alpha}_2=(1,2,3)^{\mathrm{T}}$，$\boldsymbol{\alpha}_3=(1,3,t)^{\mathrm{T}}$. 试问：当$t$取何值时，$\boldsymbol{\alpha}_1$，$\boldsymbol{\alpha}_2$，$\boldsymbol{\alpha}_3$线性相关；$t$取何值时，$\boldsymbol{\alpha}_1$，$\boldsymbol{\alpha}_2$，$\boldsymbol{\alpha}_3$线性无关.

3. 设向量组$(1,2,1,-1)^{\mathrm{T}}$，$(-1,-2,0,3)^{\mathrm{T}}$，$(2,3,1,a)^{\mathrm{T}}$，$(0,1,2,a+1)^{\mathrm{T}}$. 试问：当a取何值时，向量组线性相关；a取何值时，向量组线性无关.

4. 设向量组$\boldsymbol{\alpha}_1$，$\boldsymbol{\alpha}_2$，$\boldsymbol{\alpha}_3$线性无关，问常数a，b，c满足什么条件时，向量组$a\boldsymbol{\alpha}_1-\boldsymbol{\alpha}_2$，$b\boldsymbol{\alpha}_2-\boldsymbol{\alpha}_3$，$c\boldsymbol{\alpha}_3-\boldsymbol{\alpha}_1$线性相关？

5. 设向量组$\boldsymbol{\alpha}_1$，$\boldsymbol{\alpha}_2$，$\boldsymbol{\alpha}_3$线性无关，证明：向量组$\boldsymbol{\alpha}_1+\boldsymbol{\alpha}_2+2\boldsymbol{\alpha}_3$，$\boldsymbol{\alpha}_1-\boldsymbol{\alpha}_2$，$\boldsymbol{\alpha}_1+\boldsymbol{\alpha}_3$线性相关.

6. 证明：向量组$\boldsymbol{\alpha}_1$，$\boldsymbol{\alpha}_2$，$\boldsymbol{\alpha}_3$线性无关的充分必要条件是向量组

$$\boldsymbol{\beta}_1=\boldsymbol{\alpha}_1+\boldsymbol{\alpha}_2,\boldsymbol{\beta}_2=\boldsymbol{\alpha}_2+\boldsymbol{\alpha}_3,\boldsymbol{\beta}_3=\boldsymbol{\alpha}_3+\boldsymbol{\alpha}_1$$

线性无关.

7. 设向量组$\boldsymbol{\alpha}_1=(-1,-1,0,0)$，$\boldsymbol{\alpha}_2=(1,2,1,-1)$，$\boldsymbol{\alpha}_3=(0,1,1,-1)$，$\boldsymbol{\alpha}_4=(1,3,2,1)$，$\boldsymbol{\alpha}_5=(2,6,4,-1)$. 试求向量组的秩及其一个最大无关组，并把不属于最大无关组的向量用最大无关组线性表示.

8. 设$\boldsymbol{\alpha}_1=(1,0,0,1)$，$\boldsymbol{\alpha}_2=(0,1,0,-1)$，$\boldsymbol{\alpha}_3=(0,0,1,-1)$，$\boldsymbol{\beta}=(2,-1,3,0)$，判断向量$\boldsymbol{\beta}$是否能由$\boldsymbol{\alpha}_1$，$\boldsymbol{\alpha}_2$，$\boldsymbol{\alpha}_3$线性表示？若能，请写出表示式.

9. 已知向量组$\boldsymbol{\alpha}_1=(1,4,0,2)$，$\boldsymbol{\alpha}_2=(2,7,1,3)$，$\boldsymbol{\alpha}_3=(0,1,-1,a)$，$\boldsymbol{\beta}=(3,10,b,4)$. 试问：

(1) a，b为何值时，$\boldsymbol{\beta}$不能由$\boldsymbol{\alpha}_1$，$\boldsymbol{\alpha}_2$，$\boldsymbol{\alpha}_3$线性表示？

(2) a，b为何值时，$\boldsymbol{\beta}$可以由$\boldsymbol{\alpha}_1$，$\boldsymbol{\alpha}_2$，$\boldsymbol{\alpha}_3$线性表示？并写出表示式.

10. 设向量组$\boldsymbol{\alpha}_1=(1,0,1)^{\mathrm{T}}$，$\boldsymbol{\alpha}_2=(0,1,1)^{\mathrm{T}}$，$\boldsymbol{\alpha}_3=(1,3,5)^{\mathrm{T}}$不能由向量组$\boldsymbol{\beta}_1=$

$(1,1,1)^T$，$\boldsymbol{\beta}_2=(1,2,3)^T$，$\boldsymbol{\beta}_3=(3,4,a)^T$ 线性表示．

（1）求 a 的值；

（2）将向量组$\boldsymbol{\beta}_1$，$\boldsymbol{\beta}_2$，$\boldsymbol{\beta}_3$ 用向量组$\boldsymbol{\alpha}_1$，$\boldsymbol{\alpha}_2$，$\boldsymbol{\alpha}_3$ 线性表示．

11. 设向量组 $\boldsymbol{a}_1=(1,-1,1,-1)^T$，$\boldsymbol{a}_2=(3,1,1,3)^T$，$\boldsymbol{b}_1=(2,0,1,1)^T$，$\boldsymbol{b}_2=(1,1,0,2)^T$，$\boldsymbol{b}_3=(3,-1,2,0)^T$. 证明：向量组$\boldsymbol{a}_1$，$\boldsymbol{a}_2$ 与向量组$\boldsymbol{b}_1$，$\boldsymbol{b}_2$，$\boldsymbol{b}_3$ 等价．

12. 设 $\begin{cases}\boldsymbol{\beta}_1=\boldsymbol{\alpha}_2+\boldsymbol{\alpha}_3+\cdots+\boldsymbol{\alpha}_n\\ \boldsymbol{\beta}_2=\boldsymbol{\alpha}_1+\boldsymbol{\alpha}_3+\cdots+\boldsymbol{\alpha}_n\\ \quad\vdots\\ \boldsymbol{\beta}_n=\boldsymbol{\alpha}_1+\boldsymbol{\alpha}_2+\cdots+\boldsymbol{\alpha}_{n-1}\end{cases}$，证明：向量组$\boldsymbol{\alpha}_1$，$\boldsymbol{\alpha}_2$，…，$\boldsymbol{\alpha}_n$ 与$\boldsymbol{\beta}_1$，$\boldsymbol{\beta}_2$，…，$\boldsymbol{\beta}_n$ 等价．

13. 设有向量组（Ⅰ）$\boldsymbol{\alpha}_1=(1,0,2)^T$，$\boldsymbol{\alpha}_2=(0,1,1)^T$，$\boldsymbol{\alpha}_3=(2,-1,a+4)^T$，

向量组（Ⅱ）$\boldsymbol{\beta}_1=(1,2,4)^T$，$\boldsymbol{\beta}_2=(1,-1,a+2)^T$，$\boldsymbol{\beta}_3=(3,3,10)^T$.

试问：当 a 为何值时，

（1）向量组（Ⅰ）与向量组（Ⅱ）等价？（2）向量组（Ⅰ）与向量组（Ⅱ）不等价？

14. 设$\boldsymbol{\alpha}_1=(1,-1,0)^T$，$\boldsymbol{\alpha}_2=(1,0,1)^T$，$\boldsymbol{\alpha}_3=(1,-1,1)^T$，试用施密特正交化方法把这组向量规范正交化．

15. 已知 $\mathbf{R}^3$ 的两个基为$\boldsymbol{\alpha}_1=(1,1,1)^T$，$\boldsymbol{\alpha}_2=(1,0,-1)^T$，$\boldsymbol{\alpha}_3=(1,0,1)^T$ 和基$\boldsymbol{\beta}_1=(1,2,1)^T$，$\boldsymbol{\beta}_2=(2,3,4)^T$，$\boldsymbol{\beta}_3=(3,4,3)^T$. 求由基$\boldsymbol{\alpha}_1$，$\boldsymbol{\alpha}_2$，$\boldsymbol{\alpha}_3$ 到$\boldsymbol{\beta}_1$，$\boldsymbol{\beta}_2$，$\boldsymbol{\beta}_3$ 的过渡矩阵．

16. 验证$\boldsymbol{\alpha}_1=(1,-1,0)^T$，$\boldsymbol{\alpha}_2=(2,1,3)^T$，$\boldsymbol{\alpha}_3=(3,1,2)^T$ 为 $\mathbf{R}^3$ 的一个基，并求$\boldsymbol{\beta}=(5,0,7)^T$ 在这个基下的坐标．

17. 设 V 是向量组$\boldsymbol{\alpha}_1=(1,1,2,3)^T$，$\boldsymbol{\alpha}_2=(-1,1,4,-1)^T$，$\boldsymbol{\alpha}_3=(5,-1,-8,9)^T$ 所生成的向量空间，求 V 的维数和它的一个标准正交基．

18. 设4维向量空间 V 的两个基分别为（Ⅰ）$\boldsymbol{\alpha}_1$，$\boldsymbol{\alpha}_2$，$\boldsymbol{\alpha}_3$，$\boldsymbol{\alpha}_4$，（Ⅱ）$\boldsymbol{\beta}_1=\boldsymbol{\alpha}_1+\boldsymbol{\alpha}_2+\boldsymbol{\alpha}_3$，$\boldsymbol{\beta}_2=\boldsymbol{\alpha}_2+\boldsymbol{\alpha}_3+\boldsymbol{\alpha}_4$，$\boldsymbol{\beta}_3=\boldsymbol{\alpha}_3+\boldsymbol{\alpha}_4$，$\boldsymbol{\beta}_4=\boldsymbol{\alpha}_4$. 试求：

（1）由基（Ⅱ）到基（Ⅰ）的过渡矩阵；

（2）在基（Ⅰ）和基（Ⅱ）下有相同坐标的全体向量．

第 4 章　线性方程组

基本要求

1. 会用克拉默法则 .

2. 理解齐次线性方程组有非零解的充分必要条件及非齐次线性方程组有解的充分必要条件 .

3. 理解齐次线性方程组的基础解系、通解及解空间的概念，掌握齐次线性方程组的基础解系和通解的求法 .

4. 理解非齐次线性方程组解的结构及通解的概念 .

5. 掌握用初等行变换求解线性方程组的方法 .

知识点拨

一、线性方程组的基本概念

1. 线性方程组的表达形式

（1）一般形式　含有 n 个未知数 x_1，x_2，$\cdots$，x_n 的 m 个一次方程的方程组

$$\begin{cases} a_{11}x_1 + a_{12}x_2 + \cdots + a_{1n}x_n = b_1 \\ a_{21}x_1 + a_{22}x_2 + \cdots + a_{2n}x_n = b_2 \\ \qquad\vdots \\ a_{m1}x_1 + a_{m2}x_2 + \cdots + a_{mn}x_n = b_n \end{cases},$$

称为线性方程组 . 其中称 a_{ij} 为系数，b_j 为常数项或右端项 . 若常数项 b_1，b_2，$\cdots$，b_n 不全为零时，则称此方程组非齐次线性方程组；当 b_1，b_2，$\cdots$，b_n 全为零时，则称为齐次线性方程组.

（2）矩阵形式　设

$$\boldsymbol{A} = \begin{pmatrix} a_{11} & a_{12} & \cdots & a_{1n} \\ a_{21} & a_{22} & \cdots & a_{2n} \\ \vdots & \vdots & & \vdots \\ a_{m1} & a_{m2} & \cdots & a_{mn} \end{pmatrix}, \quad \boldsymbol{x} = \begin{pmatrix} x_1 \\ x_2 \\ \vdots \\ x_n \end{pmatrix}, \quad \boldsymbol{b} = \begin{pmatrix} b_1 \\ b_2 \\ \vdots \\ b_m \end{pmatrix},$$

则线性方程组可以用矩阵表示为 $\boldsymbol{Ax} = \boldsymbol{b}$. 其中称 $\boldsymbol{A}$ 为系数矩阵，$\boldsymbol{x}$ 为未知数矩阵，$\boldsymbol{b}$ 为常数项矩阵；并称 $\boldsymbol{B} = (\boldsymbol{A}, \boldsymbol{b})$ 为线性方程组的增广矩阵，即

$$\boldsymbol{B} = \begin{pmatrix} a_{11} & a_{12} & \cdots & a_{1n} & b_1 \\ a_{21} & a_{22} & \cdots & a_{2n} & b_2 \\ \vdots & \vdots & & \vdots & \vdots \\ a_{m1} & a_{m2} & \cdots & a_{mn} & b_m \end{pmatrix}.$$

说明：系数矩阵的行数 = 方程的个数；系数矩阵的列数 = 变量的个数 .

（3）向量形式　设

$$\boldsymbol{\alpha}_1=\begin{pmatrix}a_{11}\\a_{12}\\\vdots\\a_{1n}\end{pmatrix},\quad \boldsymbol{\alpha}_2=\begin{pmatrix}a_{11}\\a_{12}\\\vdots\\a_{1n}\end{pmatrix},\quad \cdots,\quad \boldsymbol{\alpha}_n=\begin{pmatrix}a_{11}\\a_{12}\\\vdots\\a_{1n}\end{pmatrix},\quad \boldsymbol{b}=\begin{pmatrix}b_1\\b_2\\\vdots\\b_m\end{pmatrix},$$

则线性方程组可以用向量表示为 $x_1\boldsymbol{\alpha}_1+x_2\boldsymbol{\alpha}_2+\cdots+x_m\boldsymbol{\alpha}_m=\boldsymbol{b}$.

2. 线性方程组的解与通解

（1）如果存在一组数 c_1，c_2，$\cdots$，c_n，当取 $x_1=c_1$，$x_2=c_2$，$\cdots$，$x_n=c_n$ 时，线性方程组的一般形式中各方程成为恒等式，则称 c_1，c_2，$\cdots$，c_n 为线性方程组的解．且称向量

$$\boldsymbol{\eta}=(c_1,c_2,\cdots,c_n)^{\mathrm{T}}$$

为线性方程组 $\boldsymbol{Ax}=\boldsymbol{b}$ 的解向量 .

（2）线性方程组的解的全体称为解集合，能表示解集合中任一元素的式子称为通解 .

（3）如果两个线性方程组有相同的解集合，则称它们是同解的 .

（4）当 $x_1=x_2=\cdots=x_n=0$ 时，它一定是齐次线性方程组的解，这个解称为齐次线性方程组的零解；如果存在一组不全为零的数是齐次线性方程组的解，则称之为齐次线性方程组的非零解 .

注意：齐次线性方程组一定有零解，但不一定有非零解 .

二、克拉默法则

1. 如果线性方程组

$$\begin{cases}a_{11}x_1+a_{12}x_2+\cdots+a_{1n}x_n=b_1\\a_{21}x_1+a_{22}x_2+\cdots+a_{2n}x_n=b_2\\\qquad\qquad\vdots\\a_{n1}x_1+a_{n2}x_2+\cdots+a_{nn}x_n=b_n\end{cases}$$

的系数行列式不等于零，即

$$D=\begin{vmatrix}a_{11}&a_{12}&\cdots&a_{1n}\\a_{21}&a_{22}&\cdots&a_{2n}\\\vdots&\vdots&&\vdots\\a_{n1}&a_{n2}&\cdots&a_{nn}\end{vmatrix}\neq 0,$$

则方程组有唯一解，且

$$x_1=\frac{D_1}{D},\quad x_2=\frac{D_2}{D},\quad x_3=\frac{D_3}{D},\quad \cdots,\quad x_n=\frac{D_n}{D}.$$

其中 $D_j(j=1,2,\cdots,n)$ 是把系数行列式中 D 第 j 列的元素用方程组右端的常数项代替后所得到的 n 阶行列式，即

$$D_j=\begin{vmatrix}a_{11}&\cdots&a_{1,j-1}&b_1&a_{1,j+1}&\cdots&a_{1n}\\\vdots&&\vdots&\vdots&\vdots&&\vdots\\a_{n1}&\cdots&a_{n,j-1}&b_n&a_{n,j+1}&\cdots&a_{nn}\end{vmatrix}.$$

推论：如果非齐次线性方程组无解或有两个不同的解，则它的系数行列式必为零.

2. 如果齐次线性方程组

$$\begin{cases} a_{11}x_1+a_{12}x_2+\cdots+a_{1n}x_n=0 \\ a_{21}x_1+a_{22}x_2+\cdots+a_{2n}x_n=0 \\ \qquad\vdots \\ a_{n1}x_1+a_{n2}x_2+\cdots+a_{nn}x_n=0 \end{cases}$$

的系数行列式 $D\neq 0$，则齐次线性方程组只有零解，没有非零解.

推论：如果齐次线性方程组有非零解，则它的系数行列式必为零.

三、齐次线性方程组解的结构

1. 解的判定

对齐次线性方程组 $\boldsymbol{Ax}=\boldsymbol{0}$，其中 $\boldsymbol{A}=(a_{ij})_{m\times n}$，$\boldsymbol{x}=(x_1,x_2,\cdots,x_n)^{\mathrm{T}}$. 记

$$\boldsymbol{A}=(\boldsymbol{a}_1,\boldsymbol{a}_2,\cdots,\boldsymbol{a}_m),$$

其中$\boldsymbol{a}_j$ 是 $\boldsymbol{A}$ 的第 j 个列向量.

（1）唯一解（零解）的判定

① $r(\boldsymbol{A})=n$；② $\boldsymbol{a}_1$，$\boldsymbol{a}_2$，$\cdots$，$\boldsymbol{a}_m$ 线性无关；③ 当 $m=n$ 时，$|\boldsymbol{A}|\neq 0$.

（2）无穷多解（非零解）的判定

① $r(\boldsymbol{A})<n$；② $\boldsymbol{a}_1$，$\boldsymbol{a}_2$，$\cdots$，$\boldsymbol{a}_m$ 线性相关；③ 当 $m=n$ 时，$|\boldsymbol{A}|=0$.

2. 解的性质

性质 1：若$\boldsymbol{\xi}_1$，$\boldsymbol{\xi}_2$ 是齐次线性方程组 $\boldsymbol{Ax}=\boldsymbol{0}$ 的解，则$\boldsymbol{\xi}_1+\boldsymbol{\xi}_2$ 也是 $\boldsymbol{Ax}=\boldsymbol{0}$ 的解.

性质 2：若 $\boldsymbol{\xi}$ 是齐次线性方程组 $\boldsymbol{Ax}=\boldsymbol{0}$ 的解，k 为实数，则 $k\boldsymbol{\xi}$ 也是 $\boldsymbol{Ax}=\boldsymbol{0}$ 的解.

性质 3：若$\boldsymbol{\xi}_1$，$\boldsymbol{\xi}_2$，$\cdots$，$\boldsymbol{\xi}_t$ 是齐次线性方程组 $\boldsymbol{Ax}=\boldsymbol{0}$ 的解，则它们的线性组合

$$k_1\boldsymbol{\xi}_1+k_2\boldsymbol{\xi}_2+\cdots+k_t\boldsymbol{\xi}_t$$

还是 $\boldsymbol{Ax}=\boldsymbol{0}$ 的解.

3. 基础解系的概念

设 $\boldsymbol{\xi}_1$，$\boldsymbol{\xi}_2$，$\cdots$，$\boldsymbol{\xi}_t$ 是齐次线性方程组 $\boldsymbol{Ax}=\boldsymbol{0}$ 的解，如果满足：

（1）$\boldsymbol{\xi}_1$，$\boldsymbol{\xi}_2$，$\cdots$，$\boldsymbol{\xi}_t$ 线性无关；

（2）方程组中任意一个解都可以表示成$\boldsymbol{\xi}_1$，$\boldsymbol{\xi}_2$，$\cdots$，$\boldsymbol{\xi}_t$ 的线性组合，

则称 $\boldsymbol{\xi}_1$，$\boldsymbol{\xi}_2$，$\cdots$，$\boldsymbol{\xi}_t$ 是齐次线性方程组的一个基础解系.

说明：①基础解系的本质是齐次线性方程组的解集的最大无关组；

②齐次线性方程组的基础解系不唯一；

③若 $r(\boldsymbol{A})=n$，则方程组 $\boldsymbol{Ax}=\boldsymbol{0}$ 只有零解，没有基础解系.

定理：对齐次线性方程组 $\boldsymbol{Ax}=\boldsymbol{0}$，若 $r(\boldsymbol{A})=r<n$，则该方程组的基础解系存在，且每个基础解系中含有 $n-r$ 个解向量，其中 n 是方程组中未知量的个数.

4. 通解

设齐次线性方程组 $\boldsymbol{Ax}=\boldsymbol{0}$ 的系数矩阵 $\boldsymbol{A}$ 的秩为 $r(\boldsymbol{A})=r<n$，且$\boldsymbol{\xi}_1$，$\boldsymbol{\xi}_2$，$\cdots$，$\boldsymbol{\xi}_{n-r}$是方程组 $\boldsymbol{Ax}=\boldsymbol{0}$ 的一个基础解系，则方程组 $\boldsymbol{Ax}=\boldsymbol{0}$ 的通解为

$$\boldsymbol{x}=k_1\boldsymbol{\xi}_1+k_2\boldsymbol{\xi}_2+\cdots+k_{n-r}\boldsymbol{\xi}_{n-r},$$

其中 k_1，k_2，…，k_{n-r}为任意常数.

5. 通解的求法

（1）对方程组 $\boldsymbol{Ax}=\boldsymbol{0}$ 的系数矩阵 $\boldsymbol{A}$ 实施初等行变换，化成行最简形矩阵；

（2）确定方程组 $\boldsymbol{Ax}=\boldsymbol{0}$ 的系数矩阵 $\boldsymbol{A}$ 的秩 $r(\boldsymbol{A})=r$，由此再确定方程组的非自由变量（r 个）和自由变量（$n-r$ 个）；

（3）将非自由变量用自由变量表示，即写出同解方程组；

（4）求出方程组 $\boldsymbol{Ax}=\boldsymbol{0}$ 的一个基础解系 $\boldsymbol{\xi}_1$，$\boldsymbol{\xi}_2$，…，$\boldsymbol{\xi}_{n-r}$，即可得到方程组的通解

$$\boldsymbol{x}=k_1\boldsymbol{\xi}_1+k_2\boldsymbol{\xi}_2+\cdots+k_{n-r}\boldsymbol{\xi}_{n-r},$$

其中 k_1，k_2，…，k_{n-r}为任意常数.

四、非齐次线性方程组解的结构

1. 解的判定

对于非齐次线性方程组 $\boldsymbol{Ax}=\boldsymbol{b}$，其中 $\boldsymbol{A}=(a_{ij})_{m\times n}$，$\boldsymbol{x}=(x_1,x_2,\cdots,x_n)^{\mathrm{T}}$，$\boldsymbol{b}=(b_1,b_2,\cdots,b_m)^{\mathrm{T}}$. 记 $r(\boldsymbol{A})=r$，$\boldsymbol{B}=(\boldsymbol{A},\boldsymbol{b})$ 为增广矩阵，$\boldsymbol{A}=(\boldsymbol{a}_1,\boldsymbol{a}_2,\cdots,\boldsymbol{a}_m)$，其中 $\boldsymbol{a}_j$ 是 $\boldsymbol{A}$ 的第 j 个列向量.

（1）判定唯一解的充分必要条件

① $r(\boldsymbol{A})=r(\boldsymbol{B})=n$；② $\boldsymbol{a}_1$，$\boldsymbol{a}_2$，…，$\boldsymbol{a}_m$ 线性无关；③ 当 $m=n$ 时，$|\boldsymbol{A}|\neq 0$.

（2）判定无穷多解的充分必要条件

① $r(\boldsymbol{A})=r(\boldsymbol{B})=r<n$；② $\boldsymbol{a}_1$，$\boldsymbol{a}_2$，…，$\boldsymbol{a}_m$ 线性相关；③ 当 $m=n$ 时，$|\boldsymbol{A}|=0$.

（3）判定无解的充分必要条件

① $r(\boldsymbol{A})\neq r(\boldsymbol{B})$；② $\boldsymbol{b}$ 不能由 $\boldsymbol{a}_1$，$\boldsymbol{a}_2$，…，$\boldsymbol{a}_m$ 线性表示.

2. 解的性质

性质1：若 $\boldsymbol{\eta}_1$，$\boldsymbol{\eta}_2$ 是非齐次线性方程组 $\boldsymbol{Ax}=\boldsymbol{b}$ 的解，则 $\boldsymbol{\eta}_1-\boldsymbol{\eta}_2$ 是它所对应的齐次线性方程组 $\boldsymbol{Ax}=\boldsymbol{0}$ 的解.

性质2：若 $\boldsymbol{\eta}$ 是非齐次线性方程组 $\boldsymbol{Ax}=\boldsymbol{b}$ 的解，$\boldsymbol{\xi}$ 是它所对应的齐次线性方程组 $\boldsymbol{Ax}=\boldsymbol{0}$ 的解，则 $\boldsymbol{\eta}+\boldsymbol{\xi}$ 是 $\boldsymbol{Ax}=\boldsymbol{b}$ 的解.

性质3：若 $\boldsymbol{\eta}_1$，$\boldsymbol{\eta}_2$，…，$\boldsymbol{\eta}_t$ 都是非齐次线性方程组 $\boldsymbol{Ax}=\boldsymbol{b}$ 的解，则

$$k_1\boldsymbol{\eta}_1+k_2\boldsymbol{\eta}_2+\cdots+k_t\boldsymbol{\eta}_t\quad（其中\ k_1+k_2+\cdots+k_t=1）$$

是 $\boldsymbol{Ax}=\boldsymbol{b}$ 的解.

3. 通解

若 $\boldsymbol{\eta}^*$ 是非齐次线性方程组 $\boldsymbol{Ax}=\boldsymbol{b}$ 的一个特解，$\boldsymbol{\xi}_1$，$\boldsymbol{\xi}_2$，…，$\boldsymbol{\xi}_{n-r}$是它所对应的齐次线性方程组 $\boldsymbol{Ax}=\boldsymbol{0}$ 的一个基础解系，则方程组的 $\boldsymbol{Ax}=\boldsymbol{b}$ 的通解为

$$\boldsymbol{x}=\boldsymbol{\eta}^*+k_1\boldsymbol{\xi}_1+k_2\boldsymbol{\xi}_2+\cdots+k_{n-r}\boldsymbol{\xi}_{n-r},$$

其中 k_1，k_2，…，k_{n-r}为任意常数.

4. 通解的求法

（1）对方程组 $\boldsymbol{Ax}=\boldsymbol{b}$ 的增广矩阵 $\boldsymbol{B}$ 实施初等行变换，化成行阶梯形矩阵，并判断方程组是否有解；

（2）若 $r(\boldsymbol{A})\neq r(\boldsymbol{B})$，则方程组无解；

(3) 若 $r(\boldsymbol{A})=r(\boldsymbol{B})$，则方程组有解．进一步把 $\boldsymbol{B}$ 化成行最简形矩阵，写出同解方程组；

① 若 $r(\boldsymbol{A})=r(\boldsymbol{B})=n$，则方程组有唯一解；

② 若 $r(\boldsymbol{A})=r(\boldsymbol{B})=r<n$，则方程组有无穷多解，

(4) 求出方程组 $\boldsymbol{Ax}=\boldsymbol{0}$ 的一个基础解系 $\boldsymbol{\xi}_1$，$\boldsymbol{\xi}_2$，…，$\boldsymbol{\xi}_{n-r}$；

(5) 求出 $\boldsymbol{Ax}=\boldsymbol{b}$ 的一个特解 $\boldsymbol{\eta}^*$，即可得到方程组的通解

$$\boldsymbol{x}=\boldsymbol{\eta}^*+k_1\boldsymbol{\xi}_1+k_2\boldsymbol{\xi}_2+\cdots+k_{n-r}\boldsymbol{\xi}_{n-r},$$

其中 k_1，k_2，…，k_{n-r} 为任意常数．

典型例题解析

题型 1 克拉默法则的应用

克拉默法则仅适用于方程个数与未知数个数相等的特殊情形．当线性方程组的系数行列式不为零时，克拉默法则给出了该方程组的三个结论：

(1) 解的存在性：有解；

(2) 解的唯一性：有唯一解；

(3) 用行列式表示了方程组的解．

例 1 三元方程组 $\begin{cases} x_1+x_2+x_3=1 \\ 2x_1-x_2+3x_3=4 \\ 4x_1+x_2+9x_3=16 \end{cases}$ 的解中，未知数 x_2 的值为(　　)．

(A) 1　　(B) $\frac{5}{2}$　　(C) $\frac{7}{3}$　　(D) $\frac{1}{6}$

【解析】 因为方程组的系数行列式是范德蒙德行列式，故有

$$D=\begin{vmatrix} 1 & 1 & 1 \\ 2 & -1 & 3 \\ 4 & 1 & 9 \end{vmatrix}=(-1-2)(3-2)[3-(-1)]=-12,$$

根据克拉默法则，有 $x_2=\frac{D_2}{D}$，其中

$$D_2=\begin{vmatrix} 1 & 1 & 1 \\ 2 & 4 & 3 \\ 4 & 16 & 9 \end{vmatrix}=(4-2)(3-2)(3-4)=-2,$$

于是 $x_2=\frac{1}{6}$，故选 (D)．

例 2 当 λ 取何值时，齐次线性方程组 $\begin{cases} (1-\lambda)x_1-2x_2+4x_3=0 \\ 2x_1+(3-\lambda)x_2+x_3=0 \\ x_1+x_2+(1-\lambda)x_3=0 \end{cases}$ 有非零解？

【解析】 先求方程的系数行列式

$$D=\begin{vmatrix} 1-\lambda & -2 & 4 \\ 2 & 3-\lambda & 1 \\ 1 & 1 & 1-\lambda \end{vmatrix}=-\lambda(\lambda-2)(\lambda-3),$$

由 $D=0$，解得 $\lambda=0$，$\lambda=2$，$\lambda=3$.

故 $\lambda=0$ 或 $\lambda=2$ 或 $\lambda=3$ 时，齐次线性方程组有非零解.

题型2 具体齐次线性方程组的基础解系

基础解系的求解步骤：

（1）对系数矩阵 $\boldsymbol{A}$ 实施初等行变换，化成行最简形矩阵；

（2）确定系数矩阵 $\boldsymbol{A}$ 的秩 $r(\boldsymbol{A})=r$，由此再确定方程组的非自由变量（r 个）和自由变量（$n-r$ 个）；

（3）将非自由变量用自由变量表示，即写出同解方程组；

（4）每次给一个自由变量赋值为1，其余的自由变量赋值为0（共需赋值 $n-r$ 次），即可求出基础解系.

例3 求齐次线性方程组 $\begin{cases} x_1+2x_2+2x_3+x_4=0 \\ 2x_1+x_2-2x_3-2x_4=0 \\ x_1-x_2-4x_3-3x_4=0 \end{cases}$ 的基础解系及通解.

【解析】 对系数矩阵 $\boldsymbol{A}$ 实施初等行变换，得

$$\boldsymbol{A}=\begin{pmatrix} 1 & 2 & 2 & 1 \\ 2 & 1 & -2 & -2 \\ 1 & -1 & -4 & -3 \end{pmatrix} \to \begin{pmatrix} 1 & 2 & 2 & 1 \\ 0 & 1 & 2 & \frac{4}{3} \\ 0 & 0 & 0 & 0 \end{pmatrix} \to \begin{pmatrix} 1 & 0 & -2 & -\frac{5}{3} \\ 0 & 1 & 2 & \frac{4}{3} \\ 0 & 0 & 0 & 0 \end{pmatrix},$$

同解方程组为

$$\begin{cases} x_1 = 2x_3+\frac{5}{3}x_4 \\ x_2 = -2x_3-\frac{4}{3}x_4 \end{cases},$$

取 $x_3=1$，$x_4=0$，得 $x_1=2$，$x_2=-2$；再取 $x_3=0$，$x_4=1$，得 $x_1=\frac{5}{3}$，$x_2=-\frac{4}{3}$，

故基础解系是 $\boldsymbol{\xi}_1=(2,-2,1,0)^{\mathrm{T}}$，$\boldsymbol{\xi}_2=\left(\frac{5}{3},-\frac{4}{3},0,1\right)^{\mathrm{T}}$，通解为 $k_1\boldsymbol{\xi}_1+k_2\boldsymbol{\xi}_2$.

例4 设 $\boldsymbol{A}$ 为 n 阶方阵，且 $\boldsymbol{A}$ 的各行元素之和均为0，$\boldsymbol{A}^*$ 为 $\boldsymbol{A}$ 的伴随矩阵，且 $\boldsymbol{A}^* \neq \boldsymbol{O}$，则 $\boldsymbol{A}^*\boldsymbol{x}=\boldsymbol{0}$ 的基础解系中解向量的个数为________.

【解析】 由 $\boldsymbol{A}$ 的各行元素之和均为0，知

$$\begin{pmatrix} a_{11} & a_{12} & \cdots & a_{1n} \\ a_{21} & a_{22} & \cdots & a_{2n} \\ \vdots & \vdots & & \vdots \\ a_{m1} & a_{m2} & \cdots & a_{mn} \end{pmatrix}\begin{pmatrix} 1 \\ 1 \\ \vdots \\ 1 \end{pmatrix}=\begin{pmatrix} 0 \\ 0 \\ \vdots \\ 0 \end{pmatrix},$$

故 $\boldsymbol{Ax}=\boldsymbol{0}$ 的一个非零解为 $\boldsymbol{x}=(1,1,\cdots,1)^{\mathrm{T}}$，因此 $r(\boldsymbol{A})<n$.

又由 $\boldsymbol{A}^* \neq \boldsymbol{O}$，知 $r(\boldsymbol{A}^*)\geqslant 1$，进而得到 $r(\boldsymbol{A})\geqslant n-1$，故 $r(\boldsymbol{A})=n-1$，从而 $r(\boldsymbol{A}^*)=1$.

所以 $\boldsymbol{A}^*\boldsymbol{x}=\boldsymbol{0}$ 的基础解系中解向量的个数为 $n-1$.

题型3 抽象齐次线性方程组的基础解系

对于抽象给出的齐次线性方程组 $\boldsymbol{Ax}=\boldsymbol{0}$，其中 $\boldsymbol{A}$ 是秩为 r 的 $m\times n$ 矩阵，要证明某一向量组是 $\boldsymbol{Ax}=\boldsymbol{0}$ 的基础解系，需要证明三个结论：

（1）该组向量都是 $\boldsymbol{Ax}=\boldsymbol{0}$ 的解；

（2）该组向量线性无关；

（3）该组向量的个数恰为 $n-r$ 或 $\boldsymbol{Ax}=\boldsymbol{0}$ 的任一解均可由该向量组线性表示．

例5 设 $\boldsymbol{A}=(\boldsymbol{\alpha}_1,\boldsymbol{\alpha}_2,\boldsymbol{\alpha}_3,\boldsymbol{\alpha}_4)$，其中 $\boldsymbol{A}^*$ 为 $\boldsymbol{A}$ 的伴随矩阵，$\boldsymbol{\alpha}_1$，$\boldsymbol{\alpha}_2$，$\boldsymbol{\alpha}_3$，$\boldsymbol{\alpha}_4$ 均为4维列向量，且 $\boldsymbol{\alpha}_1$，$\boldsymbol{\alpha}_2$，$\boldsymbol{\alpha}_3$ 线性无关，$\boldsymbol{\alpha}_4=\boldsymbol{\alpha}_1+\boldsymbol{\alpha}_2$，则方程组 $\boldsymbol{A}^*\boldsymbol{x}=\boldsymbol{0}$ 的通解为________．

【解析】 由题设，可知 $r(\boldsymbol{A})=3$，且 $\boldsymbol{\alpha}_1$，$\boldsymbol{\alpha}_2$，$\boldsymbol{\alpha}_3$ 为极大无关组．

再由 $r(\boldsymbol{A})=3$ 可知 $r(\boldsymbol{A}^*)=1$，故 $\boldsymbol{A}^*\boldsymbol{x}=\boldsymbol{0}$ 的基础解系中含有3个线性无关的解向量．

又 $\boldsymbol{A}^*\boldsymbol{A}=|\boldsymbol{A}|\boldsymbol{E}=\boldsymbol{O}$，即 $\boldsymbol{A}$ 的列向量组 $\boldsymbol{\alpha}_1$，$\boldsymbol{\alpha}_2$，$\boldsymbol{\alpha}_3$，$\boldsymbol{\alpha}_4$ 均为 $\boldsymbol{A}^*\boldsymbol{x}=\boldsymbol{0}$ 的解，且 $\boldsymbol{\alpha}_1$，$\boldsymbol{\alpha}_2$，$\boldsymbol{\alpha}_3$ 为基础解系，所以 $\boldsymbol{A}^*\boldsymbol{x}=\boldsymbol{0}$ 的通解为 $k_1\boldsymbol{\alpha}_1+k_2\boldsymbol{\alpha}_2+k_3\boldsymbol{\alpha}_3$.

例6 设 $\boldsymbol{\alpha}_1$，$\boldsymbol{\alpha}_2$，$\boldsymbol{\alpha}_3$ 是齐次线性方程组 $\boldsymbol{Ax}=\boldsymbol{0}$ 的一个基础解系．证明：$\boldsymbol{\alpha}_1+\boldsymbol{\alpha}_2$，$\boldsymbol{\alpha}_2+\boldsymbol{\alpha}_3$，$\boldsymbol{\alpha}_3+\boldsymbol{\alpha}_1$ 也是该方程组的一个基础解系．

【解析】 由于

$$\boldsymbol{A}(\boldsymbol{\alpha}_1+\boldsymbol{\alpha}_2)=\boldsymbol{A\alpha}_1+\boldsymbol{A\alpha}_2=\boldsymbol{0},$$

所以 $\boldsymbol{\alpha}_1+\boldsymbol{\alpha}_2$ 是 $\boldsymbol{Ax}=\boldsymbol{0}$ 的解．同理可证 $\boldsymbol{\alpha}_2+\boldsymbol{\alpha}_3$，$\boldsymbol{\alpha}_3+\boldsymbol{\alpha}_1$ 也是 $\boldsymbol{Ax}=\boldsymbol{0}$ 的解．

假设存在不全为零的数 k_1，k_2，k_3，使得

$$k_1(\boldsymbol{\alpha}_1+\boldsymbol{\alpha}_2)+k_2(\boldsymbol{\alpha}_2+\boldsymbol{\alpha}_3)+k_3(\boldsymbol{\alpha}_3+\boldsymbol{\alpha}_1)=\boldsymbol{0},$$

则有

$$(k_1+k_3)\boldsymbol{\alpha}_1+(k_1+k_2)\boldsymbol{\alpha}_2+(k_2+k_3)\boldsymbol{\alpha}_3=\boldsymbol{0},$$

由于 $\boldsymbol{\alpha}_1$，$\boldsymbol{\alpha}_2$，$\boldsymbol{\alpha}_3$ 线性无关，所以

$$\begin{cases}k_1+k_3=0\\k_1+k_2=0,\\k_2+k_3=0\end{cases}$$

而系数行列式 $\begin{vmatrix}1&0&1\\1&1&0\\0&1&1\end{vmatrix}=2\neq0$，因此 $k_1=k_2=k_3=0$.

从而 $\boldsymbol{\alpha}_1+\boldsymbol{\alpha}_2$，$\boldsymbol{\alpha}_2+\boldsymbol{\alpha}_3$，$\boldsymbol{\alpha}_3+\boldsymbol{\alpha}_1$ 线性无关．

由题设，$\boldsymbol{Ax}=\boldsymbol{0}$ 的基础解系中含有3个线性无关的解向量，故 $\boldsymbol{\alpha}_1+\boldsymbol{\alpha}_2$，$\boldsymbol{\alpha}_2+\boldsymbol{\alpha}_3$，$\boldsymbol{\alpha}_3+\boldsymbol{\alpha}_1$ 也是方程组 $\boldsymbol{Ax}=\boldsymbol{0}$ 的基础解系．

题型4 具体非齐次线性方程组的求解

例7 求解非齐次线性方程组 $\begin{cases}x_1+x_2-3x_3-x_4=1\\3x_1-x_2-3x_3+4x_4=4.\\x_1+5x_2-9x_3-8x_4=0\end{cases}$

【解析】 对增广矩阵 $\boldsymbol{B}$ 实施初等行变换，得

$$B=\begin{pmatrix}1&1&-3&-1&1\\3&-1&-3&4&4\\1&5&-9&-8&0\end{pmatrix}\to\begin{pmatrix}1&1&-3&-1&1\\0&1&-\frac{3}{2}&-\frac{7}{4}&-\frac{1}{4}\\0&0&0&0&0\end{pmatrix}\to\begin{pmatrix}1&0&-\frac{3}{2}&\frac{3}{4}&\frac{5}{4}\\0&1&-\frac{3}{2}&-\frac{7}{4}&-\frac{1}{4}\\0&0&0&0&0\end{pmatrix},$$

同解方程组为

$$\begin{cases}x_1=\frac{3}{2}x_3-\frac{3}{4}x_4+\frac{5}{4}\\x_2=\frac{3}{2}x_3+\frac{7}{4}x_4-\frac{1}{4}\end{cases},$$

所以该非齐次线性方程组的通解为

$$\begin{pmatrix}x_1\\x_2\\x_3\\x_4\end{pmatrix}=\begin{pmatrix}\frac{3}{2}c_1-\frac{3}{4}c_2+\frac{5}{4}\\\frac{3}{2}c_1+\frac{7}{4}c_2-\frac{1}{4}\\c_1\\c_2\end{pmatrix}=c_1\begin{pmatrix}\frac{3}{2}\\\frac{3}{2}\\1\\0\end{pmatrix}+c_2\begin{pmatrix}-\frac{3}{4}\\\frac{7}{4}\\0\\1\end{pmatrix}+\begin{pmatrix}\frac{5}{4}\\-\frac{1}{4}\\0\\0\end{pmatrix}.$$

说明： 此题也可以先求基础解系，再求通解．

取 $x_3=x_4=0$，解得 $x_1=\frac{5}{4}$，$x_2=-\frac{1}{4}$，进而得到 $\boldsymbol{Ax}=\boldsymbol{b}$ 的一个特解 $\boldsymbol{\eta}^*=\left(\frac{5}{4},-\frac{1}{4},0,0\right)^{\mathrm{T}}$．又对应的齐次方程组为

$$\begin{cases}x_1=\frac{3}{2}x_3-\frac{3}{4}x_4\\x_2=\frac{3}{2}x_3+\frac{7}{4}x_4\end{cases},$$

取 $x_3=1$，$x_4=0$，得 $x_1=\frac{3}{2}$，$x_2=\frac{3}{2}$；再取 $x_3=0$，$x_4=1$，得 $x_1=-\frac{3}{4}$，$x_2=\frac{7}{4}$，故基础解系是 $\boldsymbol{\xi}_1=\left(\frac{3}{2},\frac{3}{2},1,0\right)^{\mathrm{T}}$，$\boldsymbol{\xi}_2=\left(-\frac{3}{4},\frac{7}{4},0,1\right)^{\mathrm{T}}$，通解为

$$\boldsymbol{x}=\boldsymbol{\eta}^*+k_1\boldsymbol{\xi}_1+k_2\boldsymbol{\xi}_2.$$

题型5 抽象非齐次线性方程组的求解

当方程组的系数矩阵 $\boldsymbol{A}$ 与右端项 $\boldsymbol{b}$ 的具体元素没有给出时，称 $\boldsymbol{Ax}=\boldsymbol{b}$ 为抽象非齐次线性方程组．这类方程组的求解与证明需要综合运用解的性质与解的结构定理．

例8 已知4阶方阵 $\boldsymbol{A}=(\boldsymbol{\alpha}_1,\boldsymbol{\alpha}_2,\boldsymbol{\alpha}_3,\boldsymbol{\alpha}_4)$，其中 $\boldsymbol{\alpha}_1$，$\boldsymbol{\alpha}_2$，$\boldsymbol{\alpha}_3$，$\boldsymbol{\alpha}_4$ 均为4维列向量，且 $\boldsymbol{\alpha}_2$，$\boldsymbol{\alpha}_3$，$\boldsymbol{\alpha}_4$ 线性无关，$\boldsymbol{\alpha}_1=2\boldsymbol{\alpha}_2-\boldsymbol{\alpha}_3$．如果 $\boldsymbol{\beta}=\boldsymbol{\alpha}_1+\boldsymbol{\alpha}_2+\boldsymbol{\alpha}_3+\boldsymbol{\alpha}_4$，求方程 $\boldsymbol{Ax}=\boldsymbol{\beta}$ 的通解．

【解析】 由题意可知，$r(\boldsymbol{A})=3$，从而 $\boldsymbol{Ax}=\boldsymbol{0}$ 的基础解系含1个解向量．

由 $\boldsymbol{\alpha}_1=2\boldsymbol{\alpha}_2-\boldsymbol{\alpha}_3$，可知

$$\boldsymbol{A}\begin{pmatrix}1\\-2\\1\\0\end{pmatrix}=(\boldsymbol{\alpha}_1,\boldsymbol{\alpha}_2,\boldsymbol{\alpha}_3,\boldsymbol{\alpha}_4)\begin{pmatrix}1\\-2\\1\\0\end{pmatrix}=\boldsymbol{\alpha}_1-2\boldsymbol{\alpha}_2+\boldsymbol{\alpha}_3=\boldsymbol{0},$$

故$(1,-2,1,0)^{\mathrm{T}}$可作为$\boldsymbol{Ax}=\boldsymbol{0}$的一个基础解系.

又由$\boldsymbol{\beta}=\boldsymbol{\alpha}_1+\boldsymbol{\alpha}_2+\boldsymbol{\alpha}_3+\boldsymbol{\alpha}_4$，可知$(1,1,1,1)^{\mathrm{T}}$是$\boldsymbol{Ax}=\boldsymbol{\beta}$的一个特解，故$\boldsymbol{Ax}=\boldsymbol{\beta}$的通解为

$$(1,1,1,1)^{\mathrm{T}}+c(1,-2,1,0)^{\mathrm{T}}.$$

例 9 设四元非齐次线性方程组$\boldsymbol{Ax}=\boldsymbol{\beta}$的系数矩阵$\boldsymbol{A}$的秩为3，已知它的三个解向量$\boldsymbol{\eta}_1$，$\boldsymbol{\eta}_2$，$\boldsymbol{\eta}_3$，其中$\boldsymbol{\eta}_1+\boldsymbol{\eta}_2=(1,1,0,2)^{\mathrm{T}}$，$\boldsymbol{\eta}_2+\boldsymbol{\eta}_3=(1,0,1,3)^{\mathrm{T}}$. 试求$\boldsymbol{Ax}=\boldsymbol{\beta}$的通解.

【解析】 由$r(\boldsymbol{A})=3$，可知其导出组的基础解系中含有1个解向量.

根据非齐次线性方程组的解的性质，知

$$\boldsymbol{\eta}_3-\boldsymbol{\eta}_1=(\boldsymbol{\eta}_2+\boldsymbol{\eta}_3)-(\boldsymbol{\eta}_1+\boldsymbol{\eta}_2)=(0,-1,1,1)^{\mathrm{T}}$$

是其导出组的非零解. 又因为

$$\boldsymbol{A}\left(\frac{\boldsymbol{\eta}_1+\boldsymbol{\eta}_2}{2}\right)=\frac{1}{2}\boldsymbol{A}(\boldsymbol{\eta}_1+\boldsymbol{\eta}_2)=\frac{1}{2}\boldsymbol{A}\boldsymbol{\eta}_1+\frac{1}{2}\boldsymbol{A}\boldsymbol{\eta}_2=\boldsymbol{\beta},$$

于是$\boldsymbol{Ax}=\boldsymbol{\beta}$的通解为

$$\frac{1}{2}(1,1,0,2)^{\mathrm{T}}+c(0,-1,1,1)^{\mathrm{T}}.$$

题型 6 含参数线性方程组的求解

系数矩阵或右端常数项含有参数的线性方程组，简称为含参数方程组. 求解含参数线性方程组时，常采用以下方法：

(1) 对方程组的增广矩阵$\boldsymbol{B}$用初等行变换化为行阶梯形矩阵，然后根据$r(\boldsymbol{A})=r(\boldsymbol{B})$是否成立，讨论参数取何值时线性方程组无解？有解？有解时再求出其全部解.

(2) 当方程个数与未知量个数相同时，先计算系数行列式$|\boldsymbol{A}|$，对于使得$|\boldsymbol{A}|\neq0$的参数值，方程组有唯一解；而对于使得$|\boldsymbol{A}|=0$的参数值，方程组有无穷多个解或无解，分别列出增广矩阵$\boldsymbol{B}$进行讨论.

说明： 如果方程个数与未知量个数相同，且系数矩阵$\boldsymbol{A}$中含有参数，最好采用方法 (2) 求解，因为利用行列式的性质，求$|\boldsymbol{A}|$要比只用初等变换化含参数的增广矩阵$\boldsymbol{B}$为阶梯形方便.

例 10 设有线性方程组

$$\begin{cases}(1+\lambda)x_1+x_2+x_3=0\\ x_1+(1+\lambda)x_2+x_3=3,\\ x_1+x_2+(1+\lambda)x_3=\lambda\end{cases}$$

问λ取何值时，此方程组：(1) 有唯一解；(2) 无解；(3) 有无穷多个解？并在有无穷多解时，求其通解.

【解析】 **解法1** 对增广矩阵$\boldsymbol{B}$实施初等行变换，得

$$\boldsymbol{B}=\begin{pmatrix}1+\lambda&1&1&0\\1&1+\lambda&1&3\\1&1&1+\lambda&\lambda\end{pmatrix}\to\begin{pmatrix}1&1&1+\lambda&\lambda\\1&1+\lambda&1&3\\1+\lambda&1&1&0\end{pmatrix}$$

$$\to\begin{pmatrix}1&1&1+\lambda&\lambda\\0&\lambda&-\lambda&3-\lambda\\0&-\lambda&-\lambda(2+\lambda)&-\lambda(1+\lambda)\end{pmatrix}\to\begin{pmatrix}1&1&1+\lambda&\lambda\\0&\lambda&-\lambda&3-\lambda\\0&0&-\lambda(3+\lambda)&(1-\lambda)(3+\lambda)\end{pmatrix}.$$

(1) 当$\lambda\neq0$且$\lambda\neq-3$时，$r(\boldsymbol{A})=r(\boldsymbol{B})=3$，方程组有唯一解；

(2) 当$\lambda=0$时，$r(\boldsymbol{A})=1$，$r(\boldsymbol{B})=2$，方程组无解；

（3）当 $\lambda=-3$ 时，$r(\boldsymbol{A})=r(\boldsymbol{B})=2$，方程组有无穷多个解．此时，有

$$\boldsymbol{B}\sim\begin{pmatrix}1&1&-2&-3\\0&-3&3&6\\0&0&0&0\end{pmatrix}\to\begin{pmatrix}1&0&-1&-1\\0&1&-1&-2\\0&0&0&0\end{pmatrix},$$

故同解方程组为 $\begin{cases}x_1=x_3-1\\x_2=x_3-2\end{cases}$，通解为

$$\begin{pmatrix}x_1\\x_2\\x_3\end{pmatrix}=c\begin{pmatrix}1\\1\\1\end{pmatrix}+\begin{pmatrix}-1\\-2\\0\end{pmatrix}\quad(c\in\mathbf{R}).$$

解法2　先求方程的系数行列式

$$|\boldsymbol{A}|=\begin{vmatrix}1+\lambda&1&1\\1&1+\lambda&1\\1&1&1+\lambda\end{vmatrix}=(3+\lambda)\lambda^2,$$

因此，当 $\lambda\neq0$ 且 $\lambda\neq-3$ 时，$r(\boldsymbol{A})=r(\boldsymbol{B})=3$，方程组有唯一解．

当 $\lambda=0$ 时，有

$$\boldsymbol{B}=\begin{pmatrix}1&1&1&0\\1&1&1&3\\1&1&1&0\end{pmatrix}\to\begin{pmatrix}1&1&1&0\\0&0&0&2\\0&0&0&0\end{pmatrix},$$

可见 $r(\boldsymbol{A})=1$，$r(\boldsymbol{B})=2$，方程组无解．

当 $\lambda=-3$ 时，有

$$\boldsymbol{B}=\begin{pmatrix}-2&1&1&0\\1&-2&1&3\\1&1&-2&-3\end{pmatrix}\to\begin{pmatrix}1&0&-1&-1\\0&1&-1&-2\\0&0&0&0\end{pmatrix},$$

可见 $r(\boldsymbol{A})=r(\boldsymbol{B})=2$，方程组有无穷多个解．

故同解方程组为 $\begin{cases}x_1=x_3-1\\x_2=x_3-2\end{cases}$，通解为

$$\begin{pmatrix}x_1\\x_2\\x_3\end{pmatrix}=c\begin{pmatrix}1\\1\\1\end{pmatrix}+\begin{pmatrix}-1\\-2\\0\end{pmatrix}\quad(c\in\mathbf{R}).$$

题型7　线性方程组有解的判定

设 $\boldsymbol{A}$ 是 $m\times n$ 矩阵，判定线性方程组 $\boldsymbol{Ax}=\boldsymbol{b}$ 是否有解即是判断 $r(\boldsymbol{A})=r(\boldsymbol{A},\boldsymbol{b})$．特别地，若 $r(\boldsymbol{A})=m$，则 $\boldsymbol{Ax}=\boldsymbol{b}$ 必有解；若 $r(\boldsymbol{A})=n$，并不能保证 $\boldsymbol{Ax}=\boldsymbol{b}$ 有解，但有解时，其解必唯一．

例11　下列命题中，正确的命题是(　　)．

（A）方程组 $\boldsymbol{Ax}=\boldsymbol{b}$ 有唯一解 $\Leftrightarrow|\boldsymbol{A}|\neq0$

（B）若 $\boldsymbol{Ax}=\boldsymbol{0}$ 只有零解，则 $\boldsymbol{Ax}=\boldsymbol{b}$ 有唯一解

（C）若 $\boldsymbol{Ax}=\boldsymbol{0}$ 有非零解，则 $\boldsymbol{Ax}=\boldsymbol{b}$ 有无穷多个解

（D）若 $\boldsymbol{Ax}=\boldsymbol{b}$ 有两个不同的解，那么 $\boldsymbol{Ax}=\boldsymbol{0}$ 有无穷多个解

【解析】　在（A）中，$\boldsymbol{A}$ 不一定是 n 阶矩阵，则行列式可以不存在；

在（B）中，由于 $\boldsymbol{Ax}=\boldsymbol{0}$ 只有零解$\Leftrightarrow r(\boldsymbol{A})=n$，$\boldsymbol{Ax}=\boldsymbol{b}$ 有唯一解$\Leftrightarrow r(\boldsymbol{A})=r(\boldsymbol{A},\boldsymbol{b})=n$，而 $r(\boldsymbol{A})=n$ 不能推出 $r(\boldsymbol{A},\boldsymbol{b})=n$，故（B）不正确；

在（C）中，由于 $\boldsymbol{Ax}=\boldsymbol{0}$ 有非零解$\Leftrightarrow r(\boldsymbol{A})<n$，$\boldsymbol{Ax}=\boldsymbol{b}$ 有无穷多个解$\Leftrightarrow r(\boldsymbol{A})=r(\boldsymbol{A},\boldsymbol{b})<n$，而 $r(\boldsymbol{A})<n$ 不能推出 $r(\boldsymbol{A})=r(\boldsymbol{A},\boldsymbol{b})<n$，故（C）不正确；

在（D）中，设$\boldsymbol{\alpha}_1$，$\boldsymbol{\alpha}_2$ 是 $\boldsymbol{Ax}=\boldsymbol{b}$ 的两个不同的解，则$\boldsymbol{\alpha}_1-\boldsymbol{\alpha}_2$ 是 $\boldsymbol{Ax}=\boldsymbol{0}$ 的非零解，从而 $\boldsymbol{Ax}=\boldsymbol{0}$ 有无穷多个解，故选（D）.

例 12 设 $\boldsymbol{A}$ 是 $m\times n$ 矩阵，$\boldsymbol{B}$ 是 $n\times m$ 矩阵，则线性方程组$(\boldsymbol{AB})\boldsymbol{x}=\boldsymbol{0}$（ ）.

（A）当 $n>m$ 时仅有零解　　（B）当 $n>m$ 时必有非零解

（C）当 $m>n$ 时仅有零解　　（D）当 $m>n$ 时必有非零解

【解析】 当 $m>n$ 时，有

$$r(\boldsymbol{AB})\leqslant r(\boldsymbol{A})\leqslant n<m,$$

而 $\boldsymbol{AB}$ 是 m 阶方阵，故$(\boldsymbol{AB})\boldsymbol{x}=\boldsymbol{0}$ 必有非零解，应选（D）.

题型 8　两个线性方程组的公共解

两个线性方程组（Ⅰ）与（Ⅱ）的公共解就是同时满足两个方程组的解．求两个线性方程组的公共解可以采用下列方法：

(1) 如果两个线性方程组均用一般形式给出，将它们联立求解即可．

(2) 如果知道两个线性方程组的通解，令其相等求得通解中参数所满足的关系而得到公共解．

(3) 如果知道线性方程组（Ⅰ）的一般形式，又知道线性方程组（Ⅱ）的通解，则将（Ⅱ）的通解代入（Ⅰ）中，确定通解中参数的关系而求得公共解．

例 13 已知齐次线性方程组（Ⅰ）的基础解系为

$$\boldsymbol{\alpha}_1=(1,2,5,7)^{\mathrm{T}},\boldsymbol{\alpha}_2=(3,-1,1,7)^{\mathrm{T}},\boldsymbol{\alpha}_3=(-2,3,4,20)^{\mathrm{T}},$$

齐次线性方程组（Ⅱ）的基础解系为

$$\boldsymbol{\beta}_1=(1,4,7,1)^{\mathrm{T}},\boldsymbol{\beta}_2=(1,-3,-4,2)^{\mathrm{T}},$$

求方程组（Ⅰ）与（Ⅱ）的公共解．

【解析】 设方程组（Ⅰ）的通解：$x_1\boldsymbol{\alpha}_1+x_2\boldsymbol{\alpha}_2+x_3\boldsymbol{\alpha}_3$，方程组（Ⅱ）的通解：$y_1\boldsymbol{\beta}_1+y_2\boldsymbol{\beta}_2$，则有 $x_1\boldsymbol{\alpha}_1+x_2\boldsymbol{\alpha}_2+x_3\boldsymbol{\alpha}_3=y_1\boldsymbol{\beta}_1+y_2\boldsymbol{\beta}_2$，也即

$$x_1\boldsymbol{\alpha}_1+x_2\boldsymbol{\alpha}_2+x_3\boldsymbol{\alpha}_3-y_1\boldsymbol{\beta}_1-y_2\boldsymbol{\beta}_2=0,$$

于是有

$$\begin{cases}x_1+3x_2-2x_3-y_1-y_2=0\\2x_1-x_2+3x_3-4y_1+3y_2=0\\5x_1+x_2+4x_3-7y_1+4y_2=0\\7x_1+7x_2+20x_3-y_1-2y_2=0\end{cases},$$

初等行变换化系数矩阵 $\boldsymbol{A}$ 为行最简形，有

$$\boldsymbol{A}=\begin{pmatrix}1&3&-2&-1&-1\\2&-1&3&-4&3\\5&1&4&-7&4\\7&7&20&-1&-2\end{pmatrix}\longrightarrow\begin{pmatrix}1&0&0&0&\frac{3}{14}\\0&1&0&0&-\frac{4}{7}\\0&0&1&0&0\\0&0&0&1&-\frac{1}{2}\end{pmatrix},$$

故通解为

$$x_1=-\frac{3}{14}c, x_2=\frac{4}{7}c, x_3=0, y_1=\frac{1}{2}c, y_2=c,$$

从而公共解为

$$\frac{c}{2}\boldsymbol{\beta}_1+c\boldsymbol{\beta}_2=\frac{c}{2}(3,-2,-1,5)^{\mathrm{T}}.$$

例 14 设四元齐次线性方程组（Ⅰ）：$\begin{cases}x_1+x_2=0\\x_2-x_4=0\end{cases}$，又已知齐次线性方程组（Ⅱ）的通解为 $c_1(0,1,1,0)^{\mathrm{T}}+c_2(-1,2,2,1)^{\mathrm{T}}$.

（1）求线性方程组（Ⅰ）的基础解系；

（2）问线性方程组（Ⅰ）和（Ⅱ）是否有公共解？若有，则求出所有的非零公共解．若没有，则说明理由．

【解析】（1）对线性方程组（Ⅰ）的系数矩阵作初等行变换化为最简形，有

$$\begin{pmatrix}1&1&0&0\\0&1&0&-1\end{pmatrix}\longrightarrow\begin{pmatrix}1&0&0&1\\0&1&0&-1\end{pmatrix},$$

同解方程组为 $\begin{cases}x_1=-x_4\\x_2=x_4\end{cases}$，基础解系为

$$\boldsymbol{\xi}_1=(0,0,1,0)^{\mathrm{T}},\boldsymbol{\xi}_2=(-1,1,0,1)^{\mathrm{T}}.$$

（2）线性方程组（Ⅱ）的通解为

$$x_1=-c_2, x_2=c_1+2c_2, x_3=c_1+2c_2, x_4=c_2,$$

代入方程组（Ⅰ）为 $\begin{cases}c_1+c_2=0\\c_1+c_2=0\end{cases}$，其同解方程组为 $c_1=-c_2$，通解为 $c_1=-k$，$c_2=k$.

故方程组（Ⅰ）与（Ⅱ）的非零公共解为

$$-k(0,1,1,0)^{\mathrm{T}}+k(-1,2,2,1)^{\mathrm{T}}=k(-1,1,1,1)^{\mathrm{T}}.$$

巩固练习

一、填空题

1. 已知齐次线性方程组 $\begin{cases}x_1+2x_2+x_3=0\\x_1+ax_2+2x_3=0\\ax_1+4x_2+3x_3=0\\2x_1+(a+2)x_2-5x_3=0\end{cases}$ 有非零解，则 $a=$________.

2. 如果矩阵 $\boldsymbol{A}=\begin{pmatrix}1&2&3\\-1&3&2\\2&1&t\\-2&1&-1\end{pmatrix}$，$\boldsymbol{B}$ 是三阶非零矩阵，且 $\boldsymbol{AB}=\boldsymbol{O}$，则 $t=$________.

3. 若方程组$\begin{cases} x_1 - x_2 + 2x_3 = 1 \\ 2x_1 - x_2 + 7x_3 = 2 \\ -x_1 + 2x_2 + x_3 = \lambda \end{cases}$有解，则 $\lambda =$________.

4. 设矩阵 $\boldsymbol{A} = \begin{pmatrix} 1 & 1 & 2-a \\ 3-2a & 2-a & 1 \\ 2-a & 2-a & 1 \end{pmatrix}$，$\boldsymbol{b} = \begin{pmatrix} 1 \\ a \\ -1 \end{pmatrix}$，若非齐次线性方程组 $\boldsymbol{Ax}=\boldsymbol{b}$ 有解但不唯一，则 $a =$________.

5. 设 $\boldsymbol{A} = \begin{pmatrix} 1 & 0 & 3 & 1 & 2 \\ 2 & 1 & 7 & 4 & 3 \\ -1 & 2 & -1 & 3 & 0 \end{pmatrix}$，则齐次线性方程组 $\boldsymbol{Ax}=\boldsymbol{0}$ 的基础解系中所含解向量的个数是________.

6. 齐次线性方程组$\begin{cases} x_1 + x_2 + 3x_4 - x_5 = 0 \\ 2x_2 + x_3 + 2x_4 + x_5 = 0 \\ x_4 + 3x_5 = 0 \end{cases}$的基础解系是________.

7. 方程 $x_1 - 2x_2 + 3x_3 - 4x_4 = 0$ 的通解为________.

8. 设 $\boldsymbol{A}$ 是 n 阶方阵，且 $r(\boldsymbol{A}) = n-1$.

(1) 若矩阵 $\boldsymbol{A}$ 各行元素之和均为 0，则方程组 $\boldsymbol{Ax}=\boldsymbol{0}$ 的通解为________.

(2) 若$|\boldsymbol{A}|$的代数余子式 $A_{11} \neq 0$，则方程组 $\boldsymbol{Ax}=\boldsymbol{0}$ 的通解为________.

9. 已知$\boldsymbol{\xi}_1 = (-9,1,2,11)^{\mathrm{T}}$，$\boldsymbol{\xi}_2 = (1,-5,13,0)^{\mathrm{T}}$，$\boldsymbol{\xi}_3 = (-7,-9,24,11)^{\mathrm{T}}$ 是非齐次线性方程组$\begin{cases} a_1x_1 + 7x_2 + a_3x_3 + x_4 = d_1 \\ 3x_1 + b_2x_2 + 2x_3 + 2x_4 = d_2 \\ 9x_1 + 4x_2 + x_3 + 7x_4 = 2 \end{cases}$的解，则方程组的通解为________.

10. 四元方程组 $\boldsymbol{Ax}=\boldsymbol{b}$ 中，系数矩阵的秩 $r(\boldsymbol{A}) = 3$，$\boldsymbol{\alpha}_1$，$\boldsymbol{\alpha}_2$，$\boldsymbol{\alpha}_3$ 是方程组的三个解，若 $\boldsymbol{\alpha}_1 = (1,1,1,1)^{\mathrm{T}}$，$\boldsymbol{\alpha}_2 + \boldsymbol{\alpha}_3 = (2,3,4,5)^{\mathrm{T}}$，则方程组的通解为________.

二、选择题

1. 线性方程组 $\boldsymbol{Ax}=\boldsymbol{b}$ 经初等变换其增广矩阵化为

$$\begin{pmatrix} 1 & 0 & 3 & 2 & -1 \\ & a-3 & 2 & 6 & a-1 \\ & & a-2 & a & -2 \\ & & & -3 & a+1 \end{pmatrix},$$

若方程组无解，则 $a =$(　　).

(A) -1　　(B) 1　　(C) 2　　(D) 3

2. 设齐次线性方程组$\begin{cases} \lambda x_1 + x_2 + \lambda^2 x_3 = 0 \\ x_1 + \lambda x_2 + x_3 = 0 \\ x_1 + x_2 + \lambda x_3 = 0 \end{cases}$的系数矩阵为 $\boldsymbol{A}$，若存在矩阵 $\boldsymbol{B} \neq \boldsymbol{O}$，使得 $\boldsymbol{AB}=\boldsymbol{O}$，则(　　).

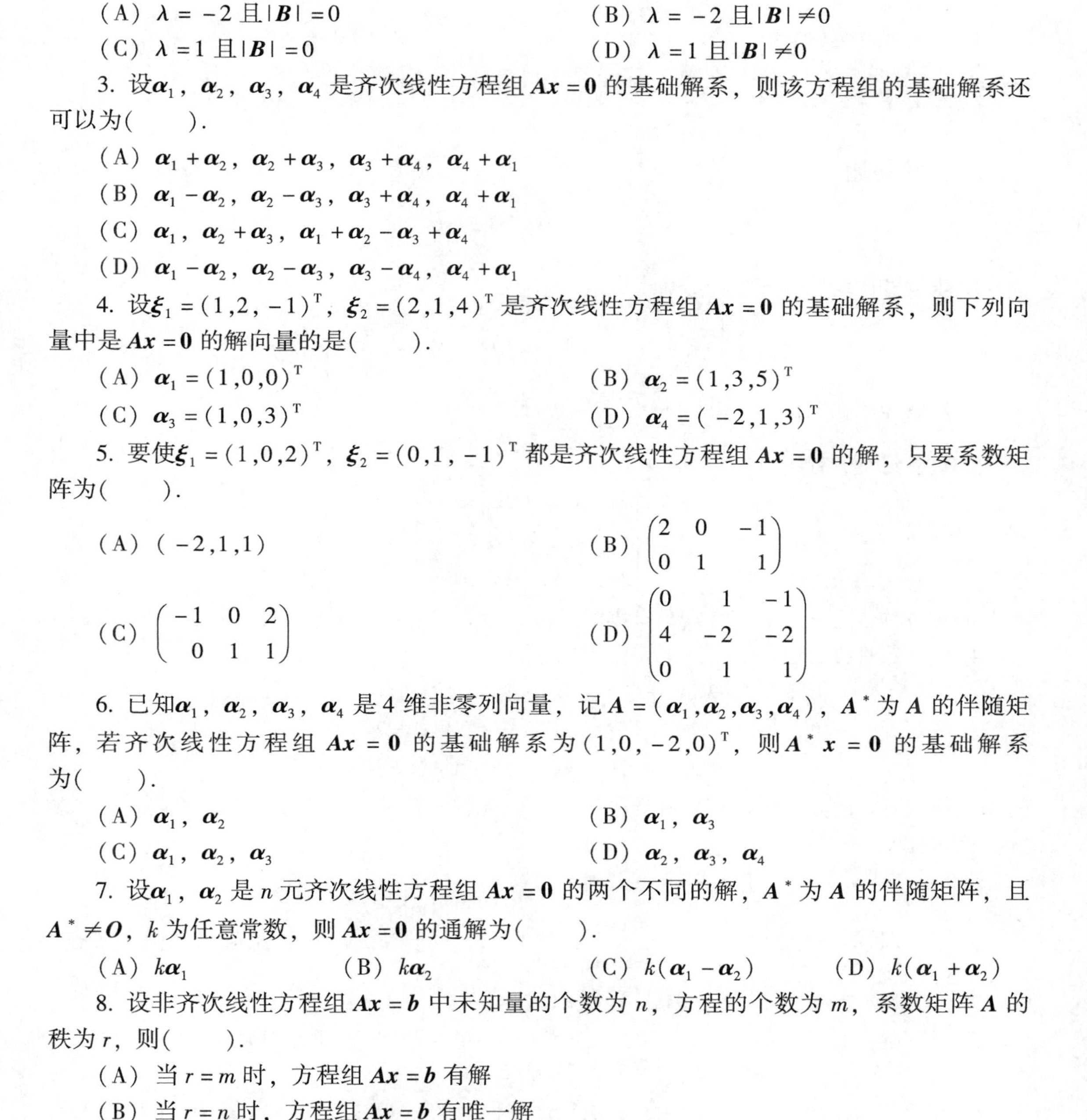

（A）$\lambda=-2$ 且 $|\boldsymbol{B}|=0$　　（B）$\lambda=-2$ 且 $|\boldsymbol{B}|\neq 0$

（C）$\lambda=1$ 且 $|\boldsymbol{B}|=0$　　（D）$\lambda=1$ 且 $|\boldsymbol{B}|\neq 0$

3. 设 $\boldsymbol{\alpha}_1$，$\boldsymbol{\alpha}_2$，$\boldsymbol{\alpha}_3$，$\boldsymbol{\alpha}_4$ 是齐次线性方程组 $\boldsymbol{Ax}=\boldsymbol{0}$ 的基础解系，则该方程组的基础解系还可以为(　　).

（A）$\boldsymbol{\alpha}_1+\boldsymbol{\alpha}_2$，$\boldsymbol{\alpha}_2+\boldsymbol{\alpha}_3$，$\boldsymbol{\alpha}_3+\boldsymbol{\alpha}_4$，$\boldsymbol{\alpha}_4+\boldsymbol{\alpha}_1$

（B）$\boldsymbol{\alpha}_1-\boldsymbol{\alpha}_2$，$\boldsymbol{\alpha}_2-\boldsymbol{\alpha}_3$，$\boldsymbol{\alpha}_3+\boldsymbol{\alpha}_4$，$\boldsymbol{\alpha}_4+\boldsymbol{\alpha}_1$

（C）$\boldsymbol{\alpha}_1$，$\boldsymbol{\alpha}_2+\boldsymbol{\alpha}_3$，$\boldsymbol{\alpha}_1+\boldsymbol{\alpha}_2-\boldsymbol{\alpha}_3+\boldsymbol{\alpha}_4$

（D）$\boldsymbol{\alpha}_1-\boldsymbol{\alpha}_2$，$\boldsymbol{\alpha}_2-\boldsymbol{\alpha}_3$，$\boldsymbol{\alpha}_3-\boldsymbol{\alpha}_4$，$\boldsymbol{\alpha}_4+\boldsymbol{\alpha}_1$

4. 设 $\boldsymbol{\xi}_1=(1,2,-1)^{\mathrm{T}}$，$\boldsymbol{\xi}_2=(2,1,4)^{\mathrm{T}}$ 是齐次线性方程组 $\boldsymbol{Ax}=\boldsymbol{0}$ 的基础解系，则下列向量中是 $\boldsymbol{Ax}=\boldsymbol{0}$ 的解向量的是(　　).

（A）$\boldsymbol{\alpha}_1=(1,0,0)^{\mathrm{T}}$　　（B）$\boldsymbol{\alpha}_2=(1,3,5)^{\mathrm{T}}$

（C）$\boldsymbol{\alpha}_3=(1,0,3)^{\mathrm{T}}$　　（D）$\boldsymbol{\alpha}_4=(-2,1,3)^{\mathrm{T}}$

5. 要使 $\boldsymbol{\xi}_1=(1,0,2)^{\mathrm{T}}$，$\boldsymbol{\xi}_2=(0,1,-1)^{\mathrm{T}}$ 都是齐次线性方程组 $\boldsymbol{Ax}=\boldsymbol{0}$ 的解，只要系数矩阵为(　　).

（A）$(-2,1,1)$　　（B）$\begin{pmatrix}2&0&-1\\0&1&1\end{pmatrix}$

（C）$\begin{pmatrix}-1&0&2\\0&1&1\end{pmatrix}$　　（D）$\begin{pmatrix}0&1&-1\\4&-2&-2\\0&1&1\end{pmatrix}$

6. 已知 $\boldsymbol{\alpha}_1$，$\boldsymbol{\alpha}_2$，$\boldsymbol{\alpha}_3$，$\boldsymbol{\alpha}_4$ 是 4 维非零列向量，记 $\boldsymbol{A}=(\boldsymbol{\alpha}_1,\boldsymbol{\alpha}_2,\boldsymbol{\alpha}_3,\boldsymbol{\alpha}_4)$，$\boldsymbol{A}^*$ 为 $\boldsymbol{A}$ 的伴随矩阵，若齐次线性方程组 $\boldsymbol{Ax}=\boldsymbol{0}$ 的基础解系为 $(1,0,-2,0)^{\mathrm{T}}$，则 $\boldsymbol{A}^*\boldsymbol{x}=\boldsymbol{0}$ 的基础解系为(　　).

（A）$\boldsymbol{\alpha}_1$，$\boldsymbol{\alpha}_2$　　（B）$\boldsymbol{\alpha}_1$，$\boldsymbol{\alpha}_3$

（C）$\boldsymbol{\alpha}_1$，$\boldsymbol{\alpha}_2$，$\boldsymbol{\alpha}_3$　　（D）$\boldsymbol{\alpha}_2$，$\boldsymbol{\alpha}_3$，$\boldsymbol{\alpha}_4$

7. 设 $\boldsymbol{\alpha}_1$，$\boldsymbol{\alpha}_2$ 是 n 元齐次线性方程组 $\boldsymbol{Ax}=\boldsymbol{0}$ 的两个不同的解，$\boldsymbol{A}^*$ 为 $\boldsymbol{A}$ 的伴随矩阵，且 $\boldsymbol{A}^*\neq\boldsymbol{O}$，$k$ 为任意常数，则 $\boldsymbol{Ax}=\boldsymbol{0}$ 的通解为(　　).

（A）$k\boldsymbol{\alpha}_1$　　（B）$k\boldsymbol{\alpha}_2$　　（C）$k(\boldsymbol{\alpha}_1-\boldsymbol{\alpha}_2)$　　（D）$k(\boldsymbol{\alpha}_1+\boldsymbol{\alpha}_2)$

8. 设非齐次线性方程组 $\boldsymbol{Ax}=\boldsymbol{b}$ 中未知量的个数为 n，方程的个数为 m，系数矩阵 $\boldsymbol{A}$ 的秩为 r，则(　　).

（A）当 $r=m$ 时，方程组 $\boldsymbol{Ax}=\boldsymbol{b}$ 有解

（B）当 $r=n$ 时，方程组 $\boldsymbol{Ax}=\boldsymbol{b}$ 有唯一解

（C）当 $n=m$ 时，方程组 $\boldsymbol{Ax}=\boldsymbol{b}$ 有唯一解

（D）当 $r<n$ 时，方程组 $\boldsymbol{Ax}=\boldsymbol{b}$ 有无穷多个解

9. 设 $\boldsymbol{A}$ 是 $m\times n$ 矩阵，非齐次线性方程组 $\boldsymbol{Ax}=\boldsymbol{b}$ 有解的充分条件是(　　).

（A）$r(\boldsymbol{A})=m$　　（B）$\boldsymbol{A}$ 的行向量组线性相关

（C）$r(\boldsymbol{A})=n$　　（D）$\boldsymbol{A}$ 的列向量组线性相关

10. 已知 $\boldsymbol{\beta}_1$，$\boldsymbol{\beta}_2$ 是 $\boldsymbol{Ax}=\boldsymbol{b}$ 的两个不同的解，$\boldsymbol{\alpha}_1$，$\boldsymbol{\alpha}_2$ 是相应的齐次线性方程组 $\boldsymbol{Ax}=\boldsymbol{0}$ 的基础解系，k_1，k_2 是任意常数，则 $\boldsymbol{Ax}=\boldsymbol{b}$ 的通解为(　　).

(A) $k_1\boldsymbol{\alpha}_1+k_2(\boldsymbol{\alpha}_1+\boldsymbol{\alpha}_2)+\dfrac{\boldsymbol{\beta}_1-\boldsymbol{\beta}_2}{2}$　　(B) $k_1\boldsymbol{\alpha}_1+k_2(\boldsymbol{\alpha}_1-\boldsymbol{\alpha}_2)+\dfrac{\boldsymbol{\beta}_1+\boldsymbol{\beta}_2}{2}$

(C) $k_1\boldsymbol{\alpha}_1+k_2(\boldsymbol{\beta}_1+\boldsymbol{\beta}_2)+\dfrac{\boldsymbol{\beta}_1-\boldsymbol{\beta}_2}{2}$　　(D) $k_1\boldsymbol{\alpha}_1+k_2(\boldsymbol{\beta}_1-\boldsymbol{\beta}_2)+\dfrac{\boldsymbol{\beta}_1+\boldsymbol{\beta}_2}{2}$

三、解答题

1. 求解齐次线性方程组$\begin{cases}x_1+x_2+x_3+4x_4-3x_5=0\\x_1-x_2+3x_3-2x_4-x_5=0\\2x_1+x_2+3x_3+5x_4-5x_5=0\\3x_1+x_2+5x_3+6x_4-7x_5=0\end{cases}$.

2. 求解非齐次线性方程组$\begin{cases}x_1+x_2+x_3=1\\x_1+x_2-x_3=3\end{cases}$.

3. 设有线性方程组

$$\begin{cases}x_1+x_2+2x_3=0\\x_1+2x_2+x_3=0\\2x_1+x_2+\lambda x_3=0\end{cases},$$

问 λ 取何值时，此方程组：(1) 只有零解；(2) 有非零解？有非零解时，求其通解.

4. 设有线性方程组

$$\begin{cases}(2-\lambda)x_1+2x_2-2x_3=1\\2x_1+(5-\lambda)x_2-4x_3=2\\-2x_1-4x_2+(5-\lambda)x_3=-\lambda-1\end{cases},$$

问 λ 取何值时，此方程组：(1) 有唯一解；(2) 无解；(3) 有无穷多个解？并在有无穷多解时求其通解.

5. 设线性方程组为$\begin{cases}x_1+x_2+2x_3+3x_4=1\\x_1+3x_2+6x_3+x_4=3\\3x_1-x_2-ax_3+15x_4=3\\x_1-5x_2-10x_3+12x_4=b\end{cases}$，问当 a，b 各取何值时，此方程组：(1) 有唯一解；(2) 无解；(3) 有无穷多个解？并在有无穷多解时求其通解.

6. 设矩阵$\boldsymbol{A}=\begin{pmatrix}1&2&1&2\\0&1&t&t\\1&t&0&1\end{pmatrix}$，且齐次线性方程组 $\boldsymbol{Ax}=\boldsymbol{0}$ 的基础解系含有两个线性无关的解向量，试求 $\boldsymbol{Ax}=\boldsymbol{0}$ 的通解.

7. 设$\boldsymbol{\alpha}_1$，$\boldsymbol{\alpha}_2$，…，$\boldsymbol{\alpha}_s$ 是齐次线性方程组 $\boldsymbol{Ax}=\boldsymbol{0}$ 的一个基础解系，

$$\boldsymbol{\beta}_1=t_1\boldsymbol{\alpha}_1+t_2\boldsymbol{\alpha}_2,\boldsymbol{\beta}_2=t_1\boldsymbol{\alpha}_2+t_2\boldsymbol{\alpha}_3,\cdots,\boldsymbol{\beta}_s=t_1\boldsymbol{\alpha}_s+t_2\boldsymbol{\alpha}_1,$$

其中，t_1，t_2 为任意常数．试问：当 t_1，t_2 满足什么关系时，$\boldsymbol{\beta}_1$，$\boldsymbol{\beta}_2$，…，$\boldsymbol{\beta}_s$ 也为 $\boldsymbol{Ax}=\boldsymbol{0}$ 的一个基础解系.

8. 设$\boldsymbol{\eta}^*$是非齐次线性方程组 $\boldsymbol{Ax}=\boldsymbol{b}$ 的一个解，$\boldsymbol{\xi}_1$，$\boldsymbol{\xi}_2$，…，$\boldsymbol{\xi}_{n-r}$是对应的齐次线性方

程组 $\boldsymbol{Ax}=\boldsymbol{0}$ 的一个基础解系，证明：$\boldsymbol{\eta}^*$，$\boldsymbol{\xi}_1$，$\boldsymbol{\xi}_2$，…，$\boldsymbol{\xi}_{n-r}$线性无关.

9. 已知 4×3 矩阵 $\boldsymbol{A}=(\boldsymbol{\alpha}_1,\boldsymbol{\alpha}_2,\boldsymbol{\alpha}_3)$，其中$\boldsymbol{\alpha}_1$，$\boldsymbol{\alpha}_2$，$\boldsymbol{\alpha}_3$ 均为4维列向量，若非齐次线性方程组 $\boldsymbol{Ax}=\boldsymbol{\beta}$ 的通解为$(1,2,-1)^{\mathrm{T}}+k(1,-2,3)^{\mathrm{T}}$，令 $\boldsymbol{B}=(\boldsymbol{\alpha}_1,\boldsymbol{\alpha}_2,\boldsymbol{\alpha}_3,\boldsymbol{\beta}+\boldsymbol{\alpha}_3)$，试求方程组 $\boldsymbol{By}=\boldsymbol{\alpha}_1-\boldsymbol{\alpha}_2$ 的通解.

10. 求线性方程组

$$\begin{cases} x_1-5x_2+2x_3+3x_4=11 \\ -3x_1+x_2-4x_3-2x_4=-6 \\ -x_1-9x_2+3x_4=15 \end{cases}$$

且满足条件 $x_1=x_2$ 的全部解.

11. 设有两个三元齐次线性方程组

$$(\mathrm{I})\begin{cases} x_1+x_2+x_3=0 \\ 2x_1+x_2=0 \end{cases};\quad (\mathrm{II})\begin{cases} 3x_1+2x_2+x_3=0 \\ ax_1+x_3=0 \end{cases},$$

若方程组（Ⅰ）与（Ⅱ）同解，求 a 的值.

12. 设线性方程组（Ⅰ）$\begin{cases} x_1+x_2+x_3=0 \\ x_1+2x_2+ax_3=0 \\ x_1+4x_2+a^2x_3=0 \end{cases}$与方程（Ⅱ）$x_1+2x_2+x_3=a-1$ 有公共解，求 a 的值及方程组的公共解.

第 5 章　特征值和特征向量

基本要求

1. 理解矩阵的特征值和特征向量的概念及性质，会求矩阵的特征值和特征向量.

2. 理解相似矩阵的概念、性质及矩阵可相似对角化的充分必要条件，掌握将矩阵化为相似对角矩阵的方法.

3. 掌握实对称矩阵的特征值和特征向量的性质.

知识点拨

一、特征值与特征向量

1. 特征值与特征向量的概念

（1）定义

设 $\boldsymbol{A}$ 是 n 阶方阵，如果存在数 λ 和 n 维非零向量 $\boldsymbol{x}$，使得

$$\boldsymbol{A}\boldsymbol{x}=\lambda\boldsymbol{x},$$

则称数 λ 为方阵 $\boldsymbol{A}$ 的特征值，非零向量 $\boldsymbol{x}$ 称为 $\boldsymbol{A}$ 的对应于特征值 λ 的特征向量.

（2）方阵 $\boldsymbol{A}$ 的特征多项式

$$f(\lambda)=|\boldsymbol{A}-\lambda\boldsymbol{E}|=\begin{vmatrix} a_{11}-\lambda & a_{12} & \cdots & a_{1n} \\ a_{21} & a_{22}-\lambda & \cdots & a_{2n} \\ \vdots & \vdots & & \vdots \\ a_{n1} & a_{n2} & \cdots & a_{nn}-\lambda \end{vmatrix}.$$

（3）方阵 $\boldsymbol{A}$ 的特征方程

$$f(\lambda)=|\boldsymbol{A}-\lambda\boldsymbol{E}|=0.$$

（4）方阵 $\boldsymbol{A}$ 的迹

$$\mathrm{tr}(\boldsymbol{A})=a_{11}+a_{22}+\cdots+a_{nn}.$$

2. 特征值与特征向量的性质

设 λ_1，λ_2，…，λ_n方阵 $\boldsymbol{A}$ 的特征值，则有

（1）$\lambda_1+\lambda_2+\cdots+\lambda_n=\mathrm{tr}(\boldsymbol{A})$；

（2）$\lambda_1\lambda_2\cdots\lambda_n=|\boldsymbol{A}|$；

（3）方阵 $\boldsymbol{A}$ 可逆$\Leftrightarrow\boldsymbol{A}$ 没有特征值 0；

（4）方阵 $\boldsymbol{A}$ 不可逆$\Leftrightarrow$0 是 $\boldsymbol{A}$ 的特征值.

3. 特征值与特征向量的求法

（1）具体矩阵的特征值

① 由特征方程$|\boldsymbol{A}-\lambda\boldsymbol{E}|=0$，求得 $\boldsymbol{A}$ 的 n 个特征值；

② 对每一个特征值 λ_i，求解齐次线性方程组

$$(\boldsymbol{A}-\lambda_i\boldsymbol{E})\boldsymbol{x}=\boldsymbol{0},$$

可得到其基础解系：

$$\boldsymbol{p}_1,\boldsymbol{p}_2,\cdots,\boldsymbol{p}_s,$$

它就是 $\boldsymbol{A}$ 的对应于特征值 λ_i 的特征向量；而 $\boldsymbol{A}$ 的对应于特征值 λ_i 的全部特征向量为

$$k_1\boldsymbol{p}_1+k_2\boldsymbol{p}_2+\cdots+k_s\boldsymbol{p}_s(k_1,k_2,\cdots,k_s\text{ 不全为零}).$$

（2）抽象矩阵的特征值

① 对于元素没有具体给出的抽象矩阵，要根据题意，利用特征值与特征向量的定义，即满足：$\boldsymbol{Ax}=\lambda\boldsymbol{x}$（$\boldsymbol{x}\neq\boldsymbol{0}$）的 λ 和 $\boldsymbol{x}$ 为 $\boldsymbol{A}$ 的特征值和相应的特征向量.

② 利用特征方程 $|\boldsymbol{A}-\lambda\boldsymbol{E}|=0$，满足特征方程的 λ 即为 $\boldsymbol{A}$ 的特征值.

③ 利用特征值的有关性质和结论来求特征值.

4. 特征值与特征向量的有关定理

（1）n 阶方阵 $\boldsymbol{A}$ 的属于不同特征值对应的特征向量必线性无关.

（2）n 阶方阵 $\boldsymbol{A}$ 的 k 重特征值对应线性无关特征向量的个数不超过其重数 k，即特征值的几何重数不超过它的代数重数.

5. 特征值与特征向量的有关结论

设 λ 是 $\boldsymbol{A}$ 的特征值，$\boldsymbol{x}$ 是对应的特征向量，则有

（1）若 l 是常数，则 $l\lambda$ 是 $l\boldsymbol{A}$ 的特征值，$\boldsymbol{x}$ 是对应的特征向量；

（2）λ^k 是 $\boldsymbol{A}^k$ 的特征值，$\boldsymbol{x}$ 是对应的特征向量；

（3）若 $\boldsymbol{A}$ 可逆，则 λ^{-1} 是 $\boldsymbol{A}^{-1}$ 的特征值，$\boldsymbol{x}$ 是对应的特征向量；

（4）若 $\boldsymbol{A}$ 可逆，则 $|\boldsymbol{A}|\lambda^{-1}$ 是 $\boldsymbol{A}^*$ 的特征值，$\boldsymbol{x}$ 是对应的特征向量；

（5）$f(\lambda)=\sum\limits_{i=0}^{m}a_i\lambda^i$ 是 $f(\boldsymbol{A})=\sum\limits_{i=0}^{m}a_i\boldsymbol{A}^i$ 的特征值，$\boldsymbol{x}$ 是对应的特征向量.

注意：n 阶方阵 $\boldsymbol{A}$ 与 $\boldsymbol{A}^{\mathrm{T}}$ 有相同的特征值，但对应的特征向量不一定是 $\boldsymbol{x}$.

二、相似矩阵

1. 相似矩阵的概念

设 $\boldsymbol{A}$，$\boldsymbol{B}$ 是 n 阶矩阵，若有可逆矩阵 $\boldsymbol{P}$，使得

$$\boldsymbol{P}^{-1}\boldsymbol{AP}=\boldsymbol{B},$$

则称矩阵 $\boldsymbol{A}$ 与 $\boldsymbol{B}$ 相似，记作 $\boldsymbol{A}\sim\boldsymbol{B}$，并称 $\boldsymbol{B}$ 是 $\boldsymbol{A}$ 的相似矩阵. 称由 $\boldsymbol{A}$ 到 $\boldsymbol{B}$ 的变换为相似变换，称 $\boldsymbol{P}$ 为相似变换矩阵.

2. 相似矩阵的性质

设 n 阶矩阵 $\boldsymbol{A}$ 与 $\boldsymbol{B}$ 相似，则

（1）相似矩阵的秩相等：$r(\boldsymbol{A})=r(\boldsymbol{B})$；

（2）相似矩阵的行列式相等：$|\boldsymbol{A}|=|\boldsymbol{B}|$；

（3）$\boldsymbol{A}^{\mathrm{T}}$ 与 $\boldsymbol{B}^{\mathrm{T}}$ 相似，$\boldsymbol{A}^k$ 与 $\boldsymbol{B}^k$ 相似；

（4）若 $\boldsymbol{A}$，$\boldsymbol{B}$ 均可逆，则 $\boldsymbol{A}^{-1}$ 与 $\boldsymbol{B}^{-1}$ 相似；

（5）若 $f(x)$ 是任一多项式，则 $f(\boldsymbol{A})$ 与 $f(\boldsymbol{B})$ 相似.

（6）$\boldsymbol{A}$ 与 $\boldsymbol{B}$ 的特征多项式相同，即 $|\boldsymbol{A}-\lambda\boldsymbol{E}|=|\boldsymbol{B}-\lambda\boldsymbol{E}|$，从而有相同的特征值.

3. 可对角化矩阵的概念

如果 n 阶矩阵 $\boldsymbol{A}$ 与对角矩阵 $\boldsymbol{\Lambda}$ 相似，即存在可逆矩阵 $\boldsymbol{P}$，使得

$$\boldsymbol{P}^{-1}\boldsymbol{A}\boldsymbol{P}=\boldsymbol{\Lambda},$$

则称 $\boldsymbol{A}$ 可对角化.

4. 可对角化矩阵的条件

n 阶矩阵 $\boldsymbol{A}$ 可对角化的条件如下：

(1)（充分必要条件）$\boldsymbol{A}$ 有 n 个线性无关的特征向量；

(2)（充分条件）$\boldsymbol{A}$ 有 n 个互异的特征值；

(3)（充分必要条件）$\boldsymbol{A}$ 的所有重特征值对应的线性无关的特征向量的个数等于其重数，即特征值的几何重数等于它的代数重数.

5. 矩阵对角化的计算方法

定理：若 $\boldsymbol{A}$ 可对角化，即存在可逆矩阵 $\boldsymbol{P}$，使得

$$\boldsymbol{P}^{-1}\boldsymbol{A}\boldsymbol{P}=\boldsymbol{\Lambda}=\mathbf{diag}(\lambda_1,\lambda_2,\cdots,\lambda_n),$$

则 λ_1，λ_2，…，λ_n恰是 $\boldsymbol{A}$ 的 n 个特征值；而 $\boldsymbol{P}$ 的第 i 列$\boldsymbol{p}_i$ 是 $\boldsymbol{A}$ 的对应于特征值 λ_i的特征向量.

矩阵对角化的计算方法如下：

(1) 求出 $\boldsymbol{A}$ 的全部特征值；

(2) ① 若 $\boldsymbol{A}$ 的全部特征值互异，则 $\boldsymbol{A}$ 可对角化；

② 对每一特征值 λ_i，解方程组 $(\boldsymbol{A}-\lambda_i\boldsymbol{E})\boldsymbol{x}=\boldsymbol{0}$，得对应 λ_i的线性无关的特征向量. 若对应 λ_i的线性无关的特征向量的个数小于 λ_i的重数，则 $\boldsymbol{A}$ 不可对角化；若对应 λ_i的线性无关的特征向量的个数等于 λ_i的重数，则 $\boldsymbol{A}$ 可以对角化；

(3) 当 $\boldsymbol{A}$ 可以对角化时，把 n 个线性无关的特征向量按列构成矩阵 $\boldsymbol{P}$，且矩阵 $\boldsymbol{\Lambda}$ 主对角线上的元素是 $\boldsymbol{A}$ 的 n 个特征值，顺序与 $\boldsymbol{P}$ 的列向量顺序保持一致.

三、实对称矩阵的相似对角化

1. 实对称矩阵特征值与特征向量的性质

(1) 实对称矩阵的特征值都为实数；

(2) 实对称矩阵的不同特征值对应的特征向量必正交；

(3) 实对称矩阵的 k 重特征值恰好对应 k 个线性无关的特征向量；

(4) 实对称矩阵可正交相似于对角矩阵（正交对角化），即对于任意一个 n 阶实对称矩阵 $\boldsymbol{A}$，都存在一个 n 阶正交矩阵 $\boldsymbol{Q}$，使得$\boldsymbol{Q}^{-1}\boldsymbol{A}\boldsymbol{Q}=\boldsymbol{Q}^{\mathrm{T}}\boldsymbol{A}\boldsymbol{Q}$ 为对角矩阵.

2. 实对称矩阵对角化的计算方法

(1) 求出 $\boldsymbol{A}$ 的全部特征值 λ_1，λ_2，…，λ_n；

(2) 对每一个特征值 λ_i，由方程组 $(\boldsymbol{A}-\lambda_i\boldsymbol{E})\boldsymbol{x}=\boldsymbol{0}$ 求出特征向量；

(3) ① 若特征值为单根，将特征向量单位化；

② 若特征值为重根，利用施密特标准正交化的方法将特征向量正交化、单位化；

(4) 以这些单位向量作为列向量构成一个正交阵 $\boldsymbol{Q}$，使得$\boldsymbol{Q}^{-1}\boldsymbol{A}\boldsymbol{Q}=\boldsymbol{Q}^{\mathrm{T}}\boldsymbol{A}\boldsymbol{Q}=\boldsymbol{\Lambda}$；矩阵 $\boldsymbol{\Lambda}$ 中对角线上的特征值应与 $\boldsymbol{Q}$ 的列向量顺序保持一致.

典型例题解析

题型 1　求具体矩阵的特征值与特征向量

例 1　求矩阵 $\boldsymbol{A}=\begin{pmatrix}-2&1&1\\0&2&0\\-4&1&3\end{pmatrix}$ 的特征值和特征向量.

【解析】 $\boldsymbol{A}$ 的特征多项式为

$$|\boldsymbol{A}-\lambda\boldsymbol{E}|=\begin{vmatrix}-2-\lambda&1&1\\0&2-\lambda&0\\-4&1&3-\lambda\end{vmatrix}=(2-\lambda)\begin{vmatrix}-2-\lambda&1\\-4&3-\lambda\end{vmatrix}$$

$$=(2-\lambda)(\lambda^2-\lambda-2)=-(\lambda+1)(\lambda-2)^2.$$

所以 $\boldsymbol{A}$ 的特征值为 $\lambda_1=-1$，$\lambda_2=\lambda_3=2$.

对于 $\lambda_1=-1$ 时，求解 $(\boldsymbol{A}+\boldsymbol{E})\boldsymbol{x}=\boldsymbol{0}$，由于

$$\boldsymbol{A}+\boldsymbol{E}=\begin{pmatrix}-1&1&1\\0&3&0\\-4&1&4\end{pmatrix}\to\begin{pmatrix}-1&0&1\\0&1&0\\0&0&0\end{pmatrix},$$

得基础解系 $\boldsymbol{p}_1=(1,0,1)^{\mathrm{T}}$，对应的特征向量为 $k_1\boldsymbol{p}_1$（$k_1\neq0$）.

对于 $\lambda_2=\lambda_3=2$ 时，求解 $(\boldsymbol{A}-2\boldsymbol{E})\boldsymbol{x}=\boldsymbol{0}$，由于

$$\boldsymbol{A}-2\boldsymbol{E}=\begin{pmatrix}-4&1&1\\0&0&0\\-4&1&1\end{pmatrix}\to\begin{pmatrix}-4&1&1\\0&0&0\\0&0&0\end{pmatrix},$$

得基础解系

$$\boldsymbol{p}_2=(1,0,4)^{\mathrm{T}},\boldsymbol{p}_3=(0,1,-1)^{\mathrm{T}},$$

对应的特征向量为 $k_2\boldsymbol{p}_2+k_3\boldsymbol{p}_3$（$k_2$，$k_3$ 不全为零).

例 2　求矩阵 $\boldsymbol{A}=\begin{pmatrix}3&1&0\\-4&-1&0\\4&8&-2\end{pmatrix}$ 的特征值和特征向量.

【解析】 $\boldsymbol{A}$ 的特征多项式为

$$|\boldsymbol{A}-\lambda\boldsymbol{E}|=\begin{vmatrix}3-\lambda&1&0\\-4&-1-\lambda&0\\4&8&-2-\lambda\end{vmatrix}=-(\lambda+2)\begin{vmatrix}3-\lambda&1\\-4&-1-\lambda\end{vmatrix}$$

$$=-(\lambda+2)(\lambda-1)^2.$$

所以 $\boldsymbol{A}$ 的特征值为 $\lambda_1=-2$，$\lambda_2=\lambda_3=1$.

对于 $\lambda_1=-2$ 时，求解 $(\boldsymbol{A}+2\boldsymbol{E})\boldsymbol{x}=\boldsymbol{0}$，由于

$$\boldsymbol{A}+2\boldsymbol{E}=\begin{pmatrix}5&1&0\\-4&1&0\\4&8&0\end{pmatrix}\to\begin{pmatrix}1&0&0\\0&1&0\\0&0&0\end{pmatrix},$$

得基础解系 $\boldsymbol{p}_1=(0,0,1)^{\mathrm{T}}$，对应的特征向量为 $k_1\boldsymbol{p}_1(k_1\neq0)$.

对于 $\lambda_2=\lambda_3=1$ 时，求解 $(\boldsymbol{A}-\boldsymbol{E})\boldsymbol{x}=\boldsymbol{0}$，由于

$$A - E = \begin{pmatrix} 2 & 1 & 0 \\ -4 & -2 & 0 \\ 4 & 8 & -3 \end{pmatrix} \to \begin{pmatrix} 1 & 0 & \frac{1}{4} \\ 0 & 1 & -\frac{1}{2} \\ 0 & 0 & 0 \end{pmatrix},$$

得基础解系$p_2 = \left(-\frac{1}{4}, \frac{1}{2}, 1\right)^T$，对应的特征向量为 $k_2 p_2 (k_2 \neq 0)$.

例 3 设矩阵$A = \begin{pmatrix} 3 & 2 & 2 \\ 2 & 3 & 2 \\ 2 & 2 & 3 \end{pmatrix}$，$P = \begin{pmatrix} 0 & 1 & 0 \\ 1 & 0 & 1 \\ 0 & 0 & 1 \end{pmatrix}$，$B = P^{-1}A^*P$，求 $B + 2E$ 的特征值与特征向量，其中A^*为 A 的伴随矩阵，E 为 3 阶单位矩阵.

【解析】 因为

$$A^* = \begin{pmatrix} 5 & -2 & -2 \\ -2 & 5 & -2 \\ -2 & -2 & 5 \end{pmatrix}, P^{-1} = \begin{pmatrix} 0 & 1 & -1 \\ 1 & 0 & 0 \\ 0 & 0 & 1 \end{pmatrix},$$

所以

$$B = P^{-1}A^*P = \begin{pmatrix} 7 & 0 & 0 \\ -2 & 5 & -4 \\ -2 & -2 & 3 \end{pmatrix},$$

从而

$$B + 2E = \begin{pmatrix} 9 & 0 & 0 \\ -2 & 7 & -4 \\ -2 & -2 & 5 \end{pmatrix}.$$

$B + 2E$ 的特征多项式为

$$|(B + 2E) - \lambda E| = \begin{vmatrix} 9-\lambda & 0 & 0 \\ -2 & 7-\lambda & -4 \\ -2 & -2 & 5-\lambda \end{vmatrix} = -(\lambda - 3)(\lambda - 9)^2,$$

故 $B + 2E$ 的特征值为 3，9，9.

当 $\lambda_1 = 3$ 时，对应的一个特征向量为$p_1 = (0, 1, 1)^T$，所以对应于特征值 3 的全部特征向量为 $k_1 p_1$ （$k_1 \neq 0$）.

当 $\lambda_2 = \lambda_3 = 9$ 时，对应的线性无关的特征向量可取为

$$p_2 = (-1, 1, 0)^T, p_3 = (-2, 0, 1)^T,$$

所以对应于特征值 9 的全部特征向量为 $k_2 p_2 + k_3 p_3$ （k_2，k_3 不全为零）.

题型 2 求抽象矩阵的特征值

例 4 假设方阵 A 满足$A^2 - 3A + 2E = O$，其中 E 为单位矩阵，试求 A 的特征值.

【解析】 设 λ 是 A 的特征值，对应的特征向量为 x，即 $Ax = \lambda x$，由题设条件得

$$(A^2 - 3A + 2E)x = A^2x - 3Ax + 2x = \lambda^2 x - 3\lambda x + 2x = (\lambda^2 - 3\lambda + 2)x = 0,$$

因为 $x \neq 0$，所以

$$\lambda^2 - 3\lambda + 2 = (\lambda - 1)(\lambda - 2) = 0,$$

即 $\boldsymbol{A}$ 的特征值为1或2.

例5　设4阶方阵 $\boldsymbol{A}$ 满足 $|\boldsymbol{A}+3\boldsymbol{E}|=0$，$\boldsymbol{A}\boldsymbol{A}^{\mathrm{T}}=2\boldsymbol{E}$，$|\boldsymbol{A}|<0$，求方阵 $\boldsymbol{A}$ 的伴随矩阵 $\boldsymbol{A}^*$ 的一个特征值.

【解析】　由 $|\boldsymbol{A}+3\boldsymbol{E}|=|\boldsymbol{A}-(-3\boldsymbol{E})|=0$ 知 $\boldsymbol{A}$ 的一个特征值为 $\lambda=-3$.

又由 $\boldsymbol{A}\boldsymbol{A}^{\mathrm{T}}=2\boldsymbol{E}$ 得

$$|\boldsymbol{A}\boldsymbol{A}^{\mathrm{T}}|=|2\boldsymbol{E}|,\text{即}|\boldsymbol{A}||\boldsymbol{A}^{\mathrm{T}}|=|\boldsymbol{A}|^2=2^4|\boldsymbol{E}|=16,$$

从而 $|\boldsymbol{A}|=\pm4$. 但 $|\boldsymbol{A}|<0$，所以 $|\boldsymbol{A}|=-4$. 故 $\boldsymbol{A}^*$ 有一特征值为 $\dfrac{|\boldsymbol{A}|}{\lambda}=\dfrac{-4}{-3}=\dfrac{4}{3}$.

例6　设 n 阶方阵 $\boldsymbol{A}$ 的各列元素之和都是1，求 $\boldsymbol{A}$ 的一个特征值.

【解析】　设 $\boldsymbol{A}=(a_{ij})_{n\times n}$，由 $\boldsymbol{A}$ 的各列元素之和都是1，得

$$a_{1i}+a_{2i}+\cdots+a_{ni}=1(i=1,2,\cdots,n),$$

用矩阵表示即为

$$\boldsymbol{A}^{\mathrm{T}}\begin{pmatrix}1\\1\\\vdots\\1\end{pmatrix}=\begin{pmatrix}1\\1\\\vdots\\1\end{pmatrix}=1\cdot\begin{pmatrix}1\\1\\\vdots\\1\end{pmatrix},$$

可见1是 $\boldsymbol{A}^{\mathrm{T}}$ 的特征值，从而1也是 $\boldsymbol{A}$ 的特征值.

例7　设3维列向量 $\boldsymbol{\alpha}$，$\boldsymbol{\beta}$ 满足 $\boldsymbol{\alpha}^{\mathrm{T}}\boldsymbol{\beta}=2$，则 $\boldsymbol{\beta}\boldsymbol{\alpha}^{\mathrm{T}}$ 的非零特征值为________.

【解析】　由于 $\boldsymbol{\alpha}^{\mathrm{T}}\boldsymbol{\beta}=2$，所以 $(\boldsymbol{\beta}\boldsymbol{\alpha}^{\mathrm{T}})\boldsymbol{\beta}=\boldsymbol{\beta}(\boldsymbol{\alpha}^{\mathrm{T}}\boldsymbol{\beta})=2\boldsymbol{\beta}$，显然 $\boldsymbol{\beta}\neq\boldsymbol{0}$，由特征值和特征向量的定义知，2是 $\boldsymbol{\beta}\boldsymbol{\alpha}^{\mathrm{T}}$ 的非零特征值.

题型3　方阵可对角化的判定与计算

例8　下列矩阵中，不能相似于对角阵的矩阵是(　　).

(A) $\begin{pmatrix}0&0&1\\0&1&0\\1&0&0\end{pmatrix}$　　(B) $\begin{pmatrix}1&1&1\\0&2&2\\0&0&3\end{pmatrix}$

(C) $\begin{pmatrix}1&-2&1\\2&-4&2\\1&-2&1\end{pmatrix}$　　(D) $\begin{pmatrix}2&-1&2\\5&-3&3\\-1&0&-2\end{pmatrix}$

【解析】　(A) 是实对称阵，故相似于对角阵；

(B) 可求得矩阵有三个不同的特征值1，2，3，故相似于对角阵；

(C) 可求得矩阵的特征值为 -2，0（二重），对应二重特征值0有两个线性无关的特征向量，故相似于对角阵；

(D) 可求得矩阵的特征值为 -1（三重），对应三重特征值 -1 有一个线性无关的特征向量，故不能相似于对角阵，因此选（D）.

例9　已知2阶实矩阵 $\boldsymbol{A}=\begin{pmatrix}a&b\\c&d\end{pmatrix}$.

(1) 若 $|\boldsymbol{A}|<0$，判断 $\boldsymbol{A}$ 可否对角化，并说明理由；

(2) 若 $ad-bc=1$，$|a+d|>2$，判断 $\boldsymbol{A}$ 可否对角化，并说明理由.

【解析】　(1) 设 λ_1，λ_2 是 $\boldsymbol{A}$ 的特征值，则由 $|\boldsymbol{A}|=\lambda_1\lambda_2<0$ 知，λ_1 与 λ_2 异号，因此 $\boldsymbol{A}$

的两个特征值互异，故 $\boldsymbol{A}$ 可对角化.

（2）$\boldsymbol{A}$ 的特征多项式为

$$f(\lambda)=|\boldsymbol{A}-\lambda\boldsymbol{E}|=\begin{vmatrix}a-\lambda & b\\ c & d-\lambda\end{vmatrix}=\lambda^2-(a+d)\lambda+ad-bc=\lambda^2-(a+d)\lambda+1,$$

因为 $|a+d|>2$，所以一元二次方程 $f(\lambda)=0$ 的判别式

$$\Delta=(a+d)^2-4>0,$$

故 $\boldsymbol{A}$ 有两个不等的特征值，因此 $\boldsymbol{A}$ 可对角化.

例 10 已知 $\boldsymbol{A}=\begin{pmatrix}2 & a & 2\\ 5 & b & 3\\ -1 & 1 & -1\end{pmatrix}$ 有特征值 ±1，问 $\boldsymbol{A}$ 能否对角化？说明理由.

【解析】 由于 $\lambda_1=1$，$\lambda_2=-1$ 是 $\boldsymbol{A}$ 的特征值，将其代入特征方程，有

$$|\boldsymbol{A}-\boldsymbol{E}|=7(1+a)=0,\ |\boldsymbol{A}+\boldsymbol{E}|=-(3a-2b-3)=0,$$

联立解得 $a=-1$，$b=-3$，所以 $\boldsymbol{A}=\begin{pmatrix}2 & -1 & 2\\ 5 & -3 & 3\\ -1 & 1 & -1\end{pmatrix}$.

根据 $\lambda_1+\lambda_2+\lambda_3=a_{11}+a_{22}+a_{33}$，得 $1+(-1)+\lambda_3=2+(-3)+(-1)$，即 $\lambda_3=-2$. 由于 $\boldsymbol{A}$ 的 3 个特征值互异，所以 $\boldsymbol{A}$ 可对角化.

例 11 设矩阵 $\boldsymbol{A}=\begin{pmatrix}1 & 2 & -3\\ -1 & 4 & -3\\ 1 & a & 5\end{pmatrix}$ 的特征方程有一个二重根，求 a 的值，并讨论 $\boldsymbol{A}$ 是否可相似对角化.

【解析】 $\boldsymbol{A}$ 的特征多项式为

$$|\boldsymbol{A}-\lambda\boldsymbol{E}|=\begin{vmatrix}1-\lambda & 2 & -3\\ -1 & 4-\lambda & -3\\ 1 & a & 5-\lambda\end{vmatrix}=-(\lambda-2)(\lambda^2-8\lambda+18+3a)$$

若 $\lambda=2$ 是特征方程的二重根，则有 $2^2-8\cdot2+18+3a=0$，解得 $a=-2$.

当 $a=-2$ 时，$\boldsymbol{A}$ 的特征值为 2，2，6，矩阵 $\boldsymbol{A}-2\boldsymbol{E}=\begin{pmatrix}-1 & 2 & -3\\ -1 & 2 & -3\\ 1 & -2 & 3\end{pmatrix}$ 的秩为 1，故 $\lambda=2$ 对应的线性无关的特征向量有两个，从而 $\boldsymbol{A}$ 可相似对角化.

若 $\lambda=2$ 不是特征方程的二重根，则方程 $\lambda^2-8\lambda+18+3a=0$ 有两个相同的实数根，即 $\Delta=64-4(18+3a)=0$，解得 $a=-\dfrac{2}{3}$.

当 $a=-\dfrac{2}{3}$ 时，$\boldsymbol{A}$ 的特征值为 2，4，4，矩阵 $\boldsymbol{A}-4\boldsymbol{E}=\begin{pmatrix}-3 & 2 & -3\\ -1 & 0 & -3\\ 1 & -\dfrac{2}{3} & 1\end{pmatrix}$ 的秩为 2，故 $\lambda=4$ 对应的线性无关的特征向量只有一个，从而 $\boldsymbol{A}$ 不可相似对角化.

题型 4　相似矩阵的判定与证明

1. 已知两个具体的 n 阶方阵 $\boldsymbol{A}$ 和 $\boldsymbol{B}$，判断 $\boldsymbol{A}$ 与 $\boldsymbol{B}$ 是否相似常采用如下方法：

（1）当 $|\boldsymbol{A}-\lambda\boldsymbol{E}|=|\boldsymbol{B}-\lambda\boldsymbol{E}|$，或 $|\boldsymbol{A}|=|\boldsymbol{B}|$，或 $r(\boldsymbol{A})=r(\boldsymbol{B})$ 中有一个不成立时，$\boldsymbol{A}$ 与 $\boldsymbol{B}$ 不相似（因为上述条件是 $\boldsymbol{A}$ 与 $\boldsymbol{B}$ 相似的必要条件）.

（2）当 $\boldsymbol{A}$ 与 $\boldsymbol{B}$ 均相似于同一个对角矩阵，则 $\boldsymbol{A}$ 与 $\boldsymbol{B}$ 相似（该条件仅是充分的）.

2. 对于抽象矩阵 $\boldsymbol{A}$ 与 $\boldsymbol{B}$，常用定义判断其是否相似.

例 12　设矩阵 $\boldsymbol{A}=\begin{pmatrix}1&1&1\\2&2&2\\3&3&3\end{pmatrix}$，则和 $\boldsymbol{A}$ 相似的矩阵是(　　).

(A) $\begin{pmatrix}1&0&1\\0&2&0\\0&0&0\end{pmatrix}$　　(B) $\begin{pmatrix}1&0&0\\0&0&2\\0&3&0\end{pmatrix}$

(C) $\begin{pmatrix}1&1&1\\a&a&a\\-a&-a&-a\end{pmatrix}$　　(D) $\begin{pmatrix}1&2&1\\2&4&2\\1&2&1\end{pmatrix}$

【解析】　因为 $r(\boldsymbol{A})=1$，而（A）中矩阵的秩为 2，（B）中矩阵的秩为 3，排除（A）与（B）；又（C）中矩阵的迹为 1，但 $\operatorname{tr}(\boldsymbol{A})=6$，排除（C），故选（D）.

例 13　已知矩阵 $\boldsymbol{A}=\begin{pmatrix}2&1&-1\\1&2&1\\-1&1&2\end{pmatrix}$，$\boldsymbol{B}=\begin{pmatrix}2&0&1\\-1&3&1\\2&0&1\end{pmatrix}$，判断 $\boldsymbol{A}$ 与 $\boldsymbol{B}$ 是否相似，并说明理由.

【解析】　$\boldsymbol{A}$ 的特征多项式为

$$|\boldsymbol{A}-\lambda\boldsymbol{E}|=\begin{vmatrix}2-\lambda&1&-1\\1&2-\lambda&1\\-1&1&2-\lambda\end{vmatrix}=-\lambda(\lambda-3)^2,$$

可得矩阵 $\boldsymbol{A}$ 的特征值为 0，3，3. 注意到，$\boldsymbol{A}$ 是对称矩阵，故 $\boldsymbol{A}$ 可以对角化.

又 $\boldsymbol{B}$ 的特征多项式为

$$|\boldsymbol{B}-\lambda\boldsymbol{E}|=\begin{vmatrix}2-\lambda&0&1\\-1&3-\lambda&1\\2&0&1-\lambda\end{vmatrix}=-\lambda(\lambda-3)^2,$$

可得矩阵 $\boldsymbol{B}$ 的特征值为 0，3，3.

当 $\lambda=3$ 时，矩阵 $\boldsymbol{B}-3\boldsymbol{E}=\begin{pmatrix}-1&0&1\\-1&0&1\\2&0&-2\end{pmatrix}$的秩为 1，故 $\lambda=3$ 对应的线性无关的特征向量有两个，从而 $\boldsymbol{B}$ 可以对角化.

综上，矩阵 $\boldsymbol{A}$ 与 $\boldsymbol{B}$ 相似，且都与 $\mathbf{diag}(0,3,3)$ 相似.

例 14　已知矩阵 $\boldsymbol{A}=\begin{pmatrix}-2&0&0\\2&x&2\\3&1&1\end{pmatrix}$与 $\boldsymbol{B}=\begin{pmatrix}-1&0&0\\0&2&0\\0&0&y\end{pmatrix}$相似.

(1) 求 x 和 y 的值;

(2) 求可逆矩阵 $\boldsymbol{P}$，使得$\boldsymbol{P}^{-1}\boldsymbol{A}\boldsymbol{P}=\boldsymbol{B}$.

【解析】 (1) 因为 $\boldsymbol{A}\sim\boldsymbol{B}$，故其特征多项式相同，即$|\boldsymbol{A}-\lambda\boldsymbol{E}|=|\boldsymbol{B}-\lambda\boldsymbol{E}|$，展开得

$$(\lambda+2)[\lambda^2-(x+1)\lambda+(x-2)]=(\lambda+1)(\lambda-2)(\lambda-y),$$

令 $\lambda=2$，得 $2^2-2(x+1)+(x-2)=0$，解得 $x=0$；令 $\lambda=-2$，得 $-2-y=0$，解得 $y=-2$，因此 $x=0$，$y=-2$.

(2) 由 (1) 知

$$\boldsymbol{A}=\begin{pmatrix}-2&0&0\\2&0&2\\3&1&1\end{pmatrix},\quad \boldsymbol{B}=\begin{pmatrix}-1&0&0\\0&2&0\\0&0&-2\end{pmatrix},$$

可求得 $\boldsymbol{A}$ 对应于特征值 -1，2，-2 的特征向量分别为

$$\boldsymbol{p}_1=(0,2,-1)^{\mathrm{T}},\quad \boldsymbol{p}_2=(0,1,1)^{\mathrm{T}},\quad \boldsymbol{p}_3=(1,0,-1)^{\mathrm{T}},$$

故存在可逆矩阵 $\boldsymbol{P}=\begin{pmatrix}0&0&1\\2&1&0\\-1&1&-1\end{pmatrix}$，使得$\boldsymbol{P}^{-1}\boldsymbol{A}\boldsymbol{P}=\boldsymbol{B}$.

题型 5　由特征值或特征向量反求矩阵中的参数

若已知条件中给出特征向量，由定义 $\boldsymbol{A}\boldsymbol{x}=\lambda\boldsymbol{x}$ 可以求出矩阵 $\boldsymbol{A}$ 中的参数和特征向量 $\boldsymbol{x}$ 对应的特征值 λ；若只给出特征值而没有给出特征向量，一般用特征方程$|\boldsymbol{A}-\lambda\boldsymbol{E}|=0$ 求解.

利用有关性质，如：①若 $\boldsymbol{A}$ 与 $\boldsymbol{B}$ 相似，则$|\boldsymbol{A}-\lambda\boldsymbol{E}|=|\boldsymbol{B}-\lambda\boldsymbol{E}|$；②相似矩阵有相同的特征值；③若 $\boldsymbol{A}=(a_{ij})_{n\times n}$的 n 个特征值为 λ_1，λ_2，…，λ_n，则利用 $\lambda_1+\lambda_2+\cdots+\lambda_n=\mathrm{tr}(\boldsymbol{A})$与 $\lambda_1\lambda_2\cdots\lambda_n=|\boldsymbol{A}|$等也可以确定矩阵中的参数.

例 15　已知$\boldsymbol{\xi}=\begin{pmatrix}1\\1\\-1\end{pmatrix}$是矩阵 $\boldsymbol{A}=\begin{pmatrix}2&-1&2\\5&a&3\\-1&b&-2\end{pmatrix}$的一个特征向量.

(1) 试确定参数 a，b 及特征向量 $\boldsymbol{\xi}$ 所对应的特征值;

(2) 问 $\boldsymbol{A}$ 能否相似于对角阵？并说明理由.

【解析】 (1) 由 $\boldsymbol{A}\boldsymbol{\xi}=\lambda\boldsymbol{\xi}$，知

$$\begin{pmatrix}2&-1&2\\5&a&3\\-1&b&-2\end{pmatrix}\begin{pmatrix}1\\1\\-1\end{pmatrix}=\lambda\begin{pmatrix}1\\1\\-1\end{pmatrix},\quad 即\begin{cases}-1=\lambda\\2+a=\lambda,\\1+b=-\lambda\end{cases}$$

解得 $a=-3$，$b=0$，特征向量 $\boldsymbol{\xi}$ 对应的特征值为 $\lambda=-1$.

(2) 由 (1) 知

$$\boldsymbol{A}=\begin{pmatrix}2&-1&2\\5&-3&3\\-1&0&-2\end{pmatrix},$$

$\boldsymbol{A}$ 的特征多项式为$|\boldsymbol{A}-\lambda\boldsymbol{E}|=-(\lambda+1)^3$，即 $\lambda=-1$ 是 $\boldsymbol{A}$ 的 3 重特征值. 因为

$$\boldsymbol{A}+\boldsymbol{E}=\begin{pmatrix}3&-1&2\\5&-2&3\\-1&0&-1\end{pmatrix}\to\begin{pmatrix}1&0&1\\0&1&1\\0&0&0\end{pmatrix},$$

所以 $r(\boldsymbol{A}+\boldsymbol{E})=2$，从而 3 重特征值 $\lambda=-1$ 对应的线性无关的特征向量只有 1 个，故 $\boldsymbol{A}$ 不能相似于对角阵.

例 16　已知向量 $\boldsymbol{\alpha}=\begin{pmatrix}1\\k\\1\end{pmatrix}$ 是矩阵 $\boldsymbol{A}=\begin{pmatrix}2&1&1\\1&2&1\\1&1&2\end{pmatrix}$ 的逆矩阵 $\boldsymbol{A}^{-1}$ 的一个特征向量，试求常数 k 的值.

【解析】　设 λ 是 $\boldsymbol{\alpha}$ 对应的特征值，则 $\boldsymbol{A}^{-1}\boldsymbol{\alpha}=\lambda\boldsymbol{\alpha}$，即 $\boldsymbol{\alpha}=\lambda\boldsymbol{A}\boldsymbol{\alpha}$，于是

$$\begin{pmatrix}1\\k\\1\end{pmatrix}=\lambda\begin{pmatrix}2&1&1\\1&2&1\\1&1&2\end{pmatrix}\begin{pmatrix}1\\k\\1\end{pmatrix},$$

由此得方程组 $\begin{cases}\lambda(3+k)=1\\\lambda(2+2k)=k\end{cases}$，解得 $\begin{cases}\lambda_1=1\\k_1=-2\end{cases}$ 或 $\begin{cases}\lambda_2=\dfrac{1}{4}\\k_2=1\end{cases}$. 于是，当 $k=-2$ 或 1 时，$\boldsymbol{\alpha}$ 是 $\boldsymbol{A}^{-1}$ 的一个特征向量.

题型 6　由特征值和特征向量反求矩阵

提供了矩阵 $\boldsymbol{A}$ 的特征值与特征向量的足够多信息，确定矩阵 $\boldsymbol{A}$ 的元素，即为反求矩阵的问题. 在这类问题中，矩阵 $\boldsymbol{A}$ 一般是可对角化的.

例 17　已知 3 阶方阵 $\boldsymbol{A}$ 的特征值为 1，-1，0，对应的特征向量分别为

$$\boldsymbol{p}_1=(1,0,-1)^{\mathrm{T}},\quad \boldsymbol{p}_2=(0,3,2)^{\mathrm{T}},\quad \boldsymbol{p}_3=(-2,-1,1)^{\mathrm{T}},$$

求矩阵 $\boldsymbol{A}$.

【解析】　令 $\boldsymbol{P}=(\boldsymbol{p}_1,\boldsymbol{p}_2,\boldsymbol{p}_3)=\begin{pmatrix}1&0&-2\\0&3&-1\\-1&2&1\end{pmatrix}$，则 $\boldsymbol{P}^{-1}\boldsymbol{A}\boldsymbol{P}=\begin{pmatrix}1&0&0\\0&-1&0\\0&0&0\end{pmatrix}$，从而有

$$\boldsymbol{A}=\boldsymbol{P}\begin{pmatrix}1&0&0\\0&-1&0\\0&0&0\end{pmatrix}\boldsymbol{P}^{-1}=\begin{pmatrix}-5&4&-6\\3&-3&3\\7&-6&8\end{pmatrix}.$$

例 18　已知 3 阶实对称矩阵 $\boldsymbol{A}$ 的特征值为 1，-1，0，其中 $\lambda_1=1$ 与 $\lambda_3=0$ 的特征向量分别为 $\boldsymbol{p}_1=(1,a,1)^{\mathrm{T}}$，$\boldsymbol{p}_3=(a,a+1,1)^{\mathrm{T}}$，求矩阵 $\boldsymbol{A}$.

【解析】　由于 $\boldsymbol{A}$ 是实对称矩阵，故有

$$[\boldsymbol{p}_1,\boldsymbol{p}_3]=0=a+a(a+1)+1,$$

解得 $a=-1$，从而 $\boldsymbol{p}_1=(1,-1,1)^{\mathrm{T}}$，$\boldsymbol{p}_3=(-1,0,1)^{\mathrm{T}}$.

设 $\boldsymbol{p}_2=(x_1,x_2,x_3)^{\mathrm{T}}$ 是 $\boldsymbol{A}$ 的对应特征值 $\lambda_2=-1$ 的特征向量，则它与 $\boldsymbol{p}_1$，$\boldsymbol{p}_3$ 都正交. 于是

$$\begin{cases}[\boldsymbol{p}_2,\boldsymbol{p}_1]=x_1-x_2+x_3=0\\[\boldsymbol{p}_2,\boldsymbol{p}_3]=-x_1+x_3=0\end{cases},$$

解得其基础解系为 $(1,2,1)^{\mathrm{T}}$，于是 $\boldsymbol{p}_2=(1,2,1)^{\mathrm{T}}$.

令 $\boldsymbol{P}=(\boldsymbol{p}_1,\boldsymbol{p}_2,\boldsymbol{p}_3)=\begin{pmatrix}1&1&-1\\-1&2&0\\1&1&1\end{pmatrix}$，则 $\boldsymbol{P}^{-1}\boldsymbol{A}\boldsymbol{P}=\begin{pmatrix}1&0&0\\0&-1&0\\0&0&0\end{pmatrix}$. 从而有

$$A=P\begin{pmatrix}1&0&0\\0&-1&0\\0&0&0\end{pmatrix}P^{-1}=\frac{1}{6}\begin{pmatrix}1&-4&1\\-4&-2&-4\\1&-4&1\end{pmatrix}.$$

题型 7 实对称矩阵正交相似于对角矩阵的计算

例 19 设矩阵 $A=\begin{pmatrix}1&1&a\\1&a&1\\a&1&1\end{pmatrix}$，$\boldsymbol{\beta}=\begin{pmatrix}1\\1\\-2\end{pmatrix}$. 已知线性方程组 $Ax=\boldsymbol{\beta}$ 有解但不唯一，试求：

(1) a 的值；

(2) 正交矩阵 Q，使 Q^TAQ 为对角矩阵.

【解析】 (1) 因为线性方程组 $Ax=\boldsymbol{\beta}$ 有解但不唯一，所以

$$|A|=\begin{vmatrix}1&1&a\\1&a&1\\a&1&1\end{vmatrix}=-(a-1)^2(a+2)=0,$$

当 $a=1$ 时，$r(A)\neq r(A,\boldsymbol{\beta})$，此时方程组无解；当 $a=-2$ 时，$r(A)=r(A,\boldsymbol{\beta})$，此时方程组的解存在但不唯一，符合条件. 故 $a=-2$.

(2) 由 (1) 知 $A=\begin{pmatrix}1&1&-2\\1&-2&1\\-2&1&1\end{pmatrix}$. A 的特征多项式为

$$|A-\lambda E|=-\lambda(\lambda-3)(\lambda+3),$$

故 A 的特征值为 $\lambda_1=3$，$\lambda_2=-3$，$\lambda_3=0$，对应的特征向量依次为

$$p_1=(1,0,-1)^T,\ p_2=(1,-2,1)^T,\ p_3=(1,1,1)^T,$$

将p_1，p_2，p_3 单位化，得

$$\boldsymbol{\alpha}_1=\frac{1}{\sqrt{2}}(1,0,-1)^T,\ \boldsymbol{\alpha}_2=\frac{1}{\sqrt{6}}(1,-2,1)^T,\ \boldsymbol{\alpha}_3=\frac{1}{\sqrt{3}}(1,1,1)^T,$$

令 $Q=(\boldsymbol{\alpha}_1,\boldsymbol{\alpha}_2,\boldsymbol{\alpha}_3)=\begin{pmatrix}\frac{1}{\sqrt{2}}&\frac{1}{\sqrt{6}}&\frac{1}{\sqrt{3}}\\0&\frac{2}{\sqrt{6}}&\frac{1}{\sqrt{3}}\\-\frac{1}{\sqrt{2}}&\frac{1}{\sqrt{6}}&\frac{1}{\sqrt{3}}\end{pmatrix}$，则有$Q^TAQ=\begin{pmatrix}3&0&0\\0&-3&0\\0&0&0\end{pmatrix}$.

巩固练习

一、填空题

1. 矩阵 $A=\begin{pmatrix}0&-2&-2\\-2&2&-2\\2&-2&2\end{pmatrix}$的非零特征值为________.

2. 已知 $\boldsymbol{\alpha}=(1,a)^{\mathrm{T}}$ 是 $\boldsymbol{A}=\begin{pmatrix}3 & 1\\5 & -1\end{pmatrix}$ 的逆矩阵 $\boldsymbol{A}^{-1}$ 的特征向量，则 $a=$________.

3. 若1是矩阵 $\boldsymbol{A}=\begin{pmatrix}2 & -1 & 2\\5 & a & 3\\-1 & 1 & -2\end{pmatrix}$ 的特征值，则 $a=$________.

4. 设矩阵 $\boldsymbol{A}=\begin{pmatrix}a & 1 & b\\2 & 3 & 4\\-1 & 1 & -1\end{pmatrix}$ 的特征值之和为3，特征值之积为 -24，则 $a=$________，$b=$________.

5. 设方阵 $\boldsymbol{A}$ 满足 $|\boldsymbol{A}|\neq 0$，λ 是 $\boldsymbol{A}$ 的一个特征值，则 $(\boldsymbol{A}^*)^2+\boldsymbol{E}$ 的特征值为________.

6. 设3阶矩阵 $\boldsymbol{A}$ 的特征值为1，2，-3，则 $|\boldsymbol{A}^*+3\boldsymbol{A}+2\boldsymbol{E}|=$________.

7. 设 $\boldsymbol{A}$ 为2阶矩阵，$\boldsymbol{\alpha}_1$，$\boldsymbol{\alpha}_2$ 为线性无关的2维列向量，$\boldsymbol{A}\boldsymbol{\alpha}_1=\boldsymbol{0}$，$\boldsymbol{A}\boldsymbol{\alpha}_2=2\boldsymbol{\alpha}_1+\boldsymbol{\alpha}_2$，则 $\boldsymbol{A}$ 的非零特征值为________.

8. 设 $\boldsymbol{\alpha}=(1,0,-1)^{\mathrm{T}}$，矩阵 $\boldsymbol{A}=\boldsymbol{\alpha}\boldsymbol{\alpha}^{\mathrm{T}}$，$n$ 为正整数，则 $|a\boldsymbol{E}-\boldsymbol{A}^n|=$________.

9. 设 $\boldsymbol{\alpha}$，$\boldsymbol{\beta}$ 为三维列向量，$\boldsymbol{\beta}^{\mathrm{T}}$ 为 $\boldsymbol{\beta}$ 的转置，若矩阵 $\boldsymbol{\alpha}\boldsymbol{\beta}^{\mathrm{T}}$ 相似于 $\begin{pmatrix}2 & & \\ & 0 & \\ & & 0\end{pmatrix}$，则 $\boldsymbol{\beta}^{\mathrm{T}}\boldsymbol{\alpha}=$________.

10. 已知矩阵 $\boldsymbol{A}=\begin{pmatrix}-4 & -10 & 0\\1 & y & 0\\3 & x & 1\end{pmatrix}$ 与 $\boldsymbol{B}=\begin{pmatrix}-2 & & \\ & 1 & \\ & & 1\end{pmatrix}$ 相似，则 $x=$________，$y=$________.

二、选择题

1. 设 $\lambda=2$ 是非奇异矩阵 $\boldsymbol{A}$ 的一个特征值，则矩阵 $\left(\frac{1}{3}\boldsymbol{A}^2\right)^{-1}$ 有一特征值为(　　).

(A) $\frac{4}{3}$　　(B) $\frac{3}{4}$　　(C) $\frac{1}{2}$　　(D) $\frac{1}{4}$

2. 已知3阶矩阵 $\boldsymbol{A}$ 的特征值为1，-1，2，则下列矩阵中的可逆矩阵是(　　).

(A) $\boldsymbol{E}+\boldsymbol{A}$　　(B) $\boldsymbol{E}-\boldsymbol{A}$　　(C) $2\boldsymbol{E}+\boldsymbol{A}$　　(D) $\boldsymbol{A}-2\boldsymbol{E}$

3. 已知 $\boldsymbol{A}$ 是 n 阶可逆矩阵，则与 $\boldsymbol{A}$ 有相同特征值的矩阵是(　　).

(A) $\boldsymbol{A}^{-1}$　　(B) $\boldsymbol{A}^{\mathrm{T}}$　　(C) $\boldsymbol{A}^*$　　(D) $\boldsymbol{A}^2$

4. 设 λ_1，λ_2 是矩阵 $\boldsymbol{A}$ 的两个不同的特征值，对应的特征向量分别为 $\boldsymbol{\alpha}_1$，$\boldsymbol{\alpha}_2$，则 $\boldsymbol{\alpha}_1$，$\boldsymbol{A}(\boldsymbol{\alpha}_1+\boldsymbol{\alpha}_2)$ 线性无关的充分必要条件是(　　).

(A) $\lambda_1\neq 0$　　(B) $\lambda_2\neq 0$　　(C) $\lambda_1=0$　　(D) $\lambda_2=0$

5. 设 $\boldsymbol{A}=\begin{pmatrix}a_{11} & a_{12} & a_{13}\\a_{21} & a_{22} & a_{23}\\a_{31} & a_{32} & a_{33}\end{pmatrix}$ 是可逆矩阵，且 $\boldsymbol{B}\boldsymbol{A}=\begin{pmatrix}2a_{11} & -a_{12} & 3a_{13}\\2a_{21} & -a_{22} & 3a_{23}\\2a_{31} & -a_{32} & 3a_{33}\end{pmatrix}$，则 $\boldsymbol{B}\sim$(　　).

(A) $\begin{pmatrix} -1 & & \\ & 2 & \\ & & 3 \end{pmatrix}$ (B) $\begin{pmatrix} 2 & & \\ & -1 & \\ & & 3 \end{pmatrix}$ (C) $\begin{pmatrix} 3 & & \\ & 2 & \\ & & -1 \end{pmatrix}$ (D) $\begin{pmatrix} -1 & & \\ & 3 & \\ & & 2 \end{pmatrix}$

6. 设$\boldsymbol{A}$，$\boldsymbol{B}$为n阶矩阵，且$\boldsymbol{A}$与$\boldsymbol{B}$相似，$\boldsymbol{E}$为n阶单位矩阵，则(　　).

(A) $\boldsymbol{A}-\lambda\boldsymbol{E}=\boldsymbol{B}-\lambda\boldsymbol{E}$

(B) $\boldsymbol{A}$与$\boldsymbol{B}$的特征方程相同

(C) $\boldsymbol{A}$与$\boldsymbol{B}$都相似于同一个对角矩阵

(D) 存在正交阵$\boldsymbol{Q}$，使得$\boldsymbol{Q}^{-1}\boldsymbol{A}\boldsymbol{Q}=\boldsymbol{Q}^{\mathrm{T}}\boldsymbol{A}\boldsymbol{Q}=\boldsymbol{B}$

三、解答题

1. 求矩阵$\boldsymbol{A}=\begin{pmatrix} -1 & 1 & 0 \\ -4 & 3 & 0 \\ 1 & 0 & 2 \end{pmatrix}$的特征值和特征向量.

2. 求矩阵$\boldsymbol{A}=\begin{pmatrix} n & 1 & \cdots & 1 \\ 1 & n & \cdots & 1 \\ \vdots & \vdots & & \vdots \\ 1 & 1 & \cdots & n \end{pmatrix}$的特征值和特征向量.

3. 设4阶实方阵$\boldsymbol{A}$满足条件$|\boldsymbol{A}+\sqrt{3}\boldsymbol{E}|=0$，且$|\boldsymbol{A}|=9$，求：

(1) $\boldsymbol{A}^*$的一个特征值；

(2) $|\boldsymbol{A}|^2\boldsymbol{A}^{-1}$的一个特征值.

4. 已知矩阵$\boldsymbol{A}=\begin{pmatrix} 3 & -2 & 1 \\ a & -a & a \\ 3 & -6 & 5 \end{pmatrix}$，$\lambda_0$是$\boldsymbol{A}$的三重特征值，求$a$及$\lambda_0$.

5. 设$\boldsymbol{A}=\begin{pmatrix} 0 & 0 & 1 \\ x & 1 & y \\ 1 & 0 & 0 \end{pmatrix}$有三个线性无关的特征向量，求$x$和$y$应满足的条件.

6. 设n阶方阵$\boldsymbol{A}$满足$\boldsymbol{A}^3-2\boldsymbol{A}^2-\boldsymbol{A}+2\boldsymbol{E}=\boldsymbol{O}$，试求$\boldsymbol{A}$的特征值.

7. 设n阶矩阵$\boldsymbol{A}$的各行元素之和均为a.

(1) $\lambda=a$是$\boldsymbol{A}$的一个特征值；

(2) 当$\boldsymbol{A}$可逆，且$a\neq 0$时，求$2\boldsymbol{A}^{-1}-3\boldsymbol{A}$各行元素之和.

8. 已知3阶方阵$\boldsymbol{A}$的特征值为2，-2，1，对应的特征向量分别为

$$\boldsymbol{p}_1=(0,1,1)^{\mathrm{T}},\boldsymbol{p}_2=(1,1,1)^{\mathrm{T}},\boldsymbol{p}_3=(1,1,0)^{\mathrm{T}},$$

求矩阵$\boldsymbol{A}$.

9. 设$\boldsymbol{A}$为3阶实对称矩阵，$\boldsymbol{A}$的秩为2，且$\boldsymbol{A}\begin{pmatrix} 1 & 1 \\ 0 & 0 \\ -1 & 1 \end{pmatrix}=\begin{pmatrix} -1 & 1 \\ 0 & 0 \\ 1 & 1 \end{pmatrix}$. 试求：

(1) $\boldsymbol{A}$的特征值和特征向量；

(2) 矩阵$\boldsymbol{A}$.

10. 已知矩阵 $\boldsymbol{A}=\begin{pmatrix}2&0&0\\0&0&1\\0&1&x\end{pmatrix}$ 与 $\boldsymbol{B}=\begin{pmatrix}2&0&0\\0&y&0\\0&0&-1\end{pmatrix}$ 相似.

(1) 求 x 和 y 的值;

(2) 求一个满足 $\boldsymbol{P}^{-1}\boldsymbol{AP}=\boldsymbol{B}$ 的可逆矩阵 $\boldsymbol{P}$.

11. 设矩阵 $\boldsymbol{A}=\begin{pmatrix}3&2&-2\\-k&-1&k\\4&2&-3\end{pmatrix}$. 问当 k 为何值时，存在可逆矩阵 $\boldsymbol{P}$，使得 $\boldsymbol{P}^{-1}\boldsymbol{AP}$ 为对角矩阵？并写出 $\boldsymbol{P}$ 和相应的对角矩阵.

12. 设矩阵 $\boldsymbol{A}=\begin{pmatrix}1&-3&3\\3&a&3\\6&-6&b\end{pmatrix}$ 有特征值 $\lambda_1=-2$，$\lambda_2=4$.

(1) 求 a 和 b 的值;

(2) 问 $\boldsymbol{A}$ 能否相似于对角阵？并说明理由.

13. 已知矩阵 $\boldsymbol{A}=\begin{pmatrix}-1&1&0\\-2&2&0\\4&x&1\end{pmatrix}$ 可对角化，求 $\boldsymbol{A}^n$.

14. 已知 $\boldsymbol{A}$ 是3阶非零矩阵，满足 $\boldsymbol{A}^2=\boldsymbol{O}$，证明：$\boldsymbol{A}$ 不相似于对角阵.

15. 设矩阵 $\boldsymbol{A}$ 是3阶矩阵，$\boldsymbol{\alpha}_1$，$\boldsymbol{\alpha}_2$，$\boldsymbol{\alpha}_3$ 是线性无关的三维列向量，且

$$\boldsymbol{A\alpha}_1=\boldsymbol{\alpha}_1+\boldsymbol{\alpha}_2+\boldsymbol{\alpha}_3,\boldsymbol{A\alpha}_2=2\boldsymbol{\alpha}_2+\boldsymbol{\alpha}_3,\boldsymbol{A\alpha}_3=2\boldsymbol{\alpha}_2+3\boldsymbol{\alpha}_3,$$

试求：(1) 矩阵 $\boldsymbol{A}$ 的特征值；(2) 求可逆矩阵 $\boldsymbol{P}$，使得 $\boldsymbol{P}^{-1}\boldsymbol{AP}$ 为对角阵.

16. 已知3阶实对称矩阵 $\boldsymbol{A}$ 的特征值为 $\lambda_1=8$，$\lambda_2=\lambda_3=2$，其中对应 $\lambda_1=8$ 的特征向量为 $\boldsymbol{p}_1=(1,k,1)^{\mathrm{T}}$，对应 $\lambda_2=\lambda_3=2$ 的一个特征向量为 $\boldsymbol{p}_2=(-1,1,0)^{\mathrm{T}}$，试求参数 k，以及对应 $\lambda_2=\lambda_3=2$ 的另一个特征向量 $\boldsymbol{p}_3$ 和矩阵 $\boldsymbol{A}$.

17. 设矩阵 $\boldsymbol{A}=\begin{pmatrix}2&2&-2\\2&5&-4\\-2&-4&5\end{pmatrix}$，求正交矩阵 $\boldsymbol{Q}$，使得 $\boldsymbol{Q}^{-1}\boldsymbol{AQ}=\boldsymbol{Q}^{\mathrm{T}}\boldsymbol{AQ}=\boldsymbol{\Lambda}$.

18. 设矩阵 $\boldsymbol{A}$ 为正交矩阵，且 $|\boldsymbol{A}|=-1$，证明：$\lambda=-1$ 是 $\boldsymbol{A}$ 的特征值.

第6章　二　次　型

基本要求

1. 掌握二次型及其矩阵表示，了解二次型秩的概念，了解合同变换与合同矩阵的概念，了解二次型的标准形、规范形的概念以及惯性定理.

2. 掌握用正交变换化二次型为标准形的方法，会用配方法化二次型为标准形.

3. 理解正定二次型、正定矩阵的概念，并掌握其判别法.

知识点拨

一、二次型及其相关的概念

1. 二次型的概念

（1）含有 n 个变量 x_1，x_2，…，x_n 的二次齐次多项式

$$f(x_1,x_2,\cdots,x_n)=a_{11}x_1^2+a_{22}x_2^2+\cdots+a_{nn}x_n^2+2a_{12}x_1x_2+2a_{13}x_1x_3+\cdots+2a_{n-1,n}x_{n-1}x_n$$

称为 n 元二次型，简称二次型. 当 a_{ij} 为实数时，称 f 为实二次型；当 a_{ij} 为复数时，称 f 为复二次型.

（2）二次型的矩阵形式

若记 $a_{ij}=a_{ji}(i,j=1,2,\cdots,n)$，则二次型的矩阵形式为

$$f(x_1,x_2,\cdots,x_n)=\boldsymbol{x}^{\mathrm{T}}\boldsymbol{A}\boldsymbol{x},$$

其中 $\boldsymbol{x}=(x_1,\ x_2,\ \cdots,\ x_n)^{\mathrm{T}}$，$\boldsymbol{A}=(a_{ij})_{n\times n}$ 为 n 阶对称矩阵，$\boldsymbol{A}$ 称为二次型的矩阵.

（3）矩阵 $\boldsymbol{A}$ 的秩称为二次型 f 的秩.

2. 二次型的标准形和规范形

（1）二次型的标准形

如果二次型中只含有变量的平方项，即

$$f(x_1,x_2,\cdots,x_n)=k_1x_1^2+k_2x_2^2+\cdots+k_nx_n^2,$$

则称它为二次型的标准形.

（2）二次型的规范形

如果在二次型的标准形中，平方项的系数为1，-1，0，即

$$f(x_1,x_2,\cdots,x_n)=x_1^2+\cdots+x_p^2-x_{p+1}^2-\cdots-x_r^2,$$

则称它为二次型的规范形.

二、线性变换

1. 线性变换的概念

n 个变量 x_1，x_2，…，x_n 到 y_1，y_2，…，y_n 的关系式

$$\begin{cases} x_1 = c_{11}y_1 + c_{12}y_2 + \cdots + c_{1n}y_n \\ x_2 = c_{21}y_1 + c_{22}y_2 + \cdots + c_{2n}y_n \\ \quad\vdots \\ x_n = c_{n1}y_1 + c_{m2}y_2 + \cdots + c_{nn}y_n \end{cases},$$

称为由 x_1，x_2，…，x_n 到 y_1，y_2，…，y_n 的线性变换．其矩阵形式为

$$\boldsymbol{x} = \boldsymbol{C}\boldsymbol{y},$$

其中 $\boldsymbol{x} = (x_1, x_2, \cdots, x_n)^{\mathrm{T}}$，$\boldsymbol{C} = (c_{ij})_{n\times n}$，$\boldsymbol{y} = (y_1, y_2, \cdots, y_n)^{\mathrm{T}}$.

2. 可逆线性变换和正交变换

（1）如果 $\boldsymbol{C}$ 是可逆矩阵，则称其为可逆线性变换．

（2）如果 $\boldsymbol{C}$ 是正交矩阵，则称其为正交变换．

说明：通过可逆线性变换可将二次型化为二次型．

三、合同矩阵

1. 合同矩阵的概念

设 $\boldsymbol{A}$，$\boldsymbol{B}$ 都是 n 阶矩阵，若存在 n 阶可逆矩阵 $\boldsymbol{C}$，使得

$$\boldsymbol{B} = \boldsymbol{C}^{\mathrm{T}}\boldsymbol{A}\boldsymbol{C},$$

则称 $\boldsymbol{A}$ 与 $\boldsymbol{B}$ 合同．称由 $\boldsymbol{A}$ 到 $\boldsymbol{B}$ 的变换为合同变换，称 $\boldsymbol{C}$ 为合同变换矩阵．

2. 合同矩阵的性质

（1）反身性：$\boldsymbol{A}$ 与 $\boldsymbol{A}$ 合同；

（2）对称性：若 $\boldsymbol{A}$ 与 $\boldsymbol{B}$ 合同，则 $\boldsymbol{B}$ 与 $\boldsymbol{A}$ 合同；

（3）传递性：若 $\boldsymbol{A}$ 与 $\boldsymbol{B}$ 合同，$\boldsymbol{B}$ 与 $\boldsymbol{C}$ 合同，则 $\boldsymbol{A}$ 与 $\boldsymbol{C}$ 合同；

（4）若 $\boldsymbol{A}$ 与 $\boldsymbol{B}$ 合同，则 $r(\boldsymbol{A}) = r(\boldsymbol{B})$；

（5）若 $\boldsymbol{A}$ 与 $\boldsymbol{B}$ 合同，且 $\boldsymbol{A}$ 对称，则 $\boldsymbol{B}$ 也对称．

说明：如果用可逆线性变换 $\boldsymbol{x} = \boldsymbol{C}\boldsymbol{y}$ 化二次型 $f = \boldsymbol{x}^{\mathrm{T}}\boldsymbol{A}\boldsymbol{x}$ 为二次型 $f = \boldsymbol{y}^{\mathrm{T}}\boldsymbol{A}\boldsymbol{y}$，则二次型的矩阵由 $\boldsymbol{A}$ 变为与其合同的矩阵 $\boldsymbol{C}^{\mathrm{T}}\boldsymbol{A}\boldsymbol{C}$.

四、化简二次型

1. 用正交变换化二次型为标准形

（1）任意一个 n 元实二次型 $f = \boldsymbol{x}^{\mathrm{T}}\boldsymbol{A}\boldsymbol{x}$ 都可以经过正交变换 $\boldsymbol{x} = \boldsymbol{Q}\boldsymbol{y}$ 化为标准形

$$f = \lambda_1 y_1^2 + \lambda_2 y_2^2 + \cdots + \lambda_n y_n^2,$$

其中 λ_1，λ_2，…，λ_n 是 $\boldsymbol{A}$ 的全部特征值，正交矩阵 $\boldsymbol{Q}$ 的列向量是对应特征值 λ_1，λ_2，…，λ_n 的两两正交的单位特征向量．

（2）用正交变换化二次型为标准形方法．

① 写出二次型 f 的矩阵 $\boldsymbol{A}$；

② 求出 $\boldsymbol{A}$ 的全部特征值 λ_1，λ_2，…，λ_n；

③ 求出对应于各特征值的线性无关的特征向量 $\boldsymbol{\xi}_1$，$\boldsymbol{\xi}_2$，…，$\boldsymbol{\xi}_n$；

④ 对于不同的特征值对应的特征向量已正交，只需单位化；对于重特征值对应的线性无关的特征向量需用施密特标准正交化方法，得 $\boldsymbol{\eta}_1$，$\boldsymbol{\eta}_2$，…，$\boldsymbol{\eta}_n$；

⑤ 记 $\boldsymbol{Q}=(\boldsymbol{\eta}_1,\boldsymbol{\eta}_2,\cdots,\boldsymbol{\eta}_n)$，则 $\boldsymbol{Q}$ 为正交矩阵；作正交变换 $\boldsymbol{x}=\boldsymbol{Q}\boldsymbol{y}$，得 f 的标准形

$$f=\lambda_1y_1^2+\lambda_2y_2^2+\cdots+\lambda_ny_n^2.$$

说明：用正交变换 $\boldsymbol{x}=\boldsymbol{Q}\boldsymbol{y}$ 化二次型为标准形，其平方项的系数 λ_1，λ_2，…，λ_n 除排列次序外是唯一确定的，它们都是二次型矩阵 $\boldsymbol{A}$ 的特征值．这是因为正交变换既是合同变换，又是相似变换，而相似变换有相同的特征值．

2. 用配方法化二次型为标准形

配方法化二次型为标准形的关键是消去交叉项，其要点是利用两数和的平方公式与两数差的平方公式逐步消去非平方项构成新平方项．分如下两种情况来处理：

（1）二次型中含有 x_i 的平方项和交叉项．

先集中含 x_i 的交叉项，然后再与 x_i^2 配方，化成完全平方，再对其余的变量重复上述过程直到所有变量都配成平方项为止；并令新变量代替各个平方项中的变量，同时用新变量表示旧变量的变换，即可做出可逆的线性变换，这样就得到了标准形．

注意：每次只对一个变量配平方，余下的项中不再出现这个变量．

（2）二次型中没有平方项，只有交叉项．

先利用平方差公式构造可逆线性变换，化二次型为含平方项的二次型，如当 x_ix_j 的系数 $a_{ij}\neq0$ 时，进行可逆线性变换

$$\begin{cases}x_i=y_i-y_j\\x_j=y_i+y_j\\x_k=y_k\end{cases}\quad(k\neq i,j),$$

再按情形（1）来处理．

五、惯性定理

秩为 r 的实二次型 $f(x_1,x_2,\cdots,x_n)=\boldsymbol{x}^{\mathrm{T}}\boldsymbol{A}\boldsymbol{x}$ 都可经过实的可逆线性变换 $\boldsymbol{x}=\boldsymbol{C}\boldsymbol{y}$ 化为唯一的规范形

$$y_1^2+\cdots+y_p^2-y_{p+1}^2-\cdots-y_r^2,$$

其中正项个数 p 及负项个数 $q=r-p$ 是确定的，分别称为 f 的正惯性指数和负惯性指数；二者的差 $p-q$ 称为 f 的符号差．

六、对称矩阵的合同矩阵

（1）n 阶实对称矩阵 $\boldsymbol{A}$ 正交相似于实对角矩阵，即存在正交矩阵 $\boldsymbol{Q}$，使

$$\boldsymbol{Q}^{-1}\boldsymbol{A}\boldsymbol{Q}=\boldsymbol{Q}^{\mathrm{T}}\boldsymbol{A}\boldsymbol{Q}=\mathbf{diag}(\lambda_1,\lambda_2,\cdots,\lambda_n),$$

其中 λ_1，λ_2，…，λ_n 是 $\boldsymbol{A}$ 的特征值．

（2）秩为 r 的任意 n 阶对称矩阵 $\boldsymbol{A}$ 都合同于秩为 r 的对角矩阵 $\boldsymbol{D}$，即存在 n 阶可逆矩阵 $\boldsymbol{C}$，使 $\boldsymbol{C}^{\mathrm{T}}\boldsymbol{A}\boldsymbol{C}=\boldsymbol{D}$，其中 $\boldsymbol{D}$ 的对角元素中有 r 个非零．

（3）对于秩为 r 的任意 n 阶实对称矩阵 $\boldsymbol{A}$，存在 n 阶实可逆矩阵 $\boldsymbol{C}$，使

$$\boldsymbol{C}^{\mathrm{T}}\boldsymbol{A}\boldsymbol{C}=\begin{pmatrix}\boldsymbol{E}_p&&\\&-\boldsymbol{E}_{r-p}&\\&&\boldsymbol{O}\end{pmatrix},$$

称 p 为实对称矩阵 $\boldsymbol{A}$ 的正惯性指数，$r-p$ 为负惯性指数．

七、正定二次型与正定矩阵的概念

1. 正定二次型的概念

设 $f(x_1,x_2,\cdots,x_n)=\boldsymbol{x}^{\mathrm{T}}\boldsymbol{A}\boldsymbol{x}$ 是 n 元实二次型（$\boldsymbol{A}$ 为实对称矩阵）．

（1）若对任意的 $\boldsymbol{x}\neq\boldsymbol{0}$，都有 $\boldsymbol{x}^{\mathrm{T}}\boldsymbol{A}\boldsymbol{x}>0$，则称 f 为正定二次型，$\boldsymbol{A}$ 称为正定矩阵；

（2）若对任意的 $\boldsymbol{x}\neq\boldsymbol{0}$，都有 $\boldsymbol{x}^{\mathrm{T}}\boldsymbol{A}\boldsymbol{x}<0$，则称 f 为负定二次型，$\boldsymbol{A}$ 称为负定矩阵；

（3）若对任意的 $\boldsymbol{x}\neq\boldsymbol{0}$，都有 $\boldsymbol{x}^{\mathrm{T}}\boldsymbol{A}\boldsymbol{x}\geqslant 0$，则称 f 为半正定二次型，$\boldsymbol{A}$ 称为半正定矩阵；

（4）若对任意的 $\boldsymbol{x}\neq\boldsymbol{0}$，都有 $\boldsymbol{x}^{\mathrm{T}}\boldsymbol{A}\boldsymbol{x}\leqslant 0$，则称 f 为半负定二次型，$\boldsymbol{A}$ 称为半负定矩阵；

（5）若对任意的 $\boldsymbol{x}\neq\boldsymbol{0}$，$\boldsymbol{x}^{\mathrm{T}}\boldsymbol{A}\boldsymbol{x}$ 的符号不定，则称 f 为不定二次型，$\boldsymbol{A}$ 称为不定矩阵．

2. 正定二次型与正定矩阵的判定

（1）n 元实二次型 $f(x_1,x_2,\cdots,x_n)=\boldsymbol{x}^{\mathrm{T}}\boldsymbol{A}\boldsymbol{x}$ 正定$\Leftrightarrow$它的标准形的系数全为正，即它的正惯性指数为 n.

（2）n 阶实对称矩阵 $\boldsymbol{A}$ 正定$\Leftrightarrow\boldsymbol{A}$ 与单位矩阵 $\boldsymbol{E}$ 合同．

（3）n 阶实对称矩阵 $\boldsymbol{A}$ 正定$\Leftrightarrow$存在 n 阶实可逆矩阵 $\boldsymbol{C}$，使得 $\boldsymbol{A}=\boldsymbol{C}^{\mathrm{T}}\boldsymbol{C}$.

（4）n 阶实对称矩阵 $\boldsymbol{A}$ 正定$\Leftrightarrow\boldsymbol{A}$ 的顺序主子式都大于零，即

$$\begin{vmatrix} a_{11} & a_{12} & \cdots & a_{1k} \\ a_{21} & a_{22} & \cdots & a_{2k} \\ \vdots & \vdots & & \vdots \\ a_{k1} & a_{k2} & \cdots & a_{kk} \end{vmatrix}>0\quad(k=1,2,\cdots,n).$$

（5）n 阶实对称矩阵 $\boldsymbol{A}$ 正定$\Leftrightarrow\boldsymbol{A}$ 的特征值都大于零．

3. 负定二次型与负定矩阵的判定

（1）n 元实二次型 $f(x_1,x_2,\cdots,x_n)=\boldsymbol{x}^{\mathrm{T}}\boldsymbol{A}\boldsymbol{x}$ 负定$\Leftrightarrow$它的标准形的系数全为负，即它的负惯性指数为 n.

（2）n 阶实对称矩阵 $\boldsymbol{A}$ 负定$\Leftrightarrow\boldsymbol{A}$ 与单位矩阵 $-\boldsymbol{E}$ 合同．

（3）n 阶实对称矩阵 $\boldsymbol{A}$ 负定$\Leftrightarrow$存在 n 阶实可逆矩阵 $\boldsymbol{C}$，使得 $\boldsymbol{A}=-\boldsymbol{C}^{\mathrm{T}}\boldsymbol{C}$.

（4）n 阶实对称矩阵 $\boldsymbol{A}$ 负定$\Leftrightarrow\boldsymbol{A}$ 的奇数阶顺序主子式小于零，偶数阶顺序主子式大于零，即

$$(-1)^k\begin{vmatrix} a_{11} & a_{12} & \cdots & a_{1k} \\ a_{21} & a_{22} & \cdots & a_{2k} \\ \vdots & \vdots & & \vdots \\ a_{k1} & a_{k2} & \cdots & a_{kk} \end{vmatrix}>0\quad(k=1,2,\cdots,n).$$

（5）n 阶实对称矩阵 $\boldsymbol{A}$ 负定$\Leftrightarrow\boldsymbol{A}$ 的特征值都小于零．

典型例题解析

题型1　二次型的矩阵表示

正确写出二次型的矩阵是化简二次型的基础．对于含 n 个变元的二次型 $f(x_1,x_2,\cdots,x_n)$，可以按下述方法得到二次型的矩阵 $\boldsymbol{A}=(a_{ij})_{n\times n}$：

$\boldsymbol{A}$ 的主对角线上的元素依次为二次型的平方项 x_1^2，x_2^2，…，x_n^2 的系数，而 $\boldsymbol{A}$ 的第 i 行第 j 列元素 a_{ij}（$i<j$）是交叉项 x_ix_j 的系数的一半，再取 $a_{ij}=a_{ji}$，即可得到二次型矩阵 $\boldsymbol{A}$.

注意： 一个二次型的矩阵之所以要求是对称矩阵，原因之一是使得二次型矩阵是唯一确定的.

例 1 写出下列二次型的矩阵

（1）$f(x_1,x_2,x_3,x_4)=x_1^2+3x_2^2-x_3^2+2x_1x_2-4x_2x_3+2x_3x_4$；

（2）$f(x_1,x_2,x_3)=(x_1,x_2,x_3)\begin{pmatrix}1&2&3\\4&5&6\\7&8&9\end{pmatrix}\begin{pmatrix}x_1\\x_2\\x_3\end{pmatrix}$.

【解析】（1）由于 $a_{11}=1$，$a_{22}=3$，$a_{33}=-1$，$a_{12}=1$，$a_{23}=-2$，$a_{34}=1$，其余元素为 0，故二次型的矩阵为

$$\boldsymbol{A}=\begin{pmatrix}1&1&0&0\\1&3&-2&0\\0&-2&-1&1\\0&0&1&0\end{pmatrix}.$$

（2）尽管题中二次型写成了矩阵形式，但所给的矩阵不是对称矩阵，因此需要先展开二次型，再写出二次型的矩阵.

$$f(x_1,x_2,x_3)=(x_1,x_2,x_3)\begin{pmatrix}1&2&3\\4&5&6\\7&8&9\end{pmatrix}\begin{pmatrix}x_1\\x_2\\x_3\end{pmatrix}=x_1^2+5x_2^2+9x_3^2+6x_1x_2+10x_1x_3+14x_2x_3,$$

故二次型的矩阵为

$$\boldsymbol{A}=\begin{pmatrix}1&3&5\\3&5&7\\5&7&9\end{pmatrix}.$$

例 2 二次型 $f(x_1,x_2,x_3)=(x_1+x_2)^2+(x_2-x_3)^2+(x_3+x_1)^2$ 的秩为________.

【解析】 二次型 f 的矩阵

$$\boldsymbol{A}=\begin{pmatrix}2&1&1\\1&2&-1\\1&-1&2\end{pmatrix},$$

可求得 $r(\boldsymbol{A})=2$，所以二次型的秩为 2.

题型 2 用正交变换化二次型为标准形

例 3 求一正交变换，化二次型

$$f(x_1,x_2,x_3)=x_1^2+4x_2^2+4x_3^2-4x_1x_2+4x_1x_3-8x_2x_3$$

为标准形.

【解析】 二次型的矩阵 $\boldsymbol{A}=\begin{pmatrix}1&-2&2\\-2&4&-4\\2&-4&4\end{pmatrix}$. $\boldsymbol{A}$ 的特征多项式为

$$|\boldsymbol{A}-\lambda\boldsymbol{E}|=\begin{vmatrix}1-\lambda & -2 & 2\\ -2 & 4-\lambda & -4\\ 2 & -4 & 4-\lambda\end{vmatrix}=-\lambda^2(\lambda-9),$$

所以 $\boldsymbol{A}$ 的特征值为 $\lambda_1=\lambda_2=0$，$\lambda_3=9$.

可求得对应 $\lambda_1=\lambda_2=0$ 的特征向量为

$$\boldsymbol{p}_1=(2,1,0)^{\mathrm{T}},\boldsymbol{p}_2=(-2,0,1)^{\mathrm{T}},$$

将其正交化

$$\boldsymbol{\alpha}_1=\boldsymbol{p}_1=(2,1,0)^{\mathrm{T}},\boldsymbol{\alpha}_2=\boldsymbol{p}_2-\frac{[\boldsymbol{p}_2,\boldsymbol{\alpha}_1]}{[\boldsymbol{\alpha}_1,\boldsymbol{\alpha}_1]}\boldsymbol{\alpha}_1=\left(-\frac{2}{5},\frac{4}{5},1\right)^{\mathrm{T}},$$

再单位化

$$\boldsymbol{q}_1=\frac{1}{\sqrt{5}}(2,1,0)^{\mathrm{T}},\boldsymbol{q}_2=\left(-\frac{2}{3\sqrt{5}},\frac{4}{3\sqrt{5}},\frac{5}{3\sqrt{5}}\right)^{\mathrm{T}},$$

又对应 $\lambda_3=9$ 的特征向量为 $\boldsymbol{p}_3=(1,-2,2)^{\mathrm{T}}$，单位化得 $\boldsymbol{q}_3=\frac{1}{3}(1,-2,2)^{\mathrm{T}}$.

故正交矩阵

$$\boldsymbol{Q}=(\boldsymbol{q}_1,\boldsymbol{q}_2,\boldsymbol{q}_3)=\begin{pmatrix}\frac{2}{\sqrt{5}} & -\frac{2}{3\sqrt{5}} & \frac{1}{3}\\ \frac{1}{\sqrt{5}} & \frac{4}{3\sqrt{5}} & -\frac{2}{3}\\ 0 & \frac{5}{3\sqrt{5}} & \frac{2}{3}\end{pmatrix},$$

作正交变换 $\boldsymbol{x}=\boldsymbol{Q}\boldsymbol{y}$，则该变换将 f 化为标准形为 $f=9y_3^2$.

例 4　二次型 $f(x_1,x_2,x_3)=a(x_1^2+x_2^2+x_3^2)+4x_1x_2+4x_1x_3+4x_2x_3$ 经正交变换 $\boldsymbol{x}=\boldsymbol{Q}\boldsymbol{y}$ 可化为标准形 $f=6y_1^2$，则 $a=$________.

【解析】　二次型 f 的矩阵

$$\boldsymbol{A}=\begin{pmatrix}a & 2 & 2\\ 2 & a & 2\\ 2 & 2 & a\end{pmatrix},$$

且矩阵 $\boldsymbol{A}$ 的特征值为 6，0，0. 于是 $3a=6$，解得 $a=2$.

例 5　设二次型 $f(x_1,x_2,x_3)=\boldsymbol{x}^{\mathrm{T}}\boldsymbol{A}\boldsymbol{x}=ax_1^2+2x_2^2-2x_3^2+2bx_1x_3\,(b>0)$，其中二次型的矩阵 $\boldsymbol{A}$ 的特征值之和为 1，特征值之积为 -12.

（1）求 a，b 的值；

（2）利用正交变换将二次型 f 化为标准形，并写出所用的正交变换和对应的正交矩阵.

【解析】　（1）二次型 f 的矩阵

$$\boldsymbol{A}=\begin{pmatrix}a & 0 & b\\ 0 & 2 & 0\\ b & 0 & -2\end{pmatrix},$$

设 $\boldsymbol{A}$ 的特征值为 λ_1，λ_2，λ_3，由题设得

$$\lambda_1+\lambda_2+\lambda_3=a+2+(-2)=1,$$

$$\lambda_1\lambda_2\lambda_3 = |\boldsymbol{A}| = -4a-2b^2 = -12,$$

解得 $a=1$，$b=2$.

（2）由（1）得，$\boldsymbol{A}$ 的特征多项式为

$$|\boldsymbol{A}-\lambda\boldsymbol{E}| = \begin{vmatrix} 1-\lambda & 0 & 2 \\ 0 & 2-\lambda & 0 \\ 2 & 0 & -2-\lambda \end{vmatrix} = -(\lambda-2)^2(\lambda+3),$$

所以 $\boldsymbol{A}$ 的特征值为 $\lambda_1=\lambda_2=2$，$\lambda_3=-3$.

可求得对应 $\lambda_1=\lambda_2=2$ 的特征向量为

$$\boldsymbol{p}_1=(2,0,1)^{\mathrm{T}},\boldsymbol{p}_2=(0,1,0)^{\mathrm{T}},$$

再单位化

$$\boldsymbol{q}_1=\frac{1}{\sqrt{5}}(2,0,1)^{\mathrm{T}},\boldsymbol{q}_2=(0,1,0)^{\mathrm{T}},$$

又由对应 $\lambda_3=-3$ 的特征向量为$\boldsymbol{p}_3=(1,0,-2)^{\mathrm{T}}$，单位化得$\boldsymbol{q}_3=\frac{1}{\sqrt{5}}(1,0,-2)^{\mathrm{T}}$.

故正交矩阵

$$\boldsymbol{Q}=(\boldsymbol{q}_1,\boldsymbol{q}_2,\boldsymbol{q}_3)=\begin{pmatrix} \frac{2}{\sqrt{5}} & 0 & \frac{1}{\sqrt{5}} \\ 0 & 1 & 0 \\ \frac{1}{\sqrt{5}} & 0 & -\frac{2}{\sqrt{5}} \end{pmatrix},$$

作正交变换 $\boldsymbol{x}=\boldsymbol{Q}\boldsymbol{y}$，则该变换将 f 化为标准形为 $f=2y_1^2+2y_2^2-3y_3^2$.

题型 3 用配方法化二次型为标准形

用配方法化二次型为标准形的线性变换是可逆的.

例 6 用配方法将二次型

$$f(x_1,x_2,x_3)=x_1^2+2x_2^2+5x_3^2+2x_1x_2+2x_1x_3+6x_2x_3$$

化为标准形.

【解析】 由于二次型既有平方项，又有交叉项，可直接配方.

$$\begin{aligned} f(x_1,x_2,x_3) &= x_1^2+2x_1(x_2+x_3)+2x_2^2+5x_3^2+6x_2x_3 \\ &= x_1^2+2x_1(x_2+x_3)+(x_2+x_3)^2+x_2^2+4x_3^2+4x_2x_3 \\ &= (x_1+x_2+x_3)^2+(x_2+2x_3)^2 \end{aligned}$$

令$\begin{cases} y_1=x_1+x_2+x_3 \\ y_2=x_2+2x_3 \\ y_3=x_3 \end{cases}$，解得$\begin{cases} x_1=y_1-y_2+y_3 \\ x_2=y_2-2y_3 \\ x_3=y_3 \end{cases}$，即通过可逆线性变换

$$\begin{pmatrix} x_1 \\ x_2 \\ x_3 \end{pmatrix}=\begin{pmatrix} 1 & -1 & 1 \\ 0 & 1 & -2 \\ 0 & 0 & 1 \end{pmatrix}\begin{pmatrix} y_1 \\ y_2 \\ y_3 \end{pmatrix},$$

可将二次型 f 化为标准形为 $f=y_1^2+y_2^2$.

例 7 用配方法将二次型 $f(x_1,x_2,x_3)=x_1x_2+x_1x_3+x_2x_3$ 化为标准形.

【解析】 由于所给二次型没有平方项，故令$\begin{cases}x_1=y_1-y_2\\x_2=y_1+y_2\\x_3=y_3\end{cases}$，得

$$\begin{aligned}f&=(y_1-y_2)(y_1+y_2)+(y_1-y_2)y_3+(y_1+y_2)y_3\\&=y_1^2-y_2^2+2y_1y_3\\&=y_1^2+2y_1y_3+y_3^2-y_2^2-y_3^2\\&=(y_1+y_3)^2-y_2^2-y_3^2\end{aligned}$$

令$\begin{cases}z_1=y_1+y_3\\z_2=y_2\\z_3=y_3\end{cases}$，解得$\begin{cases}y_1=z_1-z_3\\y_2=z_2\\y_3=z_3\end{cases}$，得标准形$f=z_1^2-z_2^2-z_3^2$.

所用的可逆线性变换为

$$\begin{cases}x_1=z_1-z_2-z_3\\x_2=z_1+z_2-z_3,\\x_3=z_3\end{cases}\quad 即\begin{pmatrix}x_1\\x_2\\x_3\end{pmatrix}=\begin{pmatrix}1&-1&-1\\1&1&-1\\0&0&1\end{pmatrix}\begin{pmatrix}z_1\\z_2\\z_3\end{pmatrix}.$$

题型4 矩阵合同的判定与求法

两个n阶实对称矩阵在实数域上合同⇔二者有相同的秩与正（或负）惯性指数.

例8 与矩阵$\boldsymbol{A}=\begin{pmatrix}1&0&0\\0&-1&2\\0&2&2\end{pmatrix}$合同的矩阵是(　　).

(A) $\begin{pmatrix}1&&\\&-1&\\&&0\end{pmatrix}$　　(B) $\begin{pmatrix}1&&\\&1&\\&&-1\end{pmatrix}$

(C) $\begin{pmatrix}1&&\\&-1&\\&&-1\end{pmatrix}$　　(D) $\begin{pmatrix}-1&&\\&-1&\\&&0\end{pmatrix}$

【解析】 由于$|\boldsymbol{A}-\lambda\boldsymbol{E}|=-(\lambda-1)(\lambda-3)(\lambda+2)$，解得$\boldsymbol{A}$的特征值为1，3，$-2$，从而$\boldsymbol{A}$的秩为3且正惯性指数为2，故选（B）.

例9 设$\boldsymbol{A}=\begin{pmatrix}1&1&1&1\\1&1&1&1\\1&1&1&1\\1&1&1&1\end{pmatrix}$，$\boldsymbol{B}=\begin{pmatrix}4&&&\\&0&&\\&&0&\\&&&0\end{pmatrix}$，则$\boldsymbol{A}$与$\boldsymbol{B}$(　　).

(A) 合同且相似　　(B) 合同但不相似

(C) 不合同但相似　　(D) 不合同且不相似

【解析】 易知$\boldsymbol{A}$，$\boldsymbol{B}$的特征值均为4，0，0，0，且$\boldsymbol{A}$，$\boldsymbol{B}$均为实对称矩阵，故存在正交矩阵$\boldsymbol{P}$，$\boldsymbol{Q}$，使得

$$\boldsymbol{P}^{-1}\boldsymbol{AP}=\boldsymbol{P}^{\mathrm{T}}\boldsymbol{AP}=\mathbf{diag}(4,0,0,0),$$
$$\boldsymbol{Q}^{-1}\boldsymbol{AQ}=\boldsymbol{Q}^{\mathrm{T}}\boldsymbol{AQ}=\mathbf{diag}(4,0,0,0),$$

由此可见 $\boldsymbol{A}$，$\boldsymbol{B}$ 均合同于同一矩阵，故选（A）.

题型 5 正定矩阵的判定与证明

正定矩阵必须是实对称矩阵，因此在论证之前应注意 $\boldsymbol{A}$ 是否为实对称矩阵，若不是实对称矩阵，根本谈不上正定性.

对于具体给出的实对称矩阵 $\boldsymbol{A}$，判断 $\boldsymbol{A}$ 是否正定，通常是检验 $\boldsymbol{A}$ 的各阶顺序主子式是否都大于零.

对于抽象给出的实对称矩阵 $\boldsymbol{A}$，判断 $\boldsymbol{A}$ 是否正定，通常是利用定义法或特征值法.

例 10 考虑二次型 $f=x_1^2+4x_2^2+4x_3^2+2\lambda x_1x_2-2x_1x_3+4x_2x_3$，问 λ 取何值时，f 为正定二次型？

【解析】 二次型 f 的矩阵为

$$\boldsymbol{A}=\begin{pmatrix}1&\lambda&-1\\\lambda&4&2\\-1&2&4\end{pmatrix},$$

$\boldsymbol{A}$ 的顺序主子式为

$$\Delta_1=1,\Delta_2=4-\lambda^2,\Delta_3=-4(\lambda-1)(\lambda+2),$$

二次型 f 正定的充分必要条件是：$\Delta_1>0$，$\Delta_2>0$，$\Delta_3>0$，由此解得 $-2<\lambda<1$.

例 11 设 $\boldsymbol{A}$ 为 n 阶正定矩阵，$\boldsymbol{B}$ 为 n 阶实反对称矩阵．证明：$\boldsymbol{A}-\boldsymbol{B}^2$ 是正定矩阵.

【解析】 因为 $\boldsymbol{A}$ 是正定矩阵，所以 $\boldsymbol{A}^{\mathrm{T}}=\boldsymbol{A}$，且对任意 n 维实列向量 $\boldsymbol{x}\neq\boldsymbol{0}$，有 $\boldsymbol{x}^{\mathrm{T}}\boldsymbol{A}\boldsymbol{x}>0$. 又 $\boldsymbol{B}$ 是实反对称矩阵，即 $\boldsymbol{B}^{\mathrm{T}}=-\boldsymbol{B}$，从而有

$$(\boldsymbol{A}-\boldsymbol{B}^2)^{\mathrm{T}}=\boldsymbol{A}^{\mathrm{T}}-(\boldsymbol{B}^{\mathrm{T}})^2=\boldsymbol{A}-(-\boldsymbol{B})^2=\boldsymbol{A}-\boldsymbol{B}^2,$$

即 $\boldsymbol{A}-\boldsymbol{B}^2$ 是实对称矩阵．又对任意 n 维实列向量 $\boldsymbol{x}\neq\boldsymbol{0}$，有

$$\boldsymbol{x}^{\mathrm{T}}(\boldsymbol{A}-\boldsymbol{B}^2)\boldsymbol{x}=\boldsymbol{x}^{\mathrm{T}}(\boldsymbol{A}+\boldsymbol{B}^{\mathrm{T}}\boldsymbol{B})\boldsymbol{x}=\boldsymbol{x}^{\mathrm{T}}\boldsymbol{A}\boldsymbol{x}+(\boldsymbol{B}\boldsymbol{x})^{\mathrm{T}}\boldsymbol{B}\boldsymbol{x}>0,$$

故 $\boldsymbol{A}-\boldsymbol{B}^2$ 是正定矩阵.

例 12 设 $\boldsymbol{A}$ 是正定矩阵，则 $\boldsymbol{A}^*$ 也是正定矩阵.

【解析】 因为

$$(\boldsymbol{A}^*)^{\mathrm{T}}=(|\boldsymbol{A}|\boldsymbol{A}^{-1})^{\mathrm{T}}=|\boldsymbol{A}|(\boldsymbol{A}^{-1})^{\mathrm{T}}=|\boldsymbol{A}|(\boldsymbol{A}^{\mathrm{T}})^{-1}=|\boldsymbol{A}|\boldsymbol{A}^{-1}=\boldsymbol{A}^*,$$

所以 $\boldsymbol{A}^*$ 是实对称矩阵．设 λ_1，λ_2，…，λ_n 是 $\boldsymbol{A}$ 的特征值，由 $\boldsymbol{A}$ 正定知 $\lambda_i>0(i=1,2,\cdots,n)$. 而 $\boldsymbol{A}^*$ 的特征值为 $\frac{|\boldsymbol{A}|}{\lambda_1}$，$\frac{|\boldsymbol{A}|}{\lambda_2}$，…，$\frac{|\boldsymbol{A}|}{\lambda_n}$，均大于零，故 $\boldsymbol{A}^*$ 是正定矩阵.

说明： 若 $\boldsymbol{A}$ 是正定矩阵，则 $\boldsymbol{A}^{-1}$ 也是正定矩阵.

题型 6 矩阵的等价、相似、合同

设 $\boldsymbol{A}$ 与 $\boldsymbol{B}$ 是同型矩阵，则

（1）$\boldsymbol{A}$ 与 $\boldsymbol{B}$ 等价 $\Leftrightarrow\boldsymbol{A}$ 经过初等变换得到 $\boldsymbol{B}$；

$\Leftrightarrow\boldsymbol{PAQ}=\boldsymbol{B}$，其中 $\boldsymbol{P}$，$\boldsymbol{Q}$ 可逆；

$\Leftrightarrow r(\boldsymbol{A})=r(\boldsymbol{B})$.

（2）$\boldsymbol{A}$ 与 $\boldsymbol{B}$ 相似 $\Leftrightarrow\boldsymbol{P}^{-1}\boldsymbol{AP}=\boldsymbol{B}$，其中 $\boldsymbol{P}$ 可逆.

（3）$\boldsymbol{A}$ 与 $\boldsymbol{B}$ 合同 $\Leftrightarrow\boldsymbol{C}^{\mathrm{T}}\boldsymbol{AC}=\boldsymbol{B}$，其中 $\boldsymbol{C}$ 可逆；

$\Leftrightarrow\boldsymbol{A}$ 与 $\boldsymbol{B}$ 有相同的秩及正（或负）惯性指数.

例 13 判断矩阵$\boldsymbol{A}=\begin{pmatrix}1&0\\0&2\end{pmatrix}$，$\boldsymbol{B}=\begin{pmatrix}1&0\\0&4\end{pmatrix}$是否等价、相似、合同?

【解析】 因为$r(\boldsymbol{A})=r(\boldsymbol{B})$，所以$\boldsymbol{A}$与$\boldsymbol{B}$等价.

因为$\boldsymbol{A}$与$\boldsymbol{B}$的特征值不相同，所以$\boldsymbol{A}$与$\boldsymbol{B}$不相似.

因为$\boldsymbol{A}$与$\boldsymbol{B}$的正惯性指数均为2，且$r(\boldsymbol{A})=r(\boldsymbol{B})$，所以$\boldsymbol{A}$与$\boldsymbol{B}$合同.

巩固练习

一、填空题

1. 设二次型$f(x_1,x_2,x_3)=\begin{vmatrix}0&x_1&x_2\\x_1&1&2\\x_2&2&3\end{vmatrix}$，则$f$的对应矩阵是________.

2. 已知二次型$f(x_1,x_2,x_3)=5x_1^2+5x_2^2+cx_3^2-2x_1x_2+6x_1x_3-6x_2x_3$的秩为2，则参数$c=$________.

3. 若实对称矩阵$\boldsymbol{A}$与矩阵$\boldsymbol{B}=\begin{pmatrix}1&0&0\\0&0&2\\0&2&0\end{pmatrix}$合同，则二次型$\boldsymbol{x}^{\mathrm{T}}\boldsymbol{A}\boldsymbol{x}$的规范形为________.

4. 二次型$f=x_2^2+2x_1x_3$的负惯性指数为________.

5. 已知$\boldsymbol{A}=\begin{pmatrix}1&&\\&-4&\\&&\frac{1}{9}\end{pmatrix}$合同于$\boldsymbol{B}=\begin{pmatrix}1&&\\&1&\\&&-1\end{pmatrix}$，即存在可逆阵$\boldsymbol{C}$，使得$\boldsymbol{C}^{\mathrm{T}}\boldsymbol{A}\boldsymbol{C}=\boldsymbol{B}$，则$\boldsymbol{C}=$________.

6. 若二次型$f=2x_1^2+x_2^2+x_3^2+2x_1x_2+tx_2x_3$是正定的，则$t$的取值范围是________.

二、选择题

1. 二次型$f(x_1,x_2,x_3)=2x_2^2+2x_3^2+4x_1x_2-4x_1x_3+8x_2x_3$的规范形为(　　).

(A) $y_1^2+y_2^2+y_3^2$　　(B) $y_1^2+y_2^2-y_3^2$

(C) $y_1^2-y_2^2-y_3^2$　　(D) $y_1^2-y_2^2$

2. 设$\boldsymbol{A}=\begin{pmatrix}1&2\\2&1\end{pmatrix}$，则在实数域上与$\boldsymbol{A}$合同的矩阵为(　　).

(A) $\begin{pmatrix}-2&1\\1&-2\end{pmatrix}$　　(B) $\begin{pmatrix}2&-1\\-1&2\end{pmatrix}$　　(C) $\begin{pmatrix}2&1\\1&2\end{pmatrix}$　　(D) $\begin{pmatrix}1&-2\\-2&1\end{pmatrix}$

3. 设$\boldsymbol{A}=\begin{pmatrix}2&-1&-1\\-1&2&-1\\-1&-1&2\end{pmatrix}$，$\boldsymbol{B}=\begin{pmatrix}1&&\\&1&\\&&0\end{pmatrix}$，则$\boldsymbol{A}$与$\boldsymbol{B}$(　　).

(A) 合同且相似　　(B) 合同但不相似

(C) 不合同但相似　　(D) 不合同且不相似

4. 下列矩阵中，正定矩阵是(　　).

(A) $\begin{pmatrix} 4 & 2 & 3 \\ 2 & 2 & 1 \\ 3 & 1 & -1 \end{pmatrix}$　　(B) $\begin{pmatrix} 1 & 2 & 2 \\ 2 & 1 & 2 \\ 2 & 2 & 4 \end{pmatrix}$

(C) $\begin{pmatrix} 1 & 2 & 2 \\ 2 & 1 & 0 \\ 2 & 0 & 2 \end{pmatrix}$　　(D) $\begin{pmatrix} 3 & 0 & 1 \\ 0 & 2 & 1 \\ 1 & 1 & 2 \end{pmatrix}$

5. 设实二次型$f(x_1,x_2,\cdots,x_n)=\boldsymbol{x}^{\mathrm{T}}\boldsymbol{A}\boldsymbol{x}$，其中$\boldsymbol{A}=(a_{ij})_{n\times n}$是实对称矩阵，则$f$为正定二次型的充分必要条件是(　　).

(A) 存在正交矩阵$\boldsymbol{P}$，使得$\boldsymbol{P}^{\mathrm{T}}\boldsymbol{A}\boldsymbol{P}=\boldsymbol{E}$　　(B) $\boldsymbol{A}$与单位矩阵$\boldsymbol{E}$合同

(C) 存在n阶矩阵$\boldsymbol{C}$，使得$\boldsymbol{A}=\boldsymbol{C}^{\mathrm{T}}\boldsymbol{C}$　　(D) f的负惯性指数为零

三、解答题

1. 求一正交变换，将二次型

$$f(x_1,x_2,x_3)=x_1^2-2x_2^2-2x_3^2-4x_1x_2+4x_1x_3+8x_2x_3$$

化为标准形.

2. 利用配平方法化二次型$f(x_1,x_2,x_3)=x_1^2+4x_3^2+4x_1x_3-2x_2x_3$化为标准形，并写出所用的可逆线性变换和标准形.

3. 设二次型$f(x_1,x_2,x_3)=x_1^2+x_2^2+x_3^2+2ax_1x_2+2x_1x_3+2bx_2x_3$，通过正交变换化为标准形$f=y_2^2+2y_3^2$，试求参数$a$，$b$及所用的正交变换的矩阵.

4. 已知实对称矩阵$\boldsymbol{A}=\begin{pmatrix} 2 & -2 & 0 \\ -2 & 1 & -2 \\ 0 & -2 & 0 \end{pmatrix}$，求可逆矩阵$\boldsymbol{P}$，使得$\boldsymbol{P}^{\mathrm{T}}\boldsymbol{A}\boldsymbol{P}$为对角矩阵.

5. 判断n元二次型$f=\sum\limits_{i=1}^{n}x_i^2+\sum\limits_{1\leqslant i<j\leqslant n}x_ix_j$的正定性.

6. 已知$\boldsymbol{A}$与$\boldsymbol{A}-\boldsymbol{E}$均是$n$阶正定矩阵，证明：$\boldsymbol{E}-\boldsymbol{A}^{-1}$是正定矩阵.

7. 判断矩阵$\boldsymbol{A}=\begin{pmatrix} 1 & 1 & 1 \\ 1 & 1 & 1 \\ 1 & 1 & 1 \end{pmatrix}$，$\boldsymbol{B}=\begin{pmatrix} 3 & & \\ & 0 & \\ & & 0 \end{pmatrix}$是否等价、相似、合同?

考研真题解析篇

专题1　行列式的计算

一、数值型行列式的计算

1. （2014年，数学一，二，三）行列式 $\begin{vmatrix} 0 & a & b & 0 \\ a & 0 & 0 & b \\ 0 & c & d & 0 \\ c & 0 & 0 & d \end{vmatrix} = (\quad)$.

（A）$(ad-bc)^2$　　（B）$-(ad-bc)^2$

（C）$a^2d^2-b^2c^2$　　（D）$-a^2d^2+b^2c^2$

【解析】 将行列式按第4行展开得

$$\begin{vmatrix} 0 & a & b & 0 \\ a & 0 & 0 & b \\ 0 & c & d & 0 \\ c & 0 & 0 & d \end{vmatrix} = c(-1)^{4+1}\begin{vmatrix} a & b & 0 \\ 0 & 0 & b \\ c & d & 0 \end{vmatrix} + d(-1)^{4+4}\begin{vmatrix} 0 & a & b \\ a & 0 & 0 \\ 0 & c & d \end{vmatrix}$$

$$= -c\cdot b(-1)^{2+3}\begin{vmatrix} a & b \\ c & d \end{vmatrix} + d\cdot a\cdot(-1)^{2+1}\begin{vmatrix} a & b \\ c & d \end{vmatrix}$$

$$=(ad-bc)\cdot bc-ad(ad-bc)$$

$$=(ad-bc)(bc-ad)=-(ad-bc)^2,$$

故选（B）.

2. （2015年，数学一）n 阶行列式 $\begin{vmatrix} 2 & 0 & \cdots & 0 & 2 \\ -1 & 2 & \cdots & 0 & 2 \\ \vdots & \vdots & & \vdots & \vdots \\ 0 & 0 & \cdots & 2 & 2 \\ 0 & 0 & \cdots & -1 & 2 \end{vmatrix} =$ ________.

【解析】 将行列式按第1行展开得

$$D_n = \begin{vmatrix} 2 & 0 & \cdots & 0 & 2 \\ -1 & 2 & \cdots & 0 & 2 \\ \vdots & \vdots & & \vdots & \vdots \\ 0 & 0 & \cdots & 2 & 2 \\ 0 & 0 & \cdots & -1 & 2 \end{vmatrix} = 2D_{n-1}+(-1)^{n+1}\cdot 2\cdot(-1)^{n-1}=2D_{n-1}+2$$

$$=2(2D_{n-2}+2)+2=2^2D_{n-2}+2^2+2$$
$$=\cdots=2^{n-1}D_1+2^{n-1}+\cdots+2^2+2$$
$$=2^n+2^{n-1}+\cdots+2=2^{n+1}-2.$$

3. (2016 年，数学一，三) 行列式 $\begin{vmatrix} \lambda & -1 & 0 & 0 \\ 0 & \lambda & -1 & 0 \\ 0 & 0 & \lambda & -1 \\ 4 & 3 & 2 & \lambda+1 \end{vmatrix}=$ ________.

【解析】 将行列式按第 1 列展开得

$$D_4=\begin{vmatrix} \lambda & -1 & 0 & 0 \\ 0 & \lambda & -1 & 0 \\ 0 & 0 & \lambda & -1 \\ 4 & 3 & 2 & \lambda+1 \end{vmatrix}=\lambda D_3+4\cdot(-1)^{4+1}\cdot(-1)^3=\lambda D_3+4,$$

同理 $D_3=\lambda D_2+3$，所以

$$D_4=\lambda D_3+4=\lambda(\lambda D_2+3)+4=\lambda^2D_2+3\lambda+4=\lambda^2\begin{vmatrix} \lambda & -1 \\ 2 & \lambda+1 \end{vmatrix}+3\lambda+4$$
$$=\lambda^2(\lambda^2+\lambda+2)+3\lambda+4=\lambda^4+\lambda^3+2\lambda^2+3\lambda+4.$$

4. (2019 年，数学二) 已知矩阵 $\boldsymbol{A}=\begin{pmatrix} 1 & -1 & 0 & 0 \\ -2 & 1 & -1 & 1 \\ 3 & -2 & 2 & -1 \\ 0 & 0 & 3 & 4 \end{pmatrix}$，$A_{ij}$表示 $|\boldsymbol{A}|$ 中 (i,j) 元的代数余子式，则 $A_{11}-A_{12}=$ ________.

【解析】 将行列式 $|\boldsymbol{A}|$ 的第 1 行所有元素依次换为 1，-1，0，0，得

$$A_{11}-A_{12}=\begin{vmatrix} 1 & -1 & 0 & 0 \\ -2 & 1 & -1 & 1 \\ 3 & -2 & 2 & -1 \\ 0 & 0 & 3 & 4 \end{vmatrix}=\begin{vmatrix} 1 & -1 & 0 & 0 \\ 0 & -1 & -1 & 1 \\ 0 & 1 & 2 & -1 \\ 0 & 0 & 3 & 4 \end{vmatrix}=\begin{vmatrix} -1 & -1 & 1 \\ 1 & 2 & -1 \\ 0 & 3 & 4 \end{vmatrix}$$
$$=\begin{vmatrix} -1 & -1 & 1 \\ 0 & 1 & 0 \\ 0 & 3 & 4 \end{vmatrix}=-4.$$

二、抽象型行列式的计算

5. (2010 年，数学二，三) 设 $\boldsymbol{A}$，$\boldsymbol{B}$ 为 3 阶矩阵，且 $|\boldsymbol{A}|=3$，$|\boldsymbol{B}|=2$，$|\boldsymbol{A}^{-1}+\boldsymbol{B}|=2$，则 $|\boldsymbol{A}+\boldsymbol{B}^{-1}|=$ ________.

【解析】 因为 $\boldsymbol{A}(\boldsymbol{A}^{-1}+\boldsymbol{B})\boldsymbol{B}^{-1}=(\boldsymbol{E}+\boldsymbol{AB})\boldsymbol{B}^{-1}=\boldsymbol{B}^{-1}+\boldsymbol{A}$，所以

$$|\boldsymbol{A}+\boldsymbol{B}^{-1}|=|\boldsymbol{A}(\boldsymbol{A}^{-1}+\boldsymbol{B})\boldsymbol{B}^{-1}|=|\boldsymbol{A}||\boldsymbol{A}^{-1}+\boldsymbol{B}||\boldsymbol{B}^{-1}|,$$

又 $|\boldsymbol{B}|=2$，故 $|\boldsymbol{B}^{-1}|=\dfrac{1}{|\boldsymbol{B}|}=\dfrac{1}{2}$，因此

$$|\boldsymbol{A}+\boldsymbol{B}^{-1}|=|\boldsymbol{A}||\boldsymbol{A}^{-1}+\boldsymbol{B}||\boldsymbol{B}^{-1}|=3\cdot2\cdot\frac{1}{2}=3.$$

6.（2012年，数学二，三）设$\boldsymbol{A}$为三阶矩阵，$|\boldsymbol{A}|=3$，$\boldsymbol{A}^*$为$\boldsymbol{A}$的伴随矩阵，若交换$\boldsymbol{A}$的第1行与第2行得矩阵$\boldsymbol{B}$，则$|\boldsymbol{BA}^*|=$________.

【解析】 设$\boldsymbol{P}=\begin{pmatrix}0&1&0\\1&0&0\\0&0&1\end{pmatrix}$，则$|\boldsymbol{P}|=-1$. 因为$\boldsymbol{B}$是由$\boldsymbol{A}$的第1行和第2行交换所得，所以$\boldsymbol{B}=\boldsymbol{PA}$，因此

$$|\boldsymbol{BA}^*|=|\boldsymbol{PAA}^*|=|\boldsymbol{P}|\boldsymbol{A}|\cdot\boldsymbol{E}|=|\boldsymbol{A}|^3\cdot|\boldsymbol{P}|=-27.$$

7.（2013年，数学一，二，三）设$\boldsymbol{A}=(a_{ij})$是三阶非零矩阵，$|\boldsymbol{A}|$为$\boldsymbol{A}$的行列式，A_{ij}为a_{ij}的代数余子式，若$a_{ij}+A_{ij}=0(i,j=1,2,3)$，则$|\boldsymbol{A}|=$________.

【解析】 因为$a_{ij}+A_{ij}=0$，所以$A_{ij}=-a_{ij}(i,j=1,2,3)$，故

$$|\boldsymbol{A}|=a_{i1}A_{i1}+a_{i2}A_{i2}+a_{i3}A_{i3}=-(a_{i1}^2+a_{i2}^2+a_{i3}^2).$$

又

$$\boldsymbol{A}^*=\begin{pmatrix}A_{11}&A_{21}&A_{31}\\A_{12}&A_{22}&A_{32}\\A_{13}&A_{23}&A_{33}\end{pmatrix}=\begin{pmatrix}-a_{11}&-a_{21}&-a_{31}\\-a_{12}&-a_{22}&-a_{32}\\-a_{13}&-a_{23}&-a_{33}\end{pmatrix}=-\boldsymbol{A}^{\mathrm{T}},$$

$$|\boldsymbol{A}^*|=|-\boldsymbol{A}^{\mathrm{T}}|=(-1)^3|\boldsymbol{A}^{\mathrm{T}}|=-|\boldsymbol{A}|,$$

而$|\boldsymbol{A}^*|=|\boldsymbol{A}|^{3-1}=|\boldsymbol{A}|^2$，于是有$|\boldsymbol{A}|^2=-|\boldsymbol{A}|$，解得$|\boldsymbol{A}|=-1$或$|\boldsymbol{A}|=0$.
注意到$\boldsymbol{A}=(a_{ij})$是三阶非零矩阵，所以$|\boldsymbol{A}|=-(a_{i1}^2+a_{i2}^2+a_{i3}^2)\neq0$，因此$|\boldsymbol{A}|=-1$.

8.（2015年，数学二，三）设3阶矩阵$\boldsymbol{A}$的特征值为2，-2，1，$\boldsymbol{B}=\boldsymbol{A}^2-\boldsymbol{A}+\boldsymbol{E}$，其中$\boldsymbol{E}$为3阶单位矩阵，则行列式$|\boldsymbol{B}|=$________.

【解析】 因为$\boldsymbol{A}$的特征值为2，-2，1，所以$\boldsymbol{B}$的特征值为3，7，1，故

$$|\boldsymbol{B}|=3\cdot7\cdot1=21.$$

9.（2018年，数学一）二阶矩阵$\boldsymbol{A}$有两个不同特征值，$\boldsymbol{\alpha}_1$，$\boldsymbol{\alpha}_2$是$\boldsymbol{A}$的线性无关的特征向量，且$\boldsymbol{A}^2(\boldsymbol{\alpha}_1+\boldsymbol{\alpha}_2)=\boldsymbol{\alpha}_1+\boldsymbol{\alpha}_2$，则$|\boldsymbol{A}|=$________.

【解析】 设$\boldsymbol{A\alpha}_1=\lambda_1\boldsymbol{\alpha}_1$，$\boldsymbol{A\alpha}_2=\lambda_2\boldsymbol{\alpha}_2$，则$\boldsymbol{A}(\boldsymbol{\alpha}_1+\boldsymbol{\alpha}_2)=\lambda_1\boldsymbol{\alpha}_1+\lambda_2\boldsymbol{\alpha}_2$. 于是有

$$\boldsymbol{A}^2(\boldsymbol{\alpha}_1+\boldsymbol{\alpha}_2)=\boldsymbol{A}(\lambda_1\boldsymbol{\alpha}_1+\lambda_2\boldsymbol{\alpha}_2)=\lambda_1^2\boldsymbol{\alpha}_1+\lambda_2^2\boldsymbol{\alpha}_2=\boldsymbol{\alpha}_1+\boldsymbol{\alpha}_2,$$

即$(\lambda_1^2-1)\boldsymbol{\alpha}_1+(\lambda_2^2-1)\boldsymbol{\alpha}_2=\boldsymbol{0}$. 注意到$\boldsymbol{\alpha}_1$，$\boldsymbol{\alpha}_2$是$\boldsymbol{A}$的线性无关的特征向量，所以

$$\lambda_1^2-1=\lambda_2^2-1=0,$$

从而解得$\lambda_1=\pm1$，$\lambda_2=\pm1$. 又$\lambda_1\neq\lambda_2$，所以$\boldsymbol{A}$的特征值必为-1，1，因此$|\boldsymbol{A}|=-1$.

专题2 矩　　阵

一、可逆矩阵

1. （2017 年，数学一，三）设 $\boldsymbol{\alpha}$ 为 n 维单位列向量，$\boldsymbol{E}$ 为 n 阶单位矩阵，则（　　）.

（A）$\boldsymbol{E}-\boldsymbol{\alpha}\boldsymbol{\alpha}^{\mathrm{T}}$ 不可逆　　（B）$\boldsymbol{E}+\boldsymbol{\alpha}\boldsymbol{\alpha}^{\mathrm{T}}$ 不可逆

（C）$\boldsymbol{E}+2\boldsymbol{\alpha}\boldsymbol{\alpha}^{\mathrm{T}}$ 不可逆　　（D）$\boldsymbol{E}-2\boldsymbol{\alpha}\boldsymbol{\alpha}^{\mathrm{T}}$ 不可逆

【解析】 因为 $(\boldsymbol{E}-\boldsymbol{\alpha}\boldsymbol{\alpha}^{\mathrm{T}})\boldsymbol{\alpha}=\boldsymbol{0}$，所以方程组 $(\boldsymbol{E}-\boldsymbol{\alpha}\boldsymbol{\alpha}^{\mathrm{T}})x=\boldsymbol{0}$ 有非零解，故 $|\boldsymbol{E}-\boldsymbol{\alpha}\boldsymbol{\alpha}^{\mathrm{T}}|=0$，即 $\boldsymbol{E}-\boldsymbol{\alpha}\boldsymbol{\alpha}^{\mathrm{T}}$ 不可逆，故选（A）.

二、初等变换

2. （2011 年，数学一，二，三）设 $\boldsymbol{A}$ 为三阶矩阵，将 $\boldsymbol{A}$ 的第二列加到第一列得到矩阵 $\boldsymbol{B}$，再交换 $\boldsymbol{B}$ 的第二行与第三行得到单位阵，记 $\boldsymbol{P}_1=\begin{pmatrix}1&0&0\\1&1&0\\0&0&1\end{pmatrix}$，$\boldsymbol{P}_2=\begin{pmatrix}1&0&0\\0&0&1\\0&1&0\end{pmatrix}$，则 $\boldsymbol{A}=$（　　）.

（A）$\boldsymbol{P}_1\boldsymbol{P}_2$　　（B）$\boldsymbol{P}_1^{-1}\boldsymbol{P}_2$　　（C）$\boldsymbol{P}_2\boldsymbol{P}_1$　　（D）$\boldsymbol{P}_2\boldsymbol{P}_1^{-1}$

【解析】 由初等变换及初等矩阵的性质，易知 $\boldsymbol{P}_2\boldsymbol{A}\boldsymbol{P}_1=\boldsymbol{E}$，从而有 $\boldsymbol{A}=\boldsymbol{P}_2^{-1}\boldsymbol{P}_1^{-1}=\boldsymbol{P}_2\boldsymbol{P}_1^{-1}$，故选（D）.

3. （2016 年，数学二）设矩阵 $\begin{pmatrix}a&-1&-1\\-1&a&-1\\-1&-1&a\end{pmatrix}$ 与 $\begin{pmatrix}1&1&0\\0&-1&1\\1&0&1\end{pmatrix}$ 等价，则 $a=$________.

【解析】 因为 $\boldsymbol{A}=\begin{pmatrix}a&-1&-1\\-1&a&-1\\-1&-1&a\end{pmatrix}$ 与 $\boldsymbol{B}=\begin{pmatrix}1&1&0\\0&-1&1\\1&0&1\end{pmatrix}$ 等价，所以 $r(\boldsymbol{A})=r(\boldsymbol{B})$. 又

$$\boldsymbol{B}=\begin{pmatrix}1&1&0\\0&-1&1\\1&0&1\end{pmatrix}\to\begin{pmatrix}1&1&0\\0&-1&1\\0&-1&1\end{pmatrix}\to\begin{pmatrix}1&1&0\\0&-1&1\\0&0&0\end{pmatrix},$$

故 $r(\boldsymbol{B})=2$. 从而有 $r(\boldsymbol{A})=2$，进而得到 $|\boldsymbol{A}|=0$，即

$$\begin{vmatrix}a&-1&-1\\-1&a&-1\\-1&-1&a\end{vmatrix}=-(a+1)^2(a-2)=0,$$

解得 $a=2$ 或 $a=-1$. 但是当 $a=-1$ 时，$r(\boldsymbol{A})=1$，不符题意，故舍去，因此 $a=2$.

三、矩阵方程

4. （2015 年，数学二，三）设矩阵 $\boldsymbol{A}=\begin{pmatrix}a&1&0\\1&a&-1\\0&1&a\end{pmatrix}$，且 $\boldsymbol{A}^3=\boldsymbol{O}$.

（Ⅰ）求 a 的值；

（Ⅱ）若矩阵 $\boldsymbol{X}$ 满足 $\boldsymbol{X}-\boldsymbol{X}\boldsymbol{A}^2-\boldsymbol{A}\boldsymbol{X}+\boldsymbol{A}\boldsymbol{X}\boldsymbol{A}^2=\boldsymbol{E}$，其中 $\boldsymbol{E}$ 为三阶单位矩阵，求 $\boldsymbol{X}$.

【解析】（Ⅰ）因为 $\boldsymbol{A}^3=\boldsymbol{O}$，所以 $|\boldsymbol{A}|=a^3=0$，解得 $a=0$.

（Ⅱ）因为 $\boldsymbol{X}-\boldsymbol{X}\boldsymbol{A}^2-\boldsymbol{A}\boldsymbol{X}+\boldsymbol{A}\boldsymbol{X}\boldsymbol{A}^2=\boldsymbol{E}$，所以 $(\boldsymbol{E}-\boldsymbol{A})\boldsymbol{X}(\boldsymbol{E}-\boldsymbol{A}^2)=\boldsymbol{E}$. 由（Ⅰ）知

$$\boldsymbol{E}-\boldsymbol{A}=\begin{pmatrix}1&-1&0\\-1&1&1\\0&-1&1\end{pmatrix},\ \boldsymbol{E}-\boldsymbol{A}^2=\begin{pmatrix}0&0&1\\0&1&0\\-1&0&2\end{pmatrix}.$$

容易验证 $\boldsymbol{E}-\boldsymbol{A}$ 与 $\boldsymbol{E}-\boldsymbol{A}^2$ 均可逆，因此

$$\boldsymbol{X}=(\boldsymbol{E}-\boldsymbol{A})^{-1}(\boldsymbol{E}-\boldsymbol{A}^2)^{-1}=\begin{pmatrix}2&1&-1\\1&1&-1\\1&1&0\end{pmatrix}\begin{pmatrix}2&0&-1\\0&1&0\\1&0&0\end{pmatrix}=\begin{pmatrix}3&1&-2\\1&1&-1\\2&1&-1\end{pmatrix}.$$

5. （2018 年，数学一，二，三）已知 a 是常数，且矩阵 $\boldsymbol{A}=\begin{pmatrix}1&2&a\\1&3&0\\2&7&-a\end{pmatrix}$ 可经初等变换化为矩阵 $\boldsymbol{B}=\begin{pmatrix}1&a&2\\0&1&1\\-1&1&1\end{pmatrix}$.

（Ⅰ）求 a；

（Ⅱ）求满足 $\boldsymbol{AP}=\boldsymbol{B}$ 的可逆矩阵 $\boldsymbol{P}$.

【解析】（Ⅰ）因为 $\boldsymbol{A}$ 与 $\boldsymbol{B}$ 等价，所以 $r(\boldsymbol{A})=r(\boldsymbol{B})$. 又

$$\boldsymbol{A}=\begin{pmatrix}1&2&a\\1&3&0\\2&7&-a\end{pmatrix}\to\begin{pmatrix}1&2&a\\0&1&-a\\0&3&-3a\end{pmatrix}\to\begin{pmatrix}1&2&a\\0&1&-a\\0&0&0\end{pmatrix},$$

$$\boldsymbol{B}=\begin{pmatrix}1&a&2\\0&1&1\\-1&1&1\end{pmatrix}\to\begin{pmatrix}1&a&2\\0&1&1\\0&a+1&3\end{pmatrix}\to\begin{pmatrix}1&a&2\\0&1&1\\0&0&2-a\end{pmatrix},$$

故 $r(\boldsymbol{A})=r(\boldsymbol{B})=2$，因此 $a=2$.

（Ⅱ）求满足 $\boldsymbol{AP}=\boldsymbol{B}$ 的可逆矩阵 $\boldsymbol{P}$，即求矩阵方程 $\boldsymbol{AX}=\boldsymbol{B}$. 由于 $\boldsymbol{A}$ 不可逆，且

$$(\boldsymbol{A},\boldsymbol{B})=\begin{pmatrix}1&2&2&1&2&2\\1&3&0&0&1&1\\2&7&-2&-1&1&1\end{pmatrix}\to\begin{pmatrix}1&0&6&3&4&4\\0&1&-2&-1&-1&-1\\0&0&0&0&0&0\end{pmatrix},$$

故令 $\boldsymbol{P}=(\boldsymbol{\xi}_1,\boldsymbol{\xi}_2,\boldsymbol{\xi}_3)$，$\boldsymbol{B}=(\boldsymbol{\beta}_1,\boldsymbol{\beta}_2,\boldsymbol{\beta}_3)$，$\boldsymbol{X}=(\boldsymbol{x}_1,\boldsymbol{x}_2,\boldsymbol{x}_3)$.

则可得方程组 $\boldsymbol{A}\boldsymbol{x}_1=\boldsymbol{\beta}_1$ 的基础解系为 $(-6,2,1)^{\mathrm{T}}$，特解为 $(3,-1,0)^{\mathrm{T}}$；

得方程组 $\boldsymbol{A}\boldsymbol{x}_2=\boldsymbol{\beta}_2$ 的基础解系为 $(-6,2,1)^{\mathrm{T}}$，特解为 $(4,-1,0)^{\mathrm{T}}$；

得方程组 $\boldsymbol{A}\boldsymbol{x}_3=\boldsymbol{\beta}_3$ 的基础解系为 $(-6,2,1)^{\mathrm{T}}$，特解为 $(4,-1,0)^{\mathrm{T}}$，从而可知三个非齐次方程组的通解为

$$\boldsymbol{\xi}_1=\boldsymbol{x}_1=k_1(-6,2,1)^{\mathrm{T}}+(3,-1,0)^{\mathrm{T}},$$
$$\boldsymbol{\xi}_2=\boldsymbol{x}_2=k_2(-6,2,1)^{\mathrm{T}}+(4,-1,0)^{\mathrm{T}},$$
$$\boldsymbol{\xi}_3=\boldsymbol{x}_3=k_3(-6,2,1)^{\mathrm{T}}+(4,-1,0)^{\mathrm{T}},$$

于是有 $\boldsymbol{P}=\begin{pmatrix}-6k_1+3 & -6k_2+4 & -6k_3+4\\ 2k_1-1 & 2k_2-1 & 2k_3-1\\ k_1 & k_2 & k_3\end{pmatrix}$. 对 $\boldsymbol{P}$ 作初等行变换，得

$$\boldsymbol{P}\to\begin{pmatrix}3 & 4 & 4\\ -1 & -1 & -1\\ k_1 & k_2 & k_3\end{pmatrix}\to\begin{pmatrix}0 & 1 & 1\\ -1 & -1 & -1\\ 0 & k_2-k_1 & k_3-k_1\end{pmatrix}\to\begin{pmatrix}1 & 1 & 1\\ 0 & 1 & 1\\ 0 & 0 & k_3-k_2\end{pmatrix},$$

又 $\boldsymbol{P}$ 可逆，所以 $|\boldsymbol{P}|\neq0$，即 $k_2\neq k_3$. 因此

$$\boldsymbol{P}=\begin{pmatrix}-6k_1+3 & -6k_2+4 & -6k_3+4\\ 2k_1-1 & 2k_2-1 & 2k_3-1\\ k_1 & k_2 & k_3\end{pmatrix},$$

其中 k_1，k_2，k_3 为任意常数，且 $k_2\neq k_3$.

6.（2013 年，数学一，二，三）设 $\boldsymbol{A}=\begin{pmatrix}1 & a\\ 1 & 0\end{pmatrix}$，$\boldsymbol{B}=\begin{pmatrix}0 & 1\\ 1 & b\end{pmatrix}$，当 a，b 为何值时，存在矩阵 $\boldsymbol{C}$，使得 $\boldsymbol{AC}-\boldsymbol{CA}=\boldsymbol{B}$，并求所有矩阵 $\boldsymbol{C}$.

【解析】 设 $\boldsymbol{C}=\begin{pmatrix}x_1 & x_2\\ x_3 & x_4\end{pmatrix}$，由 $\boldsymbol{AC}-\boldsymbol{CA}=\boldsymbol{B}$，可知

$$\begin{pmatrix}1 & a\\ 1 & 0\end{pmatrix}\begin{pmatrix}x_1 & x_2\\ x_3 & x_4\end{pmatrix}-\begin{pmatrix}x_1 & x_2\\ x_3 & x_4\end{pmatrix}\begin{pmatrix}1 & a\\ 1 & 0\end{pmatrix}=\begin{pmatrix}0 & 1\\ 1 & b\end{pmatrix},$$

即

$$\begin{pmatrix}x_1+ax_3 & x_2+ax_4\\ x_1 & x_2\end{pmatrix}-\begin{pmatrix}x_1+x_2 & ax_1\\ x_3+x_4 & ax_3\end{pmatrix}=\begin{pmatrix}0 & 1\\ 1 & b\end{pmatrix},$$

亦即

$$\begin{cases}-x_2+ax_3=0\\ -ax_1+x_2+ax_4=1\\ x_1-x_3-x_4=1\\ x_2-ax_3=b\end{cases}\qquad①$$

由于矩阵 $\boldsymbol{C}$ 存在，故方程组①有解．对方程组①的增广矩阵进行初等行变换：

$$\begin{pmatrix}0 & -1 & a & 0 & 0\\ -a & 1 & 0 & a & 1\\ 1 & 0 & -1 & -1 & 1\\ 0 & 1 & -a & 0 & b\end{pmatrix}\to\begin{pmatrix}1 & 0 & -1 & -1 & 1\\ 0 & 1 & -a & 0 & 0\\ 0 & 1 & -a & 0 & a+1\\ 0 & 0 & 0 & 0 & b\end{pmatrix}\to\begin{pmatrix}1 & 0 & -1 & -1 & 1\\ 0 & 1 & -a & 0 & 0\\ 0 & 0 & 0 & 0 & a+1\\ 0 & 0 & 0 & 0 & b\end{pmatrix},$$

因为方程组有解，故必有 $a+1=0$，$b=0$，即 $a=-1$，$b=0$. 此时，增广矩阵变为

$$\begin{pmatrix}1&0&-1&-1&1\\0&1&1&0&0\\0&0&0&0&0\\0&0&0&0&0\end{pmatrix},$$

同解方程组为$\begin{cases}x_1-x_3-x_4=1\\x_2+x_3=0\end{cases}$，即$\begin{cases}x_1=1+x_3+x_4\\x_2=-x_3\end{cases}$，于是方程组的通解为

$$\begin{pmatrix}x_1\\x_2\\x_3\\x_4\end{pmatrix}=\begin{pmatrix}1\\0\\0\\0\end{pmatrix}+c_1\begin{pmatrix}1\\-1\\1\\0\end{pmatrix}+c_2\begin{pmatrix}1\\0\\0\\1\end{pmatrix}=\begin{pmatrix}1+c_1+c_2\\-c_1\\c_1\\c_2\end{pmatrix},$$

因此

$$\boldsymbol{C}=\begin{pmatrix}c_1+c_2+1&-c_1\\c_1&c_2\end{pmatrix},\quad \text{其中 } c_1,c_2 \text{ 为任意常数}.$$

四、矩阵的秩

7.（2010年，数学一）设$\boldsymbol{A}$为$m\times n$矩阵，$\boldsymbol{B}$为$n\times m$矩阵，$\boldsymbol{E}$为m阶单位矩阵，若$\boldsymbol{AB}=\boldsymbol{E}$，则（　　）.

（A）$r(\boldsymbol{A})=m$，$r(\boldsymbol{B})=m$　　（B）$r(\boldsymbol{A})=m$，$r(\boldsymbol{B})=n$

（C）$r(\boldsymbol{A})=n$，$r(\boldsymbol{B})=m$　　（D）$r(\boldsymbol{A})=n$，$r(\boldsymbol{B})=n$

【解析】 因为$\boldsymbol{AB}=\boldsymbol{E}$，所以$r(\boldsymbol{AB})=r(\boldsymbol{E})=m$. 又$r(\boldsymbol{AB})\leqslant r(\boldsymbol{A})$，$r(\boldsymbol{AB})\leqslant r(\boldsymbol{B})$，故

$$m\leqslant r(\boldsymbol{A}),\quad m\leqslant r(\boldsymbol{B}).$$

注意到$\boldsymbol{A}$为$m\times n$矩阵，$\boldsymbol{B}$为$n\times m$矩阵，于是有

$$r(\boldsymbol{A})\leqslant m,\quad r(\boldsymbol{B})\leqslant m.$$

因此$r(\boldsymbol{A})=r(\boldsymbol{B})=m$，故选（A）.

8.（2012年，数学一）设$\boldsymbol{\alpha}$为三维单位列向量，$\boldsymbol{E}$为三阶单位矩阵，则矩阵$\boldsymbol{E}-\boldsymbol{\alpha\alpha}^{\mathrm{T}}$的秩为________.

【解析】 因为矩阵$\boldsymbol{\alpha\alpha}^{\mathrm{T}}$的特征值为0，0，1，所以矩阵$\boldsymbol{E}-\boldsymbol{\alpha\alpha}^{\mathrm{T}}$的特征值为1，1，0. 又

$$(\boldsymbol{E}-\boldsymbol{\alpha\alpha}^{\mathrm{T}})^{\mathrm{T}}=\boldsymbol{E}-\boldsymbol{\alpha\alpha}^{\mathrm{T}},$$

故$\boldsymbol{E}-\boldsymbol{\alpha\alpha}^{\mathrm{T}}$为实对称矩阵，从而可相似对角化. 而其对角矩阵的秩为2，且相似矩阵有相同的秩，因此矩阵$\boldsymbol{E}-\boldsymbol{\alpha\alpha}^{\mathrm{T}}$的秩为2.

9.（2018年，数学一，二）设$\boldsymbol{A}$，$\boldsymbol{B}$均为n阶矩阵，记$r(\boldsymbol{X})$为矩阵$\boldsymbol{X}$的秩，$(\boldsymbol{X},\boldsymbol{Y})$表示分块矩阵，则（　　）.

（A）$r(\boldsymbol{A},\boldsymbol{AB})=r(\boldsymbol{A})$　　（B）$r(\boldsymbol{A},\boldsymbol{BA})=r(\boldsymbol{A})$

（C）$r(\boldsymbol{A},\boldsymbol{B})=\max\{r(\boldsymbol{A}),r(\boldsymbol{B})\}$　　（D）$r(\boldsymbol{A},\boldsymbol{B})=r(\boldsymbol{A}^{\mathrm{T}},\boldsymbol{B}^{\mathrm{T}})$

【解析】 举反例说明.

对于选项（B），令$\boldsymbol{A}=\begin{pmatrix}2&4\\1&2\end{pmatrix}$，$\boldsymbol{B}=\begin{pmatrix}1&-2\\1&-1\end{pmatrix}$，但$r(\boldsymbol{A},\boldsymbol{BA})=r\begin{pmatrix}2&4&0&0\\1&2&1&2\end{pmatrix}=2\neq r(\boldsymbol{A})=1$；

对于选项（C），令 $\boldsymbol{A}=\begin{pmatrix}1&0\\0&0\end{pmatrix}$，$\boldsymbol{B}=\begin{pmatrix}0&0\\0&1\end{pmatrix}$，但 $r(\boldsymbol{A},\boldsymbol{B})=r\begin{pmatrix}1&0&0&0\\0&0&0&1\end{pmatrix}=2\neq r(\boldsymbol{A})=1$；

对于选项（D）令 $\boldsymbol{A}=\begin{pmatrix}1&-1\\2&-2\end{pmatrix}$，$\boldsymbol{B}=\begin{pmatrix}1&-1\\1&-1\end{pmatrix}$，但

$$r(\boldsymbol{A}^{\mathrm{T}},\boldsymbol{B}^{\mathrm{T}})=r\begin{pmatrix}1&2&1&1\\-1&-2&-1&-1\end{pmatrix}=1\neq r(\boldsymbol{A},\boldsymbol{B})=2;$$

故选（A）.

10.（2019 年，数学二，三）设 $\boldsymbol{A}$ 是四阶矩阵，$\boldsymbol{A}^*$ 是 $\boldsymbol{A}$ 的伴随矩阵，若线性方程组 $\boldsymbol{Ax}=\boldsymbol{0}$ 的基础解系中只有两个向量，则 $\boldsymbol{A}^*$ 的秩是（　　）.

（A）0　　（B）1　　（C）2　　（D）3

【解析】 因为线性方程组 $\boldsymbol{Ax}=\boldsymbol{0}$ 的基础解系中只有 2 个向量，所以 $r(\boldsymbol{A})=4-2=2$，于是有 $r(\boldsymbol{A}^*)=0$，故选（A）.

11.（2019 年，数学一）如图 1 所示，有三张平面两两相交，交线相互平行，它们的方程 $a_{i1}x+a_{i2}y+a_{i3}z=d_i(i=1,2,3)$，组成的线性方程组的系数矩阵和增广矩阵分别记为 $\boldsymbol{A}$，$\overline{\boldsymbol{A}}$，则（　　）.

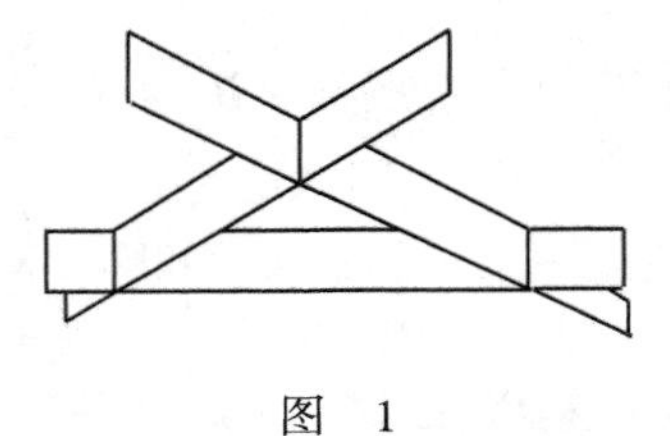

图 1

（A）$r(\boldsymbol{A})=2$，$r(\overline{\boldsymbol{A}})=3$　　（B）$r(\boldsymbol{A})=2$，$r(\overline{\boldsymbol{A}})=2$

（C）$r(\boldsymbol{A})=1$，$r(\overline{\boldsymbol{A}})=2$　　（D）$r(\boldsymbol{A})=1$，$r(\overline{\boldsymbol{A}})=1$

【解析】 由题意知，三张平面无公共交点，即线性方程组无解，所以 $r(\boldsymbol{A})\neq r(\overline{\boldsymbol{A}})$，故排除选项（B）和（D）；又由于它们两两相交于一条直线，故其中任意两个方程均有解，但方程组无解，因此 $r(\boldsymbol{A})=2$，$r(\overline{\boldsymbol{A}})=3$，故选（A）.

专题3　向　　量

一、线性相关

1. （2012年，数学一，二，三）设$\boldsymbol{\alpha}_1=\begin{pmatrix}0\\0\\c_1\end{pmatrix}$，$\boldsymbol{\alpha}_2=\begin{pmatrix}0\\1\\c_2\end{pmatrix}$，$\boldsymbol{\alpha}_3=\begin{pmatrix}1\\-1\\c_3\end{pmatrix}$，$\boldsymbol{\alpha}_4=\begin{pmatrix}-1\\1\\c_4\end{pmatrix}$，其中$c_1$，$c_2$，$c_3$，$c_4$为任意常数，则下列向量组线性相关的为（　　）.

（A）$\boldsymbol{\alpha}_1$，$\boldsymbol{\alpha}_2$，$\boldsymbol{\alpha}_3$　　（B）$\boldsymbol{\alpha}_1$，$\boldsymbol{\alpha}_2$，$\boldsymbol{\alpha}_4$　　（C）$\boldsymbol{\alpha}_1$，$\boldsymbol{\alpha}_3$，$\boldsymbol{\alpha}_4$　　（D）$\boldsymbol{\alpha}_2$，$\boldsymbol{\alpha}_3$，$\boldsymbol{\alpha}_4$

【解析】 因为

$$|\boldsymbol{\alpha}_1,\boldsymbol{\alpha}_3,\boldsymbol{\alpha}_4|=\begin{vmatrix}0&1&-1\\0&-1&1\\c_1&c_3&c_4\end{vmatrix}=c_1\begin{vmatrix}1&-1\\-1&1\end{vmatrix}=0,$$

所以$\boldsymbol{\alpha}_1$，$\boldsymbol{\alpha}_3$，$\boldsymbol{\alpha}_4$线性相关，故选（C）.

2. （2014年，数学一，二，三）设$\boldsymbol{\alpha}_1$，$\boldsymbol{\alpha}_2$，$\boldsymbol{\alpha}_3$是三维向量，则对任意的常数k，l，向量$\boldsymbol{\alpha}_1+k\boldsymbol{\alpha}_3$，$\boldsymbol{\alpha}_2+l\boldsymbol{\alpha}_3$线性无关是向量$\boldsymbol{\alpha}_1$，$\boldsymbol{\alpha}_2$，$\boldsymbol{\alpha}_3$线性无关的（　　）.

（A）必要而非充分条件　　（B）充分而非必要条件

（C）充分必要条件　　（D）非充分必要条件

【解析】 若$\boldsymbol{\alpha}_1$，$\boldsymbol{\alpha}_2$，$\boldsymbol{\alpha}_3$线性无关，假设存在λ_1，λ_2，使得

$$\lambda_1(\boldsymbol{\alpha}_1+k\boldsymbol{\alpha}_3)+\lambda_2(\boldsymbol{\alpha}_2+l\boldsymbol{\alpha}_3)=\boldsymbol{0},$$

即$\lambda_1\boldsymbol{\alpha}_1+\lambda_2\boldsymbol{\alpha}_2+(k\lambda_1+l\lambda_2)\boldsymbol{\alpha}_3=\boldsymbol{0}$，所以$\lambda_1=\lambda_2=k\lambda_1+l\lambda_2=0$，故$\boldsymbol{\alpha}_1+k\boldsymbol{\alpha}_3$，$\boldsymbol{\alpha}_2+l\boldsymbol{\alpha}_3$线性无关.

反之，若$\boldsymbol{\alpha}_1+k\boldsymbol{\alpha}_3$，$\boldsymbol{\alpha}_2+l\boldsymbol{\alpha}_3$线性无关，不一定能推出$\boldsymbol{\alpha}_1$，$\boldsymbol{\alpha}_2$，$\boldsymbol{\alpha}_3$线性无关. 例如，向量

$$\boldsymbol{\alpha}_1=\begin{pmatrix}1\\0\\0\end{pmatrix},\ \boldsymbol{\alpha}_2=\begin{pmatrix}0\\1\\0\end{pmatrix},\ \boldsymbol{\alpha}_3=\begin{pmatrix}0\\0\\0\end{pmatrix}$$

$\boldsymbol{\alpha}_1+\boldsymbol{\alpha}_3$，$\boldsymbol{\alpha}_2+\boldsymbol{\alpha}_3$线性无关，但$\boldsymbol{\alpha}_1$，$\boldsymbol{\alpha}_2$，$\boldsymbol{\alpha}_3$线性相关，故选（A）.

二、线性表示

3. （2010年，数学二，三）设向量组Ⅰ：$\boldsymbol{\alpha}_1$，$\boldsymbol{\alpha}_2$，…，$\boldsymbol{\alpha}_r$可由向量组Ⅱ：$\boldsymbol{\beta}_1$，$\boldsymbol{\beta}_2$，…，$\boldsymbol{\beta}_s$线性表示，下列命题正确的是（　　）.

（A）若向量组Ⅰ线性无关，则$r\leqslant s$　　（B）若向量组Ⅰ线性相关，则$r>s$

（C）若向量组Ⅱ线性无关，则$r\leqslant s$　　（D）若向量组Ⅱ线性相关，则$r>s$

【解析】 由于向量组Ⅰ能由向量组线性Ⅰ表示，所以$r(\text{Ⅰ})\leqslant r(\text{Ⅱ})$，即

$$r(\boldsymbol{\alpha}_1,\boldsymbol{\alpha}_2,\cdots,\boldsymbol{\alpha}_r)\leqslant r(\boldsymbol{\beta}_1,\boldsymbol{\beta}_2,\cdots,\boldsymbol{\beta}_s)\leqslant s,$$

若向量组Ⅰ线性无关，则 $r(\boldsymbol{\alpha}_1,\boldsymbol{\alpha}_2,\cdots,\boldsymbol{\alpha}_r)=r$，所以

$$r=r(\boldsymbol{\alpha}_1,\boldsymbol{\alpha}_2,\cdots,\boldsymbol{\alpha}_r)\leqslant r(\boldsymbol{\beta}_1,\boldsymbol{\beta}_2,\cdots,\boldsymbol{\beta}_s)\leqslant s,$$

即 $r\leqslant s$，故选（A）.

4.（2013 年，数学一，二，三）设 $\boldsymbol{A}$，$\boldsymbol{B}$，$\boldsymbol{C}$ 均为 n 阶矩阵，若 $\boldsymbol{AB}=\boldsymbol{C}$，且 $\boldsymbol{B}$ 可逆，则（　　）.

（A）矩阵 $\boldsymbol{C}$ 的行向量组与矩阵 $\boldsymbol{A}$ 的行向量组等价

（B）矩阵 $\boldsymbol{C}$ 的列向量组与矩阵 $\boldsymbol{A}$ 的列向量组等价

（C）矩阵 $\boldsymbol{C}$ 的行向量组与矩阵 $\boldsymbol{B}$ 的行向量组等价

（D）矩阵 $\boldsymbol{C}$ 的列向量组与矩阵 $\boldsymbol{B}$ 的列向量组等价

【解析】 将矩阵 $\boldsymbol{A}$，$\boldsymbol{C}$ 按列分块，有

$$\boldsymbol{A}=(\boldsymbol{\alpha}_1,\boldsymbol{\alpha}_2,\cdots,\boldsymbol{\alpha}_n),\quad \boldsymbol{C}=(\boldsymbol{\beta}_1,\boldsymbol{\beta}_2,\cdots,\boldsymbol{\beta}_n).$$

由 $\boldsymbol{AB}=\boldsymbol{C}$，知

$$(\boldsymbol{\alpha}_1,\boldsymbol{\alpha}_2,\cdots,\boldsymbol{\alpha}_n)\begin{pmatrix}b_{11}&\cdots&b_{1n}\\ \vdots&&\vdots\\ b_{n1}&\cdots&b_{nn}\end{pmatrix}=(\boldsymbol{\beta}_1,\boldsymbol{\beta}_2,\cdots,\boldsymbol{\beta}_n),$$

于是有

$$\boldsymbol{\beta}_1=b_{11}\boldsymbol{\alpha}_1+\cdots+b_{n1}\boldsymbol{\alpha}_n,\cdots,\boldsymbol{\beta}_n=b_{1n}\boldsymbol{\alpha}_1+\cdots+b_{nn}\boldsymbol{\alpha}_n,$$

即 $\boldsymbol{C}$ 的列向量组可由 $\boldsymbol{A}$ 的列向量组线性表示．又 $\boldsymbol{B}$ 可逆，故 $\boldsymbol{A}=\boldsymbol{CB}^{-1}$，即 $\boldsymbol{A}$ 的列向量组可由 $\boldsymbol{C}$ 的列向量组线性表示，故选（B）.

5.（2011 年，数学一，二）设向量组 $\boldsymbol{\alpha}_1=(1,0,1)^{\mathrm{T}}$，$\boldsymbol{\alpha}_2=(0,1,1)^{\mathrm{T}}$，$\boldsymbol{\alpha}_3=(1,3,5)^{\mathrm{T}}$，不能由向量组 $\boldsymbol{\beta}_1=(1,1,1)^{\mathrm{T}}$，$\boldsymbol{\beta}_2=(1,2,3)^{\mathrm{T}}$，$\boldsymbol{\beta}_3=(3,4,a)^{\mathrm{T}}$ 线性表出．

（1）求 a 的值；

（2）将 $\boldsymbol{\beta}_1$，$\boldsymbol{\beta}_2$，$\boldsymbol{\beta}_3$ 由 $\boldsymbol{\alpha}_1$，$\boldsymbol{\alpha}_2$，$\boldsymbol{\alpha}_3$ 线性表示．

【解析】（1）因为 $\begin{vmatrix}1&0&1\\0&1&3\\1&1&5\end{vmatrix}=1\neq 0$，所以 $\boldsymbol{\alpha}_1$，$\boldsymbol{\alpha}_2$，$\boldsymbol{\alpha}_3$ 线性无关，且 $r(\boldsymbol{\alpha}_1,\boldsymbol{\alpha}_2,\boldsymbol{\alpha}_3)=3$.

而 $\boldsymbol{\alpha}_1$，$\boldsymbol{\alpha}_2$，$\boldsymbol{\alpha}_3$ 不能由 $\boldsymbol{\beta}_1$，$\boldsymbol{\beta}_2$，$\boldsymbol{\beta}_3$ 线性表示，故 $r(\boldsymbol{\beta}_1,\boldsymbol{\beta}_2,\boldsymbol{\beta}_3)<3$，即

$$\begin{vmatrix}1&1&3\\1&2&4\\1&3&a\end{vmatrix}=a-5=0,$$

于是，当 $a=5$ 时，$\boldsymbol{\alpha}_1$，$\boldsymbol{\alpha}_2$，$\boldsymbol{\alpha}_3$ 不能由 $\boldsymbol{\beta}_1$，$\boldsymbol{\beta}_2$，$\boldsymbol{\beta}_3$ 线性表示．

（2）对 $(\boldsymbol{\alpha}_1,\boldsymbol{\alpha}_2,\boldsymbol{\alpha}_3,\boldsymbol{\beta}_1,\boldsymbol{\beta}_2,\boldsymbol{\beta}_3)$ 实施初等行变换，有

$$(\boldsymbol{\alpha}_1,\boldsymbol{\alpha}_2,\boldsymbol{\alpha}_3,\boldsymbol{\beta}_1,\boldsymbol{\beta}_2,\boldsymbol{\beta}_3)=\begin{pmatrix}1&0&1&1&1&3\\0&1&3&1&2&4\\1&1&5&1&3&5\end{pmatrix}\rightarrow\begin{pmatrix}1&0&0&2&1&5\\0&1&0&4&2&10\\0&0&1&-1&0&-2\end{pmatrix},$$

因此

$$\boldsymbol{\beta}_1=2\boldsymbol{\alpha}_1+4\boldsymbol{\alpha}_2-\boldsymbol{\alpha}_3,\quad \boldsymbol{\beta}_2=\boldsymbol{\alpha}_1+2\boldsymbol{\alpha}_2,\quad \boldsymbol{\beta}_3=5\boldsymbol{\alpha}_1+10\boldsymbol{\alpha}_2-2\boldsymbol{\alpha}_3.$$

6. (2011 年，数学三) 设向量组$\boldsymbol{\alpha}_1=(1,0,1)^{\mathrm{T}}$，$\boldsymbol{\alpha}_2=(0,1,1)^{\mathrm{T}}$，$\boldsymbol{\alpha}_3=(1,3,5)^{\mathrm{T}}$，不能由向量组$\boldsymbol{\beta}_1=(1,a,1)^{\mathrm{T}}$，$\boldsymbol{\beta}_2=(1,2,3)^{\mathrm{T}}$，$\boldsymbol{\beta}_3=(1,3,5)^{\mathrm{T}}$线性表出．

(1) 求 a 的值；

(2) 将$\boldsymbol{\beta}_1$，$\boldsymbol{\beta}_2$，$\boldsymbol{\beta}_3$ 由$\boldsymbol{\alpha}_1$，$\boldsymbol{\alpha}_2$，$\boldsymbol{\alpha}_3$ 线性表示．

【解析】 (1) 因为 $r(\boldsymbol{\alpha}_1,\boldsymbol{\alpha}_2,\boldsymbol{\alpha}_3)=3$，所以$\boldsymbol{\alpha}_1$，$\boldsymbol{\alpha}_2$，$\boldsymbol{\alpha}_3$ 线性无关．而$\boldsymbol{\alpha}_1$，$\boldsymbol{\alpha}_2$，$\boldsymbol{\alpha}_3$ 不能由$\boldsymbol{\beta}_1$，$\boldsymbol{\beta}_2$，$\boldsymbol{\beta}_3$ 线性表出，可以得到$\boldsymbol{\beta}_1$，$\boldsymbol{\beta}_2$，$\boldsymbol{\beta}_3$ 线性相关，从而有 $r(\boldsymbol{\beta}_1,\boldsymbol{\beta}_2,\boldsymbol{\beta}_3)<3$. 又由

$$\begin{pmatrix}1&1&1\\a&2&3\\1&3&5\end{pmatrix}\to\begin{pmatrix}1&1&1\\0&2&4\\0&2-a&3-a\end{pmatrix}\to\begin{pmatrix}1&1&1\\0&2&4\\0&0&a-1\end{pmatrix},$$

故 $a=1$.

(2) 由 (1) 知，

$$(\boldsymbol{\alpha}_1,\boldsymbol{\alpha}_2,\boldsymbol{\alpha}_3,\boldsymbol{\beta}_1,\boldsymbol{\beta}_2,\boldsymbol{\beta}_3)=\begin{pmatrix}1&0&1&1&1&1\\0&1&3&1&2&3\\1&1&5&1&3&5\end{pmatrix}\to\begin{pmatrix}1&0&1&1&1&1\\0&1&3&1&2&3\\0&1&4&0&2&4\end{pmatrix}$$

$$\to\begin{pmatrix}1&0&1&1&1&1\\0&1&3&1&2&3\\0&0&1&-1&0&1\end{pmatrix}\to\begin{pmatrix}1&0&0&2&1&0\\0&1&0&4&2&0\\0&0&1&-1&0&1\end{pmatrix},$$

所以

$$(\boldsymbol{\beta}_1,\boldsymbol{\beta}_2,\boldsymbol{\beta}_3)=(\boldsymbol{\alpha}_1,\boldsymbol{\alpha}_2,\boldsymbol{\alpha}_3)\begin{pmatrix}2&1&0\\4&2&0\\-1&0&1\end{pmatrix}.$$

7. (2019 年，数学二，三) 已知向量组 (Ⅰ) $\boldsymbol{\alpha}_1=\begin{pmatrix}1\\1\\4\end{pmatrix}$，$\boldsymbol{\alpha}_2=\begin{pmatrix}1\\0\\4\end{pmatrix}$，$\boldsymbol{\alpha}_3=\begin{pmatrix}1\\2\\a^2+3\end{pmatrix}$，(Ⅱ) $\boldsymbol{\beta}_1=\begin{pmatrix}1\\1\\a+3\end{pmatrix}$，$\boldsymbol{\beta}_2=\begin{pmatrix}0\\2\\1-a\end{pmatrix}$，$\boldsymbol{\beta}_3=\begin{pmatrix}1\\3\\a^2+3\end{pmatrix}$，若向量组 (Ⅰ) 和向量组 (Ⅱ) 等价，求 a 的值，并将$\boldsymbol{\beta}_3$ 用$\boldsymbol{\alpha}_1$，$\boldsymbol{\alpha}_2$，$\boldsymbol{\alpha}_3$ 线性表示．

【解析】 因为向量组 (Ⅰ) 和向量组 (Ⅱ) 等价，所以

$$r(\boldsymbol{\alpha}_1,\boldsymbol{\alpha}_2,\boldsymbol{\alpha}_3)=r(\boldsymbol{\beta}_1,\boldsymbol{\beta}_2,\boldsymbol{\beta}_3)=r(\boldsymbol{\alpha}_1,\boldsymbol{\alpha}_2,\boldsymbol{\alpha}_3,\boldsymbol{\beta}_1,\boldsymbol{\beta}_2,\boldsymbol{\beta}_3).$$

对$(\boldsymbol{\alpha}_1,\boldsymbol{\alpha}_2,\boldsymbol{\alpha}_3,\boldsymbol{\beta}_1,\boldsymbol{\beta}_2,\boldsymbol{\beta}_3)$实施初等行变换，有

$$(\boldsymbol{\alpha}_1,\boldsymbol{\alpha}_2,\boldsymbol{\alpha}_3,\boldsymbol{\beta}_1,\boldsymbol{\beta}_2,\boldsymbol{\beta}_3)=\begin{pmatrix}1&1&1&1&0&1\\1&0&2&1&2&3\\4&4&a^2+3&a+3&1-a&a^2+3\end{pmatrix}$$

$$\to\begin{pmatrix}1&1&1&1&0&1\\0&-1&1&0&2&2\\0&0&a^2-1&a-1&1-a&a^2-1\end{pmatrix},$$

当 $a=-1$ 时，有 $r(\boldsymbol{\alpha}_1,\boldsymbol{\alpha}_2,\boldsymbol{\alpha}_3)=2<r(\boldsymbol{\alpha}_1,\boldsymbol{\alpha}_2,\boldsymbol{\alpha}_3,\boldsymbol{\beta}_1,\boldsymbol{\beta}_2,\boldsymbol{\beta}_3)=3$，不等价；

当 $a=1$ 时，有 $r(\boldsymbol{\alpha}_1,\boldsymbol{\alpha}_2,\boldsymbol{\alpha}_3)=r(\boldsymbol{\alpha}_1,\boldsymbol{\alpha}_2,\boldsymbol{\alpha}_3,\boldsymbol{\beta}_1,\boldsymbol{\beta}_2,\boldsymbol{\beta}_3)=2$，此时有

$$(\boldsymbol{\beta}_1,\boldsymbol{\beta}_2,\boldsymbol{\beta}_3)=\begin{pmatrix}1&0&1\\1&2&3\\4&0&4\end{pmatrix}\to\begin{pmatrix}1&0&1\\0&2&2\\0&0&0\end{pmatrix},$$

即 $r(\boldsymbol{\beta}_1,\boldsymbol{\beta}_2,\boldsymbol{\beta}_3)=2$，故向量组（Ⅰ）和向量组（Ⅱ）等价.

当 $a\neq\pm1$ 时，有 $r(\boldsymbol{\alpha}_1,\boldsymbol{\alpha}_2,\boldsymbol{\alpha}_3)=r(\boldsymbol{\alpha}_1,\boldsymbol{\alpha}_2,\boldsymbol{\alpha}_3,\boldsymbol{\beta}_1,\boldsymbol{\beta}_2,\boldsymbol{\beta}_3)=3$，此时有

$$(\boldsymbol{\beta}_1,\boldsymbol{\beta}_2,\boldsymbol{\beta}_3)=\begin{pmatrix}1&0&1\\1&2&3\\a+3&1-a&a^2+3\end{pmatrix}\to\begin{pmatrix}1&0&1\\0&2&2\\0&1-a&a^2-a\end{pmatrix}\to\begin{pmatrix}1&0&1\\0&1&1\\0&0&a^2-1\end{pmatrix},$$

即 $r(\boldsymbol{\beta}_1,\boldsymbol{\beta}_2,\boldsymbol{\beta}_3)=3$，故向量组（Ⅰ）和向量组（Ⅱ）等价.

综上，当 $a=1$ 或 $a\neq\pm1$ 时，向量组（Ⅰ）和向量组（Ⅱ）等价.

当 $a=1$ 时，有

$$(\boldsymbol{\alpha}_1,\boldsymbol{\alpha}_2,\boldsymbol{\alpha}_3,\boldsymbol{\beta}_3)\to\begin{pmatrix}1&1&1&1\\0&-1&1&2\\0&0&0&0\end{pmatrix}\to\begin{pmatrix}1&0&2&3\\0&1&-1&-2\\0&0&0&0\end{pmatrix},$$

故

$$\boldsymbol{\beta}_3=(3-2k)\boldsymbol{\alpha}_1+(k-2)\boldsymbol{\alpha}_2+k\boldsymbol{\alpha}_3,\quad 其中\ k\in\mathbf{R}.$$

当 $a\neq\pm1$ 时，有

$$(\boldsymbol{\alpha}_1,\boldsymbol{\alpha}_2,\boldsymbol{\alpha}_3,\boldsymbol{\beta}_3)\to\begin{pmatrix}1&1&1&1\\0&-1&1&2\\0&0&a^2-1&a^2-1\end{pmatrix}\to\begin{pmatrix}1&0&0&1\\0&1&0&-1\\0&0&1&1\end{pmatrix},$$

故

$$\boldsymbol{\beta}_3=\boldsymbol{\alpha}_1-\boldsymbol{\alpha}_2+\boldsymbol{\alpha}_3.$$

三、向量组的秩

8.（2017年，数学一，三）设矩阵 $\boldsymbol{A}=\begin{pmatrix}1&0&1\\1&1&2\\0&1&1\end{pmatrix}$，$\boldsymbol{\alpha}_1$，$\boldsymbol{\alpha}_2$，$\boldsymbol{\alpha}_3$ 为线性无关的三维列向量组，则向量组 $\boldsymbol{A}\boldsymbol{\alpha}_1$，$\boldsymbol{A}\boldsymbol{\alpha}_2$，$\boldsymbol{A}\boldsymbol{\alpha}_3$ 的秩为________.

【解析】 由 $\boldsymbol{\alpha}_1$，$\boldsymbol{\alpha}_2$，$\boldsymbol{\alpha}_3$ 是线性无关，可知矩阵 $(\boldsymbol{\alpha}_1,\boldsymbol{\alpha}_2,\boldsymbol{\alpha}_3)$ 可逆，故

$$r(\boldsymbol{A}\boldsymbol{\alpha}_1,\boldsymbol{A}\boldsymbol{\alpha}_2,\boldsymbol{A}\boldsymbol{\alpha}_3)=r[\boldsymbol{A}(\boldsymbol{\alpha}_1,\boldsymbol{\alpha}_2,\boldsymbol{\alpha}_3)]=r(\boldsymbol{A}).$$

又 $\boldsymbol{A}=\begin{pmatrix}1&0&1\\1&1&2\\0&1&1\end{pmatrix}\to\begin{pmatrix}1&0&1\\0&1&1\\0&0&0\end{pmatrix}$，所以 $r(\boldsymbol{A}\boldsymbol{\alpha}_1,\boldsymbol{A}\boldsymbol{\alpha}_2,\boldsymbol{A}\boldsymbol{\alpha}_3)=r(\boldsymbol{A})=2$.

四、向量空间

9.（2010年，数学一）设 $\boldsymbol{\alpha}_1=(1,2,-1,0)^{\mathrm{T}}$，$\boldsymbol{\alpha}_2=(1,1,0,2)^{\mathrm{T}}$，$\boldsymbol{\alpha}_3=(2,1,1,a)^{\mathrm{T}}$，若由 $\boldsymbol{\alpha}_1$，$\boldsymbol{\alpha}_2$，$\boldsymbol{\alpha}_3$ 生成的向量空间的维数是2，则 $a=$________.

【解析】　因为由$\boldsymbol{\alpha}_1$，$\boldsymbol{\alpha}_2$，$\boldsymbol{\alpha}_3$生成的向量空间维数为2，所以$r(\boldsymbol{\alpha}_1,\boldsymbol{\alpha}_2,\boldsymbol{\alpha}_3)=2$.

对矩阵$(\boldsymbol{\alpha}_1,\boldsymbol{\alpha}_2,\boldsymbol{\alpha}_3)$实施初等行变换，有

$$(\boldsymbol{\alpha}_1,\boldsymbol{\alpha}_2,\boldsymbol{\alpha}_3)=\begin{pmatrix}1&1&2\\2&1&1\\-1&0&1\\0&2&a\end{pmatrix}\to\begin{pmatrix}1&1&2\\0&-1&-3\\0&1&3\\0&2&a\end{pmatrix}\to\begin{pmatrix}1&1&2\\0&1&3\\0&0&a-6\\0&0&0\end{pmatrix},$$

故$a=6$.

10. （2017年，数学二）设$\boldsymbol{A}$为三阶矩阵，$\boldsymbol{P}=(\boldsymbol{\alpha}_1,\boldsymbol{\alpha}_2,\boldsymbol{\alpha}_3)$为可逆矩阵，使得$\boldsymbol{P}^{-1}\boldsymbol{AP}=\begin{pmatrix}0&0&0\\0&1&0\\0&0&2\end{pmatrix}$，则$\boldsymbol{A}(\boldsymbol{\alpha}_1+\boldsymbol{\alpha}_2+\boldsymbol{\alpha}_3)=$（　　）.

（A）$\boldsymbol{\alpha}_1+\boldsymbol{\alpha}_2$　　（B）$\boldsymbol{\alpha}_2+2\boldsymbol{\alpha}_3$

（C）$\boldsymbol{\alpha}_2+\boldsymbol{\alpha}_3$　　（D）$\boldsymbol{\alpha}_1+2\boldsymbol{\alpha}_2$

【解析】　由$\boldsymbol{P}^{-1}\boldsymbol{AP}=\begin{pmatrix}0&0&0\\0&1&0\\0&0&2\end{pmatrix}$，可知$\boldsymbol{AP}=\boldsymbol{P}\begin{pmatrix}0&0&0\\0&1&0\\0&0&2\end{pmatrix}$，即

$$\boldsymbol{A}(\boldsymbol{\alpha}_1,\boldsymbol{\alpha}_2,\boldsymbol{\alpha}_3)=(\boldsymbol{\alpha}_1,\boldsymbol{\alpha}_2,\boldsymbol{\alpha}_3)\begin{pmatrix}0&0&0\\0&1&0\\0&0&2\end{pmatrix}=(\boldsymbol{0},\boldsymbol{\alpha}_2,2\boldsymbol{\alpha}_3),$$

故$\boldsymbol{A}(\boldsymbol{\alpha}_1+\boldsymbol{\alpha}_2+\boldsymbol{\alpha}_3)=\boldsymbol{\alpha}_2+2\boldsymbol{\alpha}_3$，应选（B）.

11. （2015年，数学一）设向量组$\boldsymbol{\alpha}_1$，$\boldsymbol{\alpha}_2$，$\boldsymbol{\alpha}_3$是三维向量空间$\mathbf{R}^3$的一个基，且

$$\boldsymbol{\beta}_1=2\boldsymbol{\alpha}_1+2k\boldsymbol{\alpha}_3,\quad \boldsymbol{\beta}_2=2\boldsymbol{\alpha}_2,\quad \boldsymbol{\beta}_3=\boldsymbol{\alpha}_1+(k+1)\boldsymbol{\alpha}_3.$$

（Ⅰ）证明：向量组$\boldsymbol{\beta}_1$，$\boldsymbol{\beta}_2$，$\boldsymbol{\beta}_3$也是三维向量空间$\mathbf{R}^3$一个基；

（Ⅱ）当k为何值时，存在非零向量$\boldsymbol{\xi}$在基$\boldsymbol{\alpha}_1$，$\boldsymbol{\alpha}_2$，$\boldsymbol{\alpha}_3$与基$\boldsymbol{\beta}_1$，$\boldsymbol{\beta}_2$，$\boldsymbol{\beta}_3$下的坐标相同，并求出所有的$\boldsymbol{\xi}$.

【解析】　（Ⅰ）由于

$$(\boldsymbol{\beta}_1,\boldsymbol{\beta}_2,\boldsymbol{\beta}_3)=(\boldsymbol{\alpha}_1,\boldsymbol{\alpha}_2,\boldsymbol{\alpha}_3)\begin{pmatrix}2&0&1\\0&2&0\\2k&0&k+1\end{pmatrix}=(\boldsymbol{\alpha}_1,\boldsymbol{\alpha}_2,\boldsymbol{\alpha}_3)\boldsymbol{C},$$

而$|\boldsymbol{C}|=4\neq0$，这表明$r(\boldsymbol{C})=3$. 又向量组$\boldsymbol{\alpha}_1$，$\boldsymbol{\alpha}_2$，$\boldsymbol{\alpha}_3$为三维向量空间$\mathbf{R}^3$的一个基，故向量组$\boldsymbol{\alpha}_1$，$\boldsymbol{\alpha}_2$，$\boldsymbol{\alpha}_3$线性无关．从而得到$r(\boldsymbol{\beta}_1,\boldsymbol{\beta}_2,\boldsymbol{\beta}_3)=3$，这表明向量组$\boldsymbol{\beta}_1$，$\boldsymbol{\beta}_2$，$\boldsymbol{\beta}_3$也是线性无关的，进而得到向量组$\boldsymbol{\beta}_1$，$\boldsymbol{\beta}_2$，$\boldsymbol{\beta}_3$也是$\mathbf{R}^3$的一个基.

（Ⅱ）设非零向量$\boldsymbol{\xi}$在两组基下的坐标都为$(x_1,x_2,x_3)^{\mathrm{T}}$. 则有

$$x_1\boldsymbol{\alpha}_1+x_2\boldsymbol{\alpha}_2+x_3\boldsymbol{\alpha}_3=x_1\boldsymbol{\beta}_1+x_2\boldsymbol{\beta}_2+x_3\boldsymbol{\beta}_3,$$

即$(\boldsymbol{\alpha}_1+2k\boldsymbol{\alpha}_3)x_1+\boldsymbol{\alpha}_2x_2+(\boldsymbol{\alpha}_1+k\boldsymbol{\alpha}_3)x_3=\boldsymbol{0}$，亦即

$$(\boldsymbol{\alpha}_1,\boldsymbol{\alpha}_2,\boldsymbol{\alpha}_3)\begin{pmatrix}1&0&1\\0&1&0\\2k&0&k\end{pmatrix}\begin{pmatrix}x_1\\x_2\\x_3\end{pmatrix}=\boldsymbol{0}.$$

若使该方程组存在非零解，那么其系数行列式必为零，于是有

$$\left|(\boldsymbol{\alpha}_1,\boldsymbol{\alpha}_2,\boldsymbol{\alpha}_3)\begin{pmatrix}1&0&1\\0&1&0\\2k&0&k\end{pmatrix}\right|=|\boldsymbol{\alpha}_1,\boldsymbol{\alpha}_2,\boldsymbol{\alpha}_3|\begin{vmatrix}1&0&1\\0&1&0\\2k&0&k\end{vmatrix}=0,$$

注意到$\boldsymbol{\alpha}_1$，$\boldsymbol{\alpha}_2$，$\boldsymbol{\alpha}_3$ 线性无关，故 $\begin{vmatrix}1&0&1\\0&1&0\\2k&0&k\end{vmatrix}=0$，解得 $k=0$. 此时方程组化为

$$(\boldsymbol{\alpha}_1,\boldsymbol{\alpha}_2,\boldsymbol{\alpha}_3)\begin{pmatrix}1&0&1\\0&1&0\\0&0&0\end{pmatrix}\begin{pmatrix}x_1\\x_2\\x_3\end{pmatrix}=\mathbf{0},$$

即

$$\begin{pmatrix}1&0&1\\0&1&0\\0&0&0\end{pmatrix}\begin{pmatrix}x_1\\x_2\\x_3\end{pmatrix}=\mathbf{0},$$

同解方程组为$\begin{cases}x_1+x_3=0\\ x_2=0\end{cases}$，故非零向量 $\boldsymbol{\xi}=\begin{pmatrix}x_1\\x_2\\x_3\end{pmatrix}=\begin{pmatrix}k\\0\\-k\end{pmatrix}$，其中 k 为任意非零实数 .

12. （2019 年，数学一）设向量组$\boldsymbol{\alpha}_1=(1,2,1)^{\mathrm{T}}$，$\boldsymbol{\alpha}_2=(1,3,2)^{\mathrm{T}}$，$\boldsymbol{\alpha}_3=(1,a,3)^{\mathrm{T}}$ 为 $\mathbf{R}^3$ 的一个基，且$\boldsymbol{\beta}=(1,1,1)^{\mathrm{T}}$ 在这组基下的坐标为$(b,c,1)^{\mathrm{T}}$.

（Ⅰ）求 a，b，c；

（Ⅱ）证明$\boldsymbol{\alpha}_2$，$\boldsymbol{\alpha}_3$，$\boldsymbol{\beta}$ 为 $\mathbf{R}^3$ 的一个基，并求$\boldsymbol{\alpha}_2$，$\boldsymbol{\alpha}_3$，$\boldsymbol{\beta}$ 到$\boldsymbol{\alpha}_1$，$\boldsymbol{\alpha}_2$，$\boldsymbol{\alpha}_3$ 的过渡矩阵 .

【解析】（Ⅰ）由$\boldsymbol{\beta}=b\boldsymbol{\alpha}_1+c\boldsymbol{\alpha}_2+\boldsymbol{\alpha}_3$，知

$$b\begin{pmatrix}1\\2\\1\end{pmatrix}+c\begin{pmatrix}1\\3\\2\end{pmatrix}+\begin{pmatrix}1\\a\\3\end{pmatrix}=\begin{pmatrix}1\\1\\1\end{pmatrix},$$

从而解得 $a=3$，$b=2$，$c=-2$.

（Ⅱ）由于

$$(\boldsymbol{\alpha}_2,\boldsymbol{\alpha}_3,\boldsymbol{\beta})=\begin{pmatrix}1&1&1\\3&3&1\\2&3&1\end{pmatrix}\to\begin{pmatrix}1&1&1\\0&1&-1\\0&0&1\end{pmatrix},$$

所以 $r(\boldsymbol{\alpha}_2,\boldsymbol{\alpha}_3,\boldsymbol{\beta})=3$，则$\boldsymbol{\alpha}_2$，$\boldsymbol{\alpha}_3$，$\boldsymbol{\beta}$ 为 $\mathbf{R}^3$ 的一个基 .

令$(\boldsymbol{\alpha}_1,\boldsymbol{\alpha}_2,\boldsymbol{\alpha}_3)=(\boldsymbol{\alpha}_2,\boldsymbol{\alpha}_3,\boldsymbol{\beta})\boldsymbol{P}$，则

$$\boldsymbol{P}=(\boldsymbol{\alpha}_2,\boldsymbol{\alpha}_3,\boldsymbol{\beta})^{-1}(\boldsymbol{\alpha}_1,\boldsymbol{\alpha}_2,\boldsymbol{\alpha}_3)=\begin{pmatrix}1&1&0\\-\frac{1}{2}&0&1\\\frac{1}{2}&0&0\end{pmatrix}.$$

专题4　线性方程组

一、基础解系

1. （2011年，数学一，二）设$\boldsymbol{A}=(\boldsymbol{\alpha}_1,\boldsymbol{\alpha}_2,\boldsymbol{\alpha}_3,\boldsymbol{\alpha}_4)$是4阶矩阵，$\boldsymbol{A}^*$为$\boldsymbol{A}$的伴随矩阵，若$(1,0,1,0)^{\mathrm{T}}$是方程$\boldsymbol{Ax}=\boldsymbol{0}$的一个基础解系，则$\boldsymbol{A}^*\boldsymbol{x}=\boldsymbol{0}$的基础解系可为（　　）.

（A）$\boldsymbol{\alpha}_1$，$\boldsymbol{\alpha}_3$　　（B）$\boldsymbol{\alpha}_1$，$\boldsymbol{\alpha}_2$　　（C）$\boldsymbol{\alpha}_1$，$\boldsymbol{\alpha}_2$，$\boldsymbol{\alpha}_3$　　（D）$\boldsymbol{\alpha}_2$，$\boldsymbol{\alpha}_3$，$\boldsymbol{\alpha}_4$

【解析】 因为$\boldsymbol{Ax}=\boldsymbol{0}$的基础解系中仅含有1个线性无关的解向量，所以$r(\boldsymbol{A})=3$，于是有$r(\boldsymbol{A}^*)=1$，故$\boldsymbol{A}^*\boldsymbol{x}=\boldsymbol{0}$的基础解系中含3个线性无关的解向量．又$\boldsymbol{A}^*\boldsymbol{A}=|\boldsymbol{A}|\boldsymbol{E}=\boldsymbol{O}$且$r(\boldsymbol{A})=3$，所以$\boldsymbol{A}$的列向量组中含$\boldsymbol{A}^*\boldsymbol{x}=\boldsymbol{0}$的基础解系．注意到$(1,0,1,0)^{\mathrm{T}}$是方程$\boldsymbol{Ax}=\boldsymbol{0}$的基础解系，所以$\boldsymbol{\alpha}_1+\boldsymbol{\alpha}_3=\boldsymbol{0}$，故$\boldsymbol{\alpha}_1$，$\boldsymbol{\alpha}_2$，$\boldsymbol{\alpha}_4$或$\boldsymbol{\alpha}_2$，$\boldsymbol{\alpha}_3$，$\boldsymbol{\alpha}_4$线性无关，显然$\boldsymbol{\alpha}_2$，$\boldsymbol{\alpha}_3$，$\boldsymbol{\alpha}_4$为$\boldsymbol{A}^*\boldsymbol{x}=\boldsymbol{0}$的基础解系，应选（D）.

2. （2014年，数学一，二，三）设$\boldsymbol{A}=\begin{pmatrix}1&-2&3&-4\\0&1&-1&1\\1&2&0&-3\end{pmatrix}$，$\boldsymbol{E}$为三阶单位矩阵.

（Ⅰ）求方程组$\boldsymbol{Ax}=\boldsymbol{0}$的一个基础解系；

（Ⅱ）求满足$\boldsymbol{AB}=\boldsymbol{E}$的所有矩阵$\boldsymbol{B}$.

【解析】（Ⅰ）因为

$$\boldsymbol{A}=\begin{pmatrix}1&-2&3&-4\\0&1&-1&1\\1&2&0&-3\end{pmatrix}\to\begin{pmatrix}1&-2&3&-4\\0&1&-1&1\\0&0&1&-3\end{pmatrix}\to\begin{pmatrix}1&0&0&1\\0&1&0&-2\\0&0&1&-3\end{pmatrix},$$

所以$\boldsymbol{Ax}=\boldsymbol{0}$的同解方程组为$\begin{cases}x_1=-x_4\\x_2=2x_4\\x_3=3x_4\end{cases}$，故$\boldsymbol{Ax}=\boldsymbol{0}$的一个基础解系为$\boldsymbol{\xi}=(-1,2,3,1)^{\mathrm{T}}$.

（Ⅱ）将$\boldsymbol{B}$和$\boldsymbol{E}$以列分块，有

$$\begin{pmatrix}1&-2&3&-4\\0&1&-1&1\\1&2&0&-3\end{pmatrix}(\boldsymbol{\alpha}_1,\boldsymbol{\alpha}_2,\boldsymbol{\alpha}_3)=(\boldsymbol{e}_1,\boldsymbol{e}_2,\boldsymbol{e}_3)=\begin{pmatrix}1&0&0\\0&1&0\\0&0&1\end{pmatrix},$$

得到3个方程组$\boldsymbol{A\alpha}_i=\boldsymbol{e}_i(i=1,2,3)$，解得

$$\boldsymbol{\xi}_1=\begin{pmatrix}-k_1+2\\2k_1-1\\3k_1-1\\k_1\end{pmatrix},\quad\boldsymbol{\xi}_2=\begin{pmatrix}-k_2+6\\2k_2-3\\3k_2-4\\k_2\end{pmatrix},\quad\boldsymbol{\xi}_3=\begin{pmatrix}-k_3-1\\2k_3+1\\3k_3+1\\k_3\end{pmatrix},$$

故

$$B=\begin{pmatrix}-k_1+2 & -k_2+6 & -k_3-1\\ 2k_1-1 & 2k_2-3 & 2k_3+1\\ 3k_1-1 & 3k_2-4 & 3k_3+1\\ k_1 & k_2 & k_3\end{pmatrix}, \quad \text{其中 } k_1,k_2,k_3 \text{ 为任意常数}.$$

二、含参数线性方程组的求解

3.（2010 年，数学一，二，三）设 $A=\begin{pmatrix}\lambda & 1 & 1\\ 0 & \lambda-1 & 0\\ 1 & 1 & \lambda\end{pmatrix}$，$b=\begin{pmatrix}a\\1\\1\end{pmatrix}$，已知线性方程组 $Ax=b$ 存在两个不同的解.

（Ⅰ）求 λ，a；

（Ⅱ）求方程组 $Ax=b$ 的通解.

【解析】（Ⅰ）**方法 1** 已知方程组 $Ax=b$ 有两个不同的解，故 $r(A)=r(\overline{A})<3$，对增广矩阵实施初等行变换，有

$$\overline{A}=\begin{pmatrix}\lambda & 1 & 1 & a\\ 0 & \lambda-1 & 0 & 1\\ 1 & 1 & \lambda & 1\end{pmatrix}\to\begin{pmatrix}1 & 1 & \lambda & 1\\ 0 & \lambda-1 & 0 & 1\\ 0 & 1-\lambda & 1-\lambda^2 & a-\lambda\end{pmatrix}\to\begin{pmatrix}1 & 1 & \lambda & 1\\ 0 & \lambda-1 & 0 & 1\\ 0 & 0 & 1-\lambda^2 & a-\lambda+1\end{pmatrix},$$

当 $\lambda=1$ 时，有

$$\overline{A}\to\begin{pmatrix}1 & 1 & 1 & 1\\ 0 & 0 & 0 & 1\\ 0 & 0 & 0 & a\end{pmatrix}\to\begin{pmatrix}1 & 1 & 1 & 1\\ 0 & 0 & 0 & 1\\ 0 & 0 & 0 & 0\end{pmatrix},$$

此时 $r(A)\neq r(\overline{A})$，故 $Ax=b$ 无解，舍去.

当 $\lambda=-1$ 时，有

$$\overline{A}\to\begin{pmatrix}1 & 1 & -1 & 1\\ 0 & -2 & 0 & 1\\ 0 & 0 & 0 & a+2\end{pmatrix},$$

注意到 $r(A)=r(\overline{A})<3$，所以 $a=-2$.

综上，有 $\lambda=-1$，$a=-2$.

方法 2 已知方程组 $Ax=b$ 有两个不同的解，故 $r(A)=r(\overline{A})<3$，因此 $|A|=0$，即

$$|A|=\begin{vmatrix}\lambda & 1 & 1\\ 0 & \lambda-1 & 0\\ 1 & 1 & \lambda\end{vmatrix}=(\lambda-1)^2(\lambda+1)=0,$$

解得 $\lambda=1$ 或 $\lambda=-1$. 再按方法 1 讨论 λ，a 的取值.

（Ⅱ）由（Ⅰ）知

$$\overline{A}\to\begin{pmatrix}1 & 1 & -1 & 1\\ 0 & -2 & 0 & 1\\ 0 & 0 & 0 & 0\end{pmatrix}\to\begin{pmatrix}1 & 0 & -1 & \frac{3}{2}\\ 0 & 1 & 0 & -\frac{1}{2}\\ 0 & 0 & 0 & 0\end{pmatrix},$$

同解方程组为$\begin{cases}x_1-x_3=\dfrac{3}{2}\\x_2=-\dfrac{1}{2}\end{cases}$，于是方程组$\boldsymbol{A}\boldsymbol{x}=\boldsymbol{b}$的通解为

$$\boldsymbol{x}=\begin{pmatrix}x_1\\x_2\\x_3\end{pmatrix}=\begin{pmatrix}\dfrac{3}{2}\\-\dfrac{1}{2}\\0\end{pmatrix}+k\begin{pmatrix}1\\0\\1\end{pmatrix},\quad k\text{ 为任意常数}.$$

4.（2012年，数学一，二，三）设$\boldsymbol{A}=\begin{pmatrix}1&a&0&0\\0&1&a&0\\0&0&1&a\\a&0&0&1\end{pmatrix}$，$\boldsymbol{\beta}=\begin{pmatrix}1\\-1\\0\\0\end{pmatrix}$.

（Ⅰ）计算行列式$|\boldsymbol{A}|$；

（Ⅱ）当实数a为何值时，方程组$\boldsymbol{A}\boldsymbol{x}=\boldsymbol{\beta}$有无穷多解，并求其通解.

【解析】（Ⅰ）$|\boldsymbol{A}|=\begin{vmatrix}1&a&0&0\\0&1&a&0\\0&0&1&a\\a&0&0&1\end{vmatrix}=1-a^4=(1-a^2)(1+a^2)$.

（Ⅱ）因为方程组$\boldsymbol{A}\boldsymbol{x}=\boldsymbol{\beta}$有无穷多解，所以$|\boldsymbol{A}|=0$，从而解得$a=\pm1$.

当$a=1$时，有

$$(\boldsymbol{A},\boldsymbol{\beta})=\begin{pmatrix}1&1&0&0&1\\0&1&1&0&-1\\0&0&1&1&0\\1&0&0&1&0\end{pmatrix}\to\begin{pmatrix}1&1&0&0&1\\0&1&1&0&-1\\0&0&1&1&0\\0&0&0&0&-2\end{pmatrix},$$

此时$r(\boldsymbol{A})\neq r(\boldsymbol{A},\boldsymbol{\beta})$，方程组无解，故舍去.

当$a=-1$时，有

$$(\boldsymbol{A},\boldsymbol{\beta})=\begin{pmatrix}1&-1&0&0&1\\0&1&-1&0&-1\\0&0&1&-1&0\\-1&0&0&1&0\end{pmatrix}\to\begin{pmatrix}1&-1&0&0&1\\0&1&-1&0&-1\\0&0&1&-1&0\\0&0&0&0&0\end{pmatrix}\to\begin{pmatrix}1&0&0&-1&0\\0&1&0&-1&-1\\0&0&1&-1&0\\0&0&0&0&0\end{pmatrix},$$

此时$r(\boldsymbol{A})=r(\boldsymbol{A},\boldsymbol{\beta})=3$，方程组有无穷多解.

同解方程组为$\begin{cases}x_1-x_4=0\\x_2-x_4=-1\\x_3-x_4=0\end{cases}$，于是方程组$\boldsymbol{A}\boldsymbol{x}=\boldsymbol{b}$的通解为

$$\boldsymbol{x}=k(1,1,1,1)^{\mathrm{T}}+(0,-1,0,0)^{\mathrm{T}},\quad k\text{ 为任意常数}.$$

5.（2016年，数学一）设矩阵$\boldsymbol{A}=\begin{pmatrix}1&-1&-1\\2&a&1\\-1&1&a\end{pmatrix}$，$\boldsymbol{B}=\begin{pmatrix}2&2\\1&a\\-a-1&-2\end{pmatrix}$. 当$a$为何值

时，方程 $AX=B$ 无解、有唯一解、有无穷多解？在有解时求此方程．

【解析】 易知 $|A|=(a-1)(a+2)$．

（1）当 $|A|\neq 0$ 时，即当 $a\neq 1$ 且 $a\neq -2$ 时方程有唯一解．此时有

$$(A,B)\to\begin{pmatrix}1&-1&-1&2&2\\0&a+2&3&-3&a-4\\0&0&a-1&-a+1&0\end{pmatrix}\to\begin{pmatrix}1&0&0&1&\dfrac{3a}{a+2}\\0&1&0&0&\dfrac{a-4}{a+2}\\0&0&1&-1&0\end{pmatrix},$$

故此时方程的解为

$$B=\begin{pmatrix}1&\dfrac{3a}{a+2}\\0&\dfrac{a-4}{a+2}\\-1&0\end{pmatrix}.$$

（2）当 $a=1$ 时，有

$$(A,B)\to\begin{pmatrix}1&-1&-1&2&2\\0&1&1&-1&-1\\0&0&0&0&0\end{pmatrix}\to\begin{pmatrix}1&0&0&1&1\\0&1&1&-1&-1\\0&0&0&0&0\end{pmatrix},$$

此时 $r(A)=r(A,B)=2<3$，方程有无穷多解．

将 X 和 B 以列分块，有

$$\begin{pmatrix}1&-1&-1\\2&1&1\\-1&1&1\end{pmatrix}(\alpha_1,\alpha_2,\alpha_3)=(\beta_1,\beta_2)=\begin{pmatrix}2&2\\1&1\\-2&-2\end{pmatrix},$$

得到 2 个方程组 $A\alpha_i=\beta_i(i=1,2)$，解得

$$\xi_1=\begin{pmatrix}1\\-k_1-1\\k_1\end{pmatrix},\quad \xi_2=\begin{pmatrix}1\\-k_2-1\\k_2\end{pmatrix},$$

故

$$B=\begin{pmatrix}1&1\\-k_1-1&-k_2-1\\k_1&k_2\end{pmatrix},\quad \text{其中 } k_1,k_2 \text{ 为任意常数}.$$

（3）当 $a=-2$ 时，有

$$(A,B)\to\begin{pmatrix}1&-1&-1&2&2\\0&0&3&-3&-6\\0&0&-3&3&0\end{pmatrix}\to\begin{pmatrix}1&-1&-1&2&2\\0&0&3&-3&-6\\0&0&0&0&-6\end{pmatrix},$$

此时 $r(A)\neq r(A,B)$，方程 $AX=B$ 无解．

6.（2016 年，数学二，三）设矩阵 $A=\begin{pmatrix}1&1&1-a\\1&0&a\\a+1&1&a+1\end{pmatrix}$，$\beta=\begin{pmatrix}0\\1\\2a-2\end{pmatrix}$，且方程组

$Ax=\beta$ 无解.

（Ⅰ）求 a 的值;

（Ⅱ）求方程$A^TAx=A^T\beta$ 的通解.

【解析】（Ⅰ）因为方程组 $Ax=\beta$ 无解，所以$|A|=0$.
又$|A|=a(a-2)$，从而解得 $a=0$ 或 $a=2$.

当 $a=0$ 时，有

$$(A,\beta)=\begin{pmatrix}1&1&1&0\\1&0&0&1\\1&1&1&-2\end{pmatrix}\to\begin{pmatrix}1&1&1&0\\0&-1&-1&1\\0&0&0&-2\end{pmatrix},$$

此时 $r(A)\neq r(A,\beta)$，方程组无解.

当 $a=2$ 时，有

$$(A,\beta)=\begin{pmatrix}1&1&-1&0\\1&0&2&1\\3&1&3&2\end{pmatrix}\to\begin{pmatrix}1&1&-1&0\\0&-1&3&1\\0&0&0&0\end{pmatrix},$$

此时 $r(A)=r(A,\beta)=2<3$，方程组有无穷多解，故舍去.

综上，有 $a=0$.

（Ⅱ）由（Ⅰ）知，当 $a=0$ 时，有 $A=\begin{pmatrix}1&1&1\\1&0&0\\1&1&1\end{pmatrix}$，$\beta=\begin{pmatrix}0\\1\\-2\end{pmatrix}$，则

$$A^TA=\begin{pmatrix}1&1&1\\1&0&1\\1&0&1\end{pmatrix}\begin{pmatrix}1&1&1\\1&0&0\\1&1&1\end{pmatrix}=\begin{pmatrix}3&2&2\\2&2&2\\2&2&2\end{pmatrix},\quad A^T\beta=\begin{pmatrix}1&1&1\\1&0&1\\1&0&1\end{pmatrix}\begin{pmatrix}0\\1\\-2\end{pmatrix}=\begin{pmatrix}-1\\-2\\-2\end{pmatrix}.$$

又有

$$(A^TA,A^T\beta)=\begin{pmatrix}3&2&2&-1\\2&2&2&-2\\2&2&2&-2\end{pmatrix}\to\begin{pmatrix}1&1&1&-1\\3&2&2&-1\\0&0&0&0\end{pmatrix}\to\begin{pmatrix}1&0&0&1\\0&1&1&-2\\0&0&0&0\end{pmatrix},$$

同解方程组为$\begin{cases}x_1=1\\x_2+x_3=-2\end{cases}$，于是方程组$A^TAx=A^T\beta$ 的通解为

$$x=k\begin{pmatrix}0\\-1\\1\end{pmatrix}+\begin{pmatrix}1\\-2\\0\end{pmatrix},\quad k \text{ 为任意常数}.$$

三、有解判定、解的结构、性质

7.（2011年，数学三）设 A 为 4×3 矩阵，η_1，η_2，η_3 是非齐次线性方程组 $Ax=\beta$ 的3个线性无关的解，k_1，k_2 为任意实数，则 $Ax=\beta$ 的通解为（　　）.

（A）$\dfrac{\eta_2+\eta_3}{2}+k_1(\eta_2-\eta_1)$　　（B）$\dfrac{\eta_2-\eta_3}{2}+k_2(\eta_2-\eta_1)$

（C）$\dfrac{\eta_2+\eta_3}{2}+k_1(\eta_3-\eta_1)+k_2(\eta_2-\eta_1)$　　（D）$\dfrac{\eta_2-\eta_3}{2}+k_1(\eta_3-\eta_1)+k_2(\eta_2-\eta_1)$

【解析】 由于$\boldsymbol{\eta}_3-\boldsymbol{\eta}_1$，$\boldsymbol{\eta}_2-\boldsymbol{\eta}_1$都是$\boldsymbol{Ax}=\boldsymbol{0}$的解，且可证明$\boldsymbol{\eta}_3-\boldsymbol{\eta}_1$，$\boldsymbol{\eta}_2-\boldsymbol{\eta}_1$线性无关，所以基础解系中解向量的个数为$3-r(\boldsymbol{A})\geqslant 2$，即$r(\boldsymbol{A})\leqslant 1$. 又$\boldsymbol{A}\neq\boldsymbol{O}$，所以$r(\boldsymbol{A})\geqslant 1$，故$r(\boldsymbol{A})=1$. 从而$\boldsymbol{Ax}=\boldsymbol{0}$的基础解系中解向量的个数为2，因此排除（A）和（B）. 又$\frac{\boldsymbol{\eta}_2+\boldsymbol{\eta}_3}{2}$是$\boldsymbol{Ax}=\boldsymbol{\beta}$的解，而$\frac{\boldsymbol{\eta}_2-\boldsymbol{\eta}_3}{2}$不是$\boldsymbol{Ax}=\boldsymbol{\beta}$的解，由非齐次线性方程组通解的结构，可知（C）是$\boldsymbol{Ax}=\boldsymbol{\beta}$的通解，故选（C）.

8.（2015年，数学一，二，三）设矩阵$\boldsymbol{A}=\begin{pmatrix}1&1&1\\1&2&a\\1&4&a^2\end{pmatrix}$，$\boldsymbol{b}=\begin{pmatrix}1\\d\\d^2\end{pmatrix}$，若集合$\Omega=\{1,2\}$，则线性方程组$\boldsymbol{Ax}=\boldsymbol{b}$有无穷多解的充分必要条件为（　　）.

（A）$a\notin\Omega$，$d\notin\Omega$　　（B）$a\notin\Omega$，$d\in\Omega$

（C）$a\in\Omega$，$d\notin\Omega$　　（D）$a\in\Omega$，$d\in\Omega$

【解析】 对方程组的增广矩阵实施初等行变换，有

$$(\boldsymbol{A},\boldsymbol{b})=\begin{pmatrix}1&1&1&1\\1&2&a&d\\1&4&a^2&d^2\end{pmatrix}\to\begin{pmatrix}1&1&1&1\\0&1&a-1&d-1\\0&0&(a-1)(a-2)&(d-1)(d-2)\end{pmatrix},$$

于是，线性方程组$\boldsymbol{Ax}=\boldsymbol{b}$有无穷多解$\Leftrightarrow r(\boldsymbol{A})=r(\boldsymbol{A},\boldsymbol{b})<3\Leftrightarrow a=1$或$a=2$，且$d=1$或$d=2$，故选（D）.

9.（2019年，数学三）已知矩阵$\boldsymbol{A}=\begin{pmatrix}1&0&-1\\1&1&-1\\0&1&a^2-1\end{pmatrix}$，$\boldsymbol{b}=\begin{pmatrix}0\\1\\a\end{pmatrix}$，若线性方程组$\boldsymbol{Ax}=\boldsymbol{b}$有无穷多解，则$a=$________.

【解析】 对方程组的增广矩阵实施初等行变换，有

$$(\boldsymbol{A},\boldsymbol{b})=\begin{pmatrix}1&0&-1&0\\1&1&-1&1\\0&1&a^2-1&a\end{pmatrix}\to\begin{pmatrix}1&0&-1&0\\0&1&0&1\\0&1&a^2-1&a\end{pmatrix}\to\begin{pmatrix}1&0&-1&0\\0&1&0&1\\0&0&a^2-1&a-1\end{pmatrix},$$

于是，线性方程组$\boldsymbol{Ax}=\boldsymbol{b}$有无穷多解$\Leftrightarrow r(\boldsymbol{A})=r(\boldsymbol{A},\boldsymbol{b})<3\Leftrightarrow a=\pm 1$.

当$a=1$时，$r(\boldsymbol{A})=r(\boldsymbol{A},\boldsymbol{b})=2<3$，方程组$\boldsymbol{Ax}=\boldsymbol{b}$有无穷多解；

当$a=-1$时，$r(\boldsymbol{A})\neq r(\boldsymbol{A},\boldsymbol{b})$，方程组$\boldsymbol{Ax}=\boldsymbol{b}$无解.

10.（2019年，数学一）设$\boldsymbol{A}=(\boldsymbol{\alpha}_1,\boldsymbol{\alpha}_2,\boldsymbol{\alpha}_3)$为三阶矩阵，若$\boldsymbol{\alpha}_1$，$\boldsymbol{\alpha}_2$线性无关，且$\boldsymbol{\alpha}_3=-\boldsymbol{\alpha}_1+2\boldsymbol{\alpha}_2$，则线性方程组$\boldsymbol{Ax}=\boldsymbol{0}$的通解为________.

【解析】 因为$\boldsymbol{\alpha}_1$，$\boldsymbol{\alpha}_2$线性无关，且$\boldsymbol{\alpha}_3=-\boldsymbol{\alpha}_1+2\boldsymbol{\alpha}_2$，所以$r(\boldsymbol{A})=2$. 从而$\boldsymbol{Ax}=\boldsymbol{0}$的基础解系中解向量的个数为1. 又$\boldsymbol{\alpha}_1-2\boldsymbol{\alpha}_2+\boldsymbol{\alpha}_3=\boldsymbol{0}$，即$(\boldsymbol{\alpha}_1,\boldsymbol{\alpha}_2,\boldsymbol{\alpha}_3)\begin{pmatrix}1\\-2\\1\end{pmatrix}=\boldsymbol{A}\begin{pmatrix}1\\-2\\1\end{pmatrix}=\boldsymbol{0}$，故$\boldsymbol{Ax}=\boldsymbol{0}$的通解为$\boldsymbol{x}=k\begin{pmatrix}1\\-2\\1\end{pmatrix}$，$k$为任意常数.

11.（2017 年，数学一，二，三）设三阶矩阵 $\boldsymbol{A}=(\boldsymbol{\alpha}_1,\boldsymbol{\alpha}_2,\boldsymbol{\alpha}_3)$ 有 3 个不同的特征值，且 $\boldsymbol{\alpha}_3=\boldsymbol{\alpha}_1+2\boldsymbol{\alpha}_2$.

（Ⅰ）证明：$r(\boldsymbol{A})=2$；

（Ⅱ）如果 $\boldsymbol{\beta}=\boldsymbol{\alpha}_1+\boldsymbol{\alpha}_2+\boldsymbol{\alpha}_3$，求方程组 $\boldsymbol{Ax}=\boldsymbol{\beta}$ 的通解.

【解析】（Ⅰ）因为 $\boldsymbol{\alpha}_3=\boldsymbol{\alpha}_1+2\boldsymbol{\alpha}_2$，所以 $\boldsymbol{\alpha}_1+2\boldsymbol{\alpha}_2-\boldsymbol{\alpha}_3=\boldsymbol{0}$，即 $\boldsymbol{\alpha}_1$，$\boldsymbol{\alpha}_2$，$\boldsymbol{\alpha}_3$ 线性相关. 因此 $|\boldsymbol{A}|=0$，这表明 0 必为 $\boldsymbol{A}$ 的特征值. 设 $\boldsymbol{A}$ 的另外两个特征值为 λ_1，λ_2，注意到 $\boldsymbol{A}$ 有 3 个不同的特征值，因此 $\boldsymbol{A}$ 可以相似对角化，即 $\boldsymbol{A}$ 相似于对角矩阵 $\boldsymbol{\Lambda}=\begin{pmatrix}\lambda_1 & & \\ & \lambda_2 & \\ & & 0\end{pmatrix}$，其中 λ_1 与 λ_2 均不为零，故 $r(\boldsymbol{A})=r(\boldsymbol{\Lambda})=2$.

（Ⅱ）由（Ⅰ）知，$r(\boldsymbol{A})=2$，$3-r(\boldsymbol{A})=1$，即 $\boldsymbol{Ax}=\boldsymbol{0}$ 的基础解系中只有一个解向量.

又 $\boldsymbol{\alpha}_1+2\boldsymbol{\alpha}_2-\boldsymbol{\alpha}_3=\boldsymbol{0}$，即 $(\boldsymbol{\alpha}_1,\boldsymbol{\alpha}_2,\boldsymbol{\alpha}_3)\begin{pmatrix}1\\2\\-1\end{pmatrix}=\boldsymbol{A}\begin{pmatrix}1\\2\\-1\end{pmatrix}=\boldsymbol{0}$，则 $\boldsymbol{Ax}=\boldsymbol{0}$ 的基础解系为 $\begin{pmatrix}1\\2\\-1\end{pmatrix}$.

注意到，$\boldsymbol{\beta}=\boldsymbol{\alpha}_1+\boldsymbol{\alpha}_2+\boldsymbol{\alpha}_3$，即 $(\boldsymbol{\alpha}_1,\boldsymbol{\alpha}_2,\boldsymbol{\alpha}_3)\begin{pmatrix}1\\1\\1\end{pmatrix}=\boldsymbol{A}\begin{pmatrix}1\\1\\1\end{pmatrix}=\boldsymbol{\beta}$，则 $\boldsymbol{Ax}=\boldsymbol{\beta}$ 的一个特解为 $\begin{pmatrix}1\\1\\1\end{pmatrix}$.

综上，有 $\boldsymbol{Ax}=\boldsymbol{\beta}$ 的通解为

$$k\begin{pmatrix}1\\2\\-1\end{pmatrix}+\begin{pmatrix}1\\1\\1\end{pmatrix}，k \text{ 为任意常数}.$$

专题5　特征值和特征向量

一、特征值与特征向量

1. (2017年，数学二) 设矩阵 $\boldsymbol{A}=\begin{pmatrix}4&1&-2\\1&2&a\\3&1&-1\end{pmatrix}$ 的一个特征向量为 $\begin{pmatrix}1\\1\\2\end{pmatrix}$，则 $a=$ ________.

【解析】 设 $\boldsymbol{A}$ 的特征值 λ 的特征向量为 $(1,1,2)^{\mathrm{T}}$，则有

$$\boldsymbol{A}\begin{pmatrix}1\\1\\2\end{pmatrix}=\begin{pmatrix}4&1&-2\\1&2&a\\3&1&-1\end{pmatrix}\begin{pmatrix}1\\1\\2\end{pmatrix}=\lambda\begin{pmatrix}1\\1\\2\end{pmatrix}，\text{即}\begin{pmatrix}1\\3+2a\\2\end{pmatrix}=\begin{pmatrix}\lambda\\\lambda\\2\lambda\end{pmatrix},$$

从而得到 $a=-1$.

2. (2018年，数学二，三) 设 $\boldsymbol{A}$ 为三阶矩阵，$\boldsymbol{\alpha}_1$，$\boldsymbol{\alpha}_2$，$\boldsymbol{\alpha}_3$ 为线性无关的向量组，若 $\boldsymbol{A\alpha}_1=2\boldsymbol{\alpha}_1+\boldsymbol{\alpha}_2+\boldsymbol{\alpha}_3$，$\boldsymbol{A\alpha}_2=\boldsymbol{\alpha}_2+2\boldsymbol{\alpha}_3$，$\boldsymbol{A\alpha}_3=-\boldsymbol{\alpha}_2+\boldsymbol{\alpha}_3$，则 $\boldsymbol{A}$ 的实特征值为________.

【解析】 由题意可知

$$\boldsymbol{A}(\boldsymbol{\alpha}_1,\boldsymbol{\alpha}_2,\boldsymbol{\alpha}_3)=(\boldsymbol{\alpha}_1,\boldsymbol{\alpha}_2,\boldsymbol{\alpha}_3)\begin{pmatrix}2&0&0\\1&1&-1\\1&2&1\end{pmatrix},$$

因为 $\boldsymbol{\alpha}_1$，$\boldsymbol{\alpha}_2$，$\boldsymbol{\alpha}_3$ 线性无关，所以 $\boldsymbol{P}=(\boldsymbol{\alpha}_1,\boldsymbol{\alpha}_2,\boldsymbol{\alpha}_3)$ 为可逆矩阵，于是有

$$\boldsymbol{P}^{-1}\boldsymbol{AP}=\begin{pmatrix}2&0&0\\1&1&-1\\1&2&1\end{pmatrix}=\boldsymbol{B},$$

因此 $\boldsymbol{A}\sim\boldsymbol{B}$，那么矩阵 $\boldsymbol{A}$ 与 $\boldsymbol{B}$ 具有相同的特征值. 而

$$|\lambda\boldsymbol{E}-\boldsymbol{B}|=\begin{vmatrix}\lambda-2&0&0\\-1&\lambda-1&1\\-1&-2&\lambda-1\end{vmatrix}=(\lambda-2)[(\lambda-1)^2+2]=0,$$

从而可知 $\boldsymbol{B}$ 的实特征值为2，故 $\boldsymbol{A}$ 的实特征值为2.

二、相似矩阵的判定

3. (2010年，数学一，二，三) 设 $\boldsymbol{A}$ 为4阶实对称矩阵，且 $\boldsymbol{A}^2+\boldsymbol{A}=\boldsymbol{O}$，若 $\boldsymbol{A}$ 的秩为3，则 $\boldsymbol{A}$ 相似于(　　).

(A) $\begin{pmatrix}1&&&\\&1&&\\&&1&\\&&&0\end{pmatrix}$　　(B) $\begin{pmatrix}1&&&\\&1&&\\&&-1&\\&&&0\end{pmatrix}$

(C) $\begin{pmatrix}1&&&\\&-1&&\\&&-1&\\&&&0\end{pmatrix}$　　(D) $\begin{pmatrix}-1&&&\\&-1&&\\&&-1&\\&&&0\end{pmatrix}$

【解析】 设 λ 为 A 的特征值，由于$A^2+A=O$，所以 $\lambda^2+\lambda=0$，即 $\lambda=0$ 或 $\lambda=-1$. 又 A 为实对称矩阵，故 A 必可相似对角化，从而有 $r(A)=r(\Lambda)=3$，其中

$$\Lambda=\begin{pmatrix}-1&&&\\&-1&&\\&&-1&\\&&&0\end{pmatrix}.$$

4. (2013 年，数学一，二，三) 矩阵 $\begin{pmatrix}1&a&1\\a&b&a\\1&a&1\end{pmatrix}$与$\begin{pmatrix}2&0&0\\0&b&0\\0&0&0\end{pmatrix}$相似的充要条件为(　　).

(A) $a=0$，$b=2$　　(B) $a=0$，b 为任意常数

(C) $a=2$，$b=0$　　(D) $a=2$，b 为任意常数

【解析】 记$A=\begin{pmatrix}1&a&1\\a&b&a\\1&a&1\end{pmatrix}$，$B=\begin{pmatrix}2&0&0\\0&b&0\\0&0&0\end{pmatrix}$，因为 $A\sim B$，所以$|\lambda E-A|=|\lambda E-B|$.

即

$$\lambda[\lambda^2-(b+2)\lambda+2b-2a^2]=\lambda(\lambda-2)(\lambda-b),$$

比较上式左右两端 λ 的系数，可以得到 $a=0$，而对 b 无要求，故选 (B).

5. (2016 年，数学一，二，三) 设 A，B 是可逆矩阵，且 A 与 B 相似，则下列结论错误的是 (　　).

(A) A^{T} 与B^{T} 相似　　(B) A^{-1}与B^{-1}相似

(C) $A+A^{\mathrm{T}}$ 与 $B+B^{\mathrm{T}}$ 相似　　(D) $A+A^{-1}$与 $B+B^{-1}$相似

【解析】 因为 A 与 B 相似，所以存在可逆矩阵 P，使得$P^{-1}AP=B$. 于是有

$(P^{-1}AP)^{-1}=P^{-1}A^{-1}P=B^{-1}$，　即$A^{-1}$与$B^{-1}$相似；

$(P^{-1}AP)^{\mathrm{T}}=P^{\mathrm{T}}A^{\mathrm{T}}(P^{\mathrm{T}})^{-1}=B^{\mathrm{T}}$，　即$A^{\mathrm{T}}$ 与B^{T} 相似；

$P^{-1}(A+A^{-1})P=P^{-1}AP+P^{-1}A^{-1}P=B+B^{-1}$，即 $A+A^{-1}$与 $B+B^{-1}$相似，

故选 (C).

6. (2017 年，数学一，二，三) 已知矩阵$A=\begin{pmatrix}2&0&0\\0&2&1\\0&0&1\end{pmatrix}$，$B=\begin{pmatrix}2&1&0\\0&2&0\\0&0&1\end{pmatrix}$，$C=\begin{pmatrix}1&0&0\\0&2&0\\0&0&2\end{pmatrix}$，则 (　　).

(A) A 与 C 相似，B 与 C 相似　　(B) A 与 C 相似，B 与 C 不相似

(C) $\boldsymbol{A}$ 与 $\boldsymbol{C}$ 不相似，$\boldsymbol{B}$ 与 $\boldsymbol{C}$ 相似　　(D) $\boldsymbol{A}$ 与 $\boldsymbol{C}$ 不相似，$\boldsymbol{B}$ 与 $\boldsymbol{C}$ 不相似

【解析】 由 $|\lambda\boldsymbol{E}-\boldsymbol{A}|=0$，可知 $\boldsymbol{A}$ 的特征值为 2，2，1. 又 $r(2\boldsymbol{E}-\boldsymbol{A})=1$，所以 $\lambda=2$ 对应的线性无关的特征向量有 2 个，从而 $\boldsymbol{A}$ 可对角化. 同理，$\boldsymbol{B}$ 的特征值为 2，2，1，但 $r(2\boldsymbol{E}-\boldsymbol{B})=2$，所以 $\boldsymbol{B}$ 不能相似对角化. 又 $\boldsymbol{C}$ 的特征值为 2，2，1，且 $\boldsymbol{C}$ 是对称矩阵，故 $\boldsymbol{C}$ 可对角化，因此选 (B).

7. (2018 年，数学一，二) 下列矩阵中，与矩阵 $\begin{pmatrix}1&1&0\\0&1&1\\0&0&1\end{pmatrix}$ 相似的是 (　　).

(A) $\begin{pmatrix}1&1&-1\\0&1&1\\0&0&1\end{pmatrix}$　　(B) $\begin{pmatrix}1&0&-1\\0&1&1\\0&0&1\end{pmatrix}$

(C) $\begin{pmatrix}1&1&-1\\0&1&0\\0&0&1\end{pmatrix}$　　(D) $\begin{pmatrix}1&0&-1\\0&1&0\\0&0&1\end{pmatrix}$

【解析】 记 $\boldsymbol{H}=\begin{pmatrix}1&1&0\\0&1&1\\0&0&1\end{pmatrix}$，则 $r(\boldsymbol{H})=3$，且 $\boldsymbol{H}$ 的特征值为 1 (三重)，$r(\boldsymbol{E}-\boldsymbol{H})=2$.

令四个选项的矩阵分别为 $\boldsymbol{A}$，$\boldsymbol{B}$，$\boldsymbol{C}$，$\boldsymbol{D}$，则

$\boldsymbol{A}$ 的特征值为 1 (三重)，$r(\boldsymbol{E}-\boldsymbol{A})=2$；$\boldsymbol{B}$ 的特征值为 1 (三重)，$r(\boldsymbol{E}-\boldsymbol{B})=1$；

$\boldsymbol{C}$ 的特征值为 1 (三重)，$r(\boldsymbol{E}-\boldsymbol{C})=1$；$\boldsymbol{D}$ 的特征值为 1 (三重)，$r(\boldsymbol{E}-\boldsymbol{D})=1$，故选 (A).

8. (2014 年，数学一，二，三) 证明 n 阶矩阵 $\begin{pmatrix}1&1&\cdots&1\\1&1&\cdots&1\\\vdots&\vdots&&\vdots\\1&1&\cdots&1\end{pmatrix}$ 与 $\begin{pmatrix}0&\cdots&0&1\\0&\cdots&0&2\\\vdots&&\vdots&\vdots\\0&\cdots&0&n\end{pmatrix}$ 相似.

【解析】 记 $\boldsymbol{A}=\begin{pmatrix}1&1&\cdots&1\\1&1&\cdots&1\\\vdots&\vdots&&\vdots\\1&1&\cdots&1\end{pmatrix}$，$\boldsymbol{B}=\begin{pmatrix}0&\cdots&0&1\\0&\cdots&0&2\\\vdots&&\vdots&\vdots\\0&\cdots&0&n\end{pmatrix}$. $\boldsymbol{A}$ 的特征多项式为

$$|\lambda\boldsymbol{E}-\boldsymbol{A}|=\begin{vmatrix}\lambda-1&-1&\cdots&-1\\-1&\lambda-1&\cdots&-1\\\vdots&\vdots&&\vdots\\-1&-1&\cdots&\lambda-1\end{vmatrix}=(\lambda-n)\lambda^{n-1},$$

可得矩阵 $\boldsymbol{A}$ 的特征值为 $\lambda_1=n$，$\lambda_2=\lambda_3=\cdots=\lambda_n=0$. 注意到，$\boldsymbol{A}$ 是对称矩阵，故 $\boldsymbol{A}$ 可对角化. 又 $\boldsymbol{B}$ 的特征多项式为

$$|\lambda E-B|=\begin{vmatrix}\lambda & 0 & \cdots & -1\\ 0 & \lambda & \cdots & -2\\ \vdots & \vdots & & \vdots\\ 0 & 0 & \cdots & \lambda-n\end{vmatrix}=(\lambda-n)\lambda^{n-1},$$

可得矩阵 B 的特征值为 $\lambda_1=n$，$\lambda_2=\lambda_3\cdots=\lambda_n=0$.

当 $\lambda=0$ 时，矩阵 $0\cdot E-B=\begin{pmatrix}0 & 0 & \cdots & -1\\ 0 & 0 & \cdots & -2\\ \vdots & \vdots & & \vdots\\ 0 & 0 & \cdots & -n\end{pmatrix}$的秩为1，故 $\lambda=0$ 对应的线性无关的特征向量有 $n-1$ 个，从而 B 可对角化．综上，矩阵 A 与 B 相似．

三、相似对角化及其应用

9.（2012年，数学一，二，三）设 A 为三阶矩阵，P 为三阶可逆矩阵，且$P^{-1}AP=\begin{pmatrix}1&0&0\\0&1&0\\0&0&2\end{pmatrix}$. 若 $P=(\alpha_1,\alpha_2,\alpha_3)$，$Q=(\alpha_1+\alpha_2,\alpha_2,\alpha_3)$. 则$Q^{-1}AQ=$（　　）.

（A）$\begin{pmatrix}1&0&0\\0&2&0\\0&0&1\end{pmatrix}$　　（B）$\begin{pmatrix}1&0&0\\0&1&0\\0&0&2\end{pmatrix}$

（C）$\begin{pmatrix}2&0&0\\0&1&0\\0&0&2\end{pmatrix}$　　（D）$\begin{pmatrix}2&0&0\\0&2&0\\0&0&1\end{pmatrix}$

【解析】 因为

$$Q=(\alpha_1+\alpha_2,\alpha_2,\alpha_3)=(\alpha_1,\alpha_2,\alpha_3)\begin{pmatrix}1&0&0\\1&1&0\\0&0&1\end{pmatrix}=P\begin{pmatrix}1&0&0\\1&1&0\\0&0&1\end{pmatrix},$$

所以

$$\begin{aligned}Q^{-1}AQ&=\left[P\begin{pmatrix}1&0&0\\1&1&0\\0&0&1\end{pmatrix}\right]^{-1}AP\begin{pmatrix}1&0&0\\1&1&0\\0&0&1\end{pmatrix}=\begin{pmatrix}1&0&0\\1&1&0\\0&0&1\end{pmatrix}^{-1}P^{-1}AP\begin{pmatrix}1&0&0\\1&1&0\\0&0&1\end{pmatrix}\\&=\begin{pmatrix}1&0&0\\1&1&0\\0&0&1\end{pmatrix}^{-1}\begin{pmatrix}1&0&0\\0&1&0\\0&0&2\end{pmatrix}\begin{pmatrix}1&0&0\\1&1&0\\0&0&1\end{pmatrix}\\&=\begin{pmatrix}1&0&0\\-1&1&0\\0&0&1\end{pmatrix}\begin{pmatrix}1&0&0\\0&1&0\\0&0&2\end{pmatrix}\begin{pmatrix}1&0&0\\1&1&0\\0&0&1\end{pmatrix}=\begin{pmatrix}1&0&0\\0&1&0\\0&0&2\end{pmatrix}\end{aligned}$$

故选（B）.

10. (2015 年，数学一，二，三) 设矩阵 $\boldsymbol{A}=\begin{pmatrix}0 & 2 & -3\\ -1 & 3 & -3\\ 1 & -2 & a\end{pmatrix}$ 相似于矩阵 $\boldsymbol{B}=\begin{pmatrix}1 & -2 & 0\\ 0 & b & 0\\ 0 & 3 & 1\end{pmatrix}$.

(Ⅰ) 求 a，b 的值；

(Ⅱ) 求可逆矩阵 $\boldsymbol{P}$，使得 $\boldsymbol{P}^{-1}\boldsymbol{AP}$ 为对角阵.

【解析】 (Ⅰ) 因为 $\boldsymbol{A}\sim\boldsymbol{B}$，所以

$$\mathrm{tr}(\boldsymbol{A})=\mathrm{tr}(\boldsymbol{B}),\quad 即\ 3+a=b+2,$$
$$|\boldsymbol{A}|=|\boldsymbol{B}|,\quad 即\ 2a-3=b,$$

联立解得 $a=4$，$b=5$.

(Ⅱ) 由 (Ⅰ) 知

$$\boldsymbol{A}=\begin{pmatrix}0 & 2 & -3\\ -1 & 3 & -3\\ 1 & -2 & 4\end{pmatrix},\quad \boldsymbol{B}=\begin{pmatrix}1 & -2 & 0\\ 0 & 5 & 0\\ 0 & 3 & 1\end{pmatrix},$$

由于 $\boldsymbol{A}\sim\boldsymbol{B}$，所以

$$|\lambda\boldsymbol{E}-\boldsymbol{A}|=|\lambda\boldsymbol{E}-\boldsymbol{B}|=(\lambda-1)^2(\lambda-5),$$

可求得 $\boldsymbol{A}$ 对应于特征值 1，1，5 的特征向量分别为

$$\boldsymbol{p}_1=(2,1,0)^{\mathrm{T}},\quad \boldsymbol{p}_2=(-3,0,1)^{\mathrm{T}},\quad \boldsymbol{p}_3=(-1,-1,1)^{\mathrm{T}},$$

故存在可逆矩阵 $\boldsymbol{P}=\begin{pmatrix}2 & -3 & -1\\ 1 & 0 & -1\\ 0 & 1 & 1\end{pmatrix}$，使得 $\boldsymbol{P}^{-1}\boldsymbol{AP}=\begin{pmatrix}1 & 0 & 0\\ 0 & 1 & 0\\ 0 & 0 & 5\end{pmatrix}$.

11. (2019 年，数学一，二，三) 已知矩阵 $\boldsymbol{A}=\begin{pmatrix}-2 & -2 & 1\\ 2 & x & -2\\ 0 & 0 & -2\end{pmatrix}$ 与 $\boldsymbol{B}=\begin{pmatrix}2 & 1 & 0\\ 0 & -1 & 0\\ 0 & 0 & y\end{pmatrix}$ 相似.

(Ⅰ) 求 x，y；

(Ⅱ) 求可逆矩阵 $\boldsymbol{P}$，使得 $\boldsymbol{P}^{-1}\boldsymbol{AP}=\boldsymbol{B}$.

【解析】 (Ⅰ) 因为 $\boldsymbol{A}\sim\boldsymbol{B}$，所以

$$\mathrm{tr}(\boldsymbol{A})=\mathrm{tr}(\boldsymbol{B}),\quad 即\ x-4=y+1,$$
$$|\boldsymbol{A}|=|\boldsymbol{B}|,\quad 即\ 4x-8=-2y,$$

联立解得 $x=3$，$y=-2$.

(Ⅱ) 由 (Ⅰ) 知

$$\boldsymbol{A}=\begin{pmatrix}-2 & -2 & 1\\ 2 & 3 & -2\\ 0 & 0 & -2\end{pmatrix},\quad \boldsymbol{B}=\begin{pmatrix}2 & 1 & 0\\ 0 & -1 & 0\\ 0 & 0 & -2\end{pmatrix},$$

可求得 $\boldsymbol{A}$ 对应于特征值 2，-1，-2 的特征向量分别为

$$\boldsymbol{p}_1=(1,-2,0)^{\mathrm{T}},\quad \boldsymbol{p}_2=(-2,1,0)^{\mathrm{T}},\quad \boldsymbol{p}_3=(-1,2,4)^{\mathrm{T}},$$

故存在可逆矩阵$\boldsymbol{P}_1=\begin{pmatrix}1&-2&-1\\-2&1&2\\0&0&4\end{pmatrix}$，使得$\boldsymbol{P}_1^{-1}\boldsymbol{AP}_1=\begin{pmatrix}2&&\\&-1&\\&&-2\end{pmatrix}$.

又可求得$\boldsymbol{B}$对应于特征值2，-1，-2的特征向量分别为

$$\boldsymbol{q}_1=(1,0,0)^{\mathrm{T}},\quad \boldsymbol{q}_2=(-1,3,0)^{\mathrm{T}},\quad \boldsymbol{q}_3=(0,0,1)^{\mathrm{T}},$$

故存在可逆矩阵$\boldsymbol{P}_2=\begin{pmatrix}1&-1&0\\0&3&0\\0&0&1\end{pmatrix}$，使得$\boldsymbol{P}_2^{-1}\boldsymbol{BP}_2=\begin{pmatrix}2&&\\&-1&\\&&-2\end{pmatrix}$.

综上，可知

$$\boldsymbol{P}_1^{-1}\boldsymbol{AP}_1=\boldsymbol{P}_2^{-1}\boldsymbol{BP}_2,\quad 即\boldsymbol{P}_2\boldsymbol{P}_1^{-1}\boldsymbol{AP}_1\boldsymbol{P}_2^{-1}=\boldsymbol{B}=(\boldsymbol{P}_1\boldsymbol{P}_2^{-1})^{-1}\boldsymbol{AP}_1\boldsymbol{P}_2^{-1}=\boldsymbol{P}^{-1}\boldsymbol{AP},$$

因此

$$\boldsymbol{P}=\boldsymbol{P}_1\boldsymbol{P}_2^{-1}=\begin{pmatrix}1&-2&-1\\-2&1&2\\0&0&4\end{pmatrix}\begin{pmatrix}1&\frac{1}{3}&0\\0&\frac{1}{3}&0\\0&0&1\end{pmatrix}=\begin{pmatrix}1&-\frac{1}{3}&-1\\-2&-\frac{1}{3}&2\\0&0&4\end{pmatrix}.$$

12.（2016年，数学一，二，三）已知矩阵$\boldsymbol{A}=\begin{pmatrix}0&-1&1\\2&-3&0\\0&0&0\end{pmatrix}$.

（Ⅰ）求$\boldsymbol{A}^{99}$；

（Ⅱ）设三阶矩阵$\boldsymbol{B}=(\boldsymbol{\alpha}_1,\boldsymbol{\alpha}_2,\boldsymbol{\alpha}_3)$满足$\boldsymbol{B}^2=\boldsymbol{BA}$. 记$\boldsymbol{B}^{100}=(\boldsymbol{\beta}_1,\boldsymbol{\beta}_2,\boldsymbol{\beta}_3)$，将$\boldsymbol{\beta}_1$，$\boldsymbol{\beta}_2$，$\boldsymbol{\beta}_3$分别表示为$\boldsymbol{\alpha}_1$，$\boldsymbol{\alpha}_2$，$\boldsymbol{\alpha}_3$的线性组合.

【解析】（Ⅰ）$\boldsymbol{A}$的特征多项式为

$$|\lambda\boldsymbol{E}-\boldsymbol{A}|=\begin{vmatrix}\lambda&1&-1\\-2&\lambda+3&0\\0&0&\lambda\end{vmatrix}=\lambda(\lambda+1)(\lambda+2),$$

所以$\boldsymbol{A}$的特征值为$\lambda_1=0$，$\lambda_2=-1$，$\lambda_3=-2$.

对于$\lambda_1=0$时，求解$(0\cdot\boldsymbol{E}-\boldsymbol{A})\boldsymbol{x}=\boldsymbol{0}$，由于

$$\boldsymbol{A}=\begin{pmatrix}0&-1&1\\2&-3&0\\0&0&0\end{pmatrix}\to\begin{pmatrix}1&-\frac{3}{2}&0\\0&-1&1\\0&0&0\end{pmatrix}\to\begin{pmatrix}1&0&-\frac{3}{2}\\0&1&-1\\0&0&0\end{pmatrix},$$

得基础解系$\boldsymbol{p}_1=(3,2,2)^{\mathrm{T}}$；

对于$\lambda_2=-1$时，求解$(-\boldsymbol{E}-\boldsymbol{A})\boldsymbol{x}=\boldsymbol{0}$，由于

$$-\boldsymbol{E}-\boldsymbol{A}=\begin{pmatrix}-1&1&-1\\-2&2&0\\0&0&-1\end{pmatrix}\to\begin{pmatrix}1&-1&1\\0&0&2\\0&0&-1\end{pmatrix}\to\begin{pmatrix}1&-1&0\\0&0&1\\0&0&0\end{pmatrix},$$

得基础解系$\boldsymbol{p}_2=(1,1,0)^{\mathrm{T}}$；

对于$\lambda_3=-2$时，求解$(-2\boldsymbol{E}-\boldsymbol{A})\boldsymbol{x}=\boldsymbol{0}$，由于

$$-2\boldsymbol{E}-\boldsymbol{A}=\begin{pmatrix}-2&1&-1\\-2&1&0\\0&0&-2\end{pmatrix}\to\begin{pmatrix}-2&1&-1\\0&0&1\\0&0&-2\end{pmatrix}\to\begin{pmatrix}1&-\frac{1}{2}&0\\0&0&1\\0&0&0\end{pmatrix},$$

得基础解系$\boldsymbol{p}_3=(1,2,0)^{\mathrm{T}}$.

记$\boldsymbol{P}=(\boldsymbol{p}_1,\boldsymbol{p}_2,\boldsymbol{p}_3)$，则$\boldsymbol{P}^{-1}\boldsymbol{A}\boldsymbol{P}=\begin{pmatrix}0&&\\&-1&\\&&-2\end{pmatrix}=\boldsymbol{\Lambda}$，因此

$$\boldsymbol{A}^{99}=\boldsymbol{P}\boldsymbol{\Lambda}^{99}\boldsymbol{P}^{-1}=\begin{pmatrix}3&1&1\\2&1&2\\2&0&0\end{pmatrix}\begin{pmatrix}0&&\\&-1&\\&&-2^{99}\end{pmatrix}\begin{pmatrix}0&0&\frac{1}{2}\\2&-1&-2\\-1&1&\frac{1}{2}\end{pmatrix}=\begin{pmatrix}0&-1&-2^{99}\\0&-1&-2^{100}\\0&0&0\end{pmatrix}\begin{pmatrix}0&0&\frac{1}{2}\\2&-1&-2\\-1&1&\frac{1}{2}\end{pmatrix}$$

$$=\begin{pmatrix}-2+2^{99}&1-2^{99}&2-2^{98}\\-2+2^{100}&1-2^{100}&2-2^{99}\\0&0&0\end{pmatrix}.$$

（Ⅱ）因为$\boldsymbol{B}^2=\boldsymbol{B}\boldsymbol{A}$，所以$\boldsymbol{B}^{100}=\boldsymbol{B}\boldsymbol{A}^{99}$，即

$$(\boldsymbol{\beta}_1,\boldsymbol{\beta}_2,\boldsymbol{\beta}_3)=(\boldsymbol{\alpha}_1,\boldsymbol{\alpha}_2,\boldsymbol{\alpha}_3)\begin{pmatrix}-2+2^{99}&1-2^{99}&2-2^{98}\\-2+2^{100}&1-2^{100}&2-2^{99}\\0&0&0\end{pmatrix},$$

故

$$\begin{cases}\boldsymbol{\beta}_1=(-2+2^{99})\boldsymbol{\alpha}_1+(-2+2^{100})\boldsymbol{\alpha}_2\\\boldsymbol{\beta}_2=(1-2^{99})\boldsymbol{\alpha}_1+(1-2^{100})\boldsymbol{\alpha}_2\\\boldsymbol{\beta}_3=(2-2^{98})\boldsymbol{\alpha}_1+(2-2^{99})\boldsymbol{\alpha}_2\end{cases}.$$

四、实对称矩阵的相似对角化

13. （2010年，数学二，三）设3阶实对称矩阵$\boldsymbol{A}=\begin{pmatrix}0&-1&4\\-1&3&a\\4&a&0\end{pmatrix}$，若正交矩阵$\boldsymbol{Q}$使得$\boldsymbol{Q}^{\mathrm{T}}\boldsymbol{A}\boldsymbol{Q}$为对角矩阵，且$\boldsymbol{Q}$的第1列为$\frac{1}{\sqrt{6}}(1,2,1)^{\mathrm{T}}$，求$a$，$\boldsymbol{Q}$.

【解析】 设$\boldsymbol{A}$的特征值λ_1的特征向量为$\frac{1}{\sqrt{6}}(1,2,1)^{\mathrm{T}}$，则有

$$A\begin{pmatrix}\frac{1}{\sqrt{6}}\\\frac{2}{\sqrt{6}}\\\frac{1}{\sqrt{6}}\end{pmatrix}=\begin{pmatrix}0&-1&4\\-1&3&a\\4&a&0\end{pmatrix}\begin{pmatrix}\frac{1}{\sqrt{6}}\\\frac{2}{\sqrt{6}}\\\frac{1}{\sqrt{6}}\end{pmatrix}=\lambda_1\begin{pmatrix}\frac{1}{\sqrt{6}}\\\frac{2}{\sqrt{6}}\\\frac{1}{\sqrt{6}}\end{pmatrix},\quad 即\begin{pmatrix}2\\5+a\\4+2a\end{pmatrix}=\lambda_1\begin{pmatrix}1\\2\\1\end{pmatrix},$$

从而得到 $a=-1$，$\lambda_1=2$.

于是 $A=\begin{pmatrix}0&-1&4\\-1&3&-1\\4&-1&0\end{pmatrix}$，且 A 的特征多项式为

$$|\lambda E-A|=\begin{vmatrix}\lambda&1&-4\\1&\lambda-3&1\\-4&1&\lambda\end{vmatrix}=(\lambda+4)(\lambda-2)(\lambda-5),$$

所以 A 的特征值为 $\lambda_1=-4$，$\lambda_2=2$，$\lambda_3=5$.

对于 $\lambda_1=-4$ 时，求解 $(-4E-A)x=0$，得基础解系 $p_1=(-1,0,1)^{\mathrm{T}}$；

对于 $\lambda_2=2$ 时，求解 $(2E-A)x=0$，得基础解系 $p_2=(1,2,1)^{\mathrm{T}}$；

对于 $\lambda_3=5$ 时，求解 $(5E-A)x=0$，得基础解系 $p_3=(1,-1,1)^{\mathrm{T}}$.

由于 A 为实对称矩阵，且 p_1，p_2，p_3 为不同特征值对应的特征向量，所以 p_1，p_2，p_3 两两正交，故只需单位化：

$$q_1=\frac{1}{\sqrt{2}}(-1,0,1)^{\mathrm{T}},\quad q_2=\frac{1}{\sqrt{6}}(1,2,1)^{\mathrm{T}},\quad q_3=\frac{1}{\sqrt{3}}(1,-1,1)^{\mathrm{T}},$$

取 $Q=(q_1,q_2,q_3)=\begin{pmatrix}-\frac{1}{\sqrt{2}}&\frac{1}{\sqrt{6}}&\frac{1}{\sqrt{3}}\\0&\frac{2}{\sqrt{6}}&-\frac{1}{\sqrt{3}}\\\frac{1}{\sqrt{2}}&\frac{1}{\sqrt{6}}&\frac{1}{\sqrt{3}}\end{pmatrix}$，则 $Q^{\mathrm{T}}AQ=\begin{pmatrix}-4&&\\&2&\\&&5\end{pmatrix}$.

14. （2011 年，数学一，二，三）设 A 为三阶实对称矩阵，$r(A)=2$，且

$$A\begin{pmatrix}1&1\\0&0\\-1&1\end{pmatrix}=\begin{pmatrix}-1&1\\0&0\\1&1\end{pmatrix}.$$

（1）求 A 的特征值与特征向量；

（2）求矩阵 A.

【解析】（1）设 $p_1=(1,0,-1)^{\mathrm{T}}$，$p_2=(1,0,1)^{\mathrm{T}}$，则 $A(p_1,p_2)=(-p_1,p_2)$，即

$$Ap_1=-p_1,\quad Ap_2=p_2.$$

所以 A 的特征值 $\lambda_1=-1$，$\lambda_2=1$ 对应的特征向量分别为 k_1p_1（$k_1\neq0$），k_2p_2（$k_2\neq0$）.

设 A 的另一个特征值为 λ_3，注意到 A 的秩为 2，所以 $|A|=0$，即

$$|A|=\lambda_1\cdot\lambda_2\cdot\lambda_3=0,$$

故 $\lambda_3=0$ 是 $\boldsymbol{A}$ 的第三个特征值，其对应的特征向量设为 $\boldsymbol{p}_3=(x_1,x_2,x_3)^{\mathrm{T}}$，则它与 $\boldsymbol{p}_1$，$\boldsymbol{p}_2$ 都正交．于是，有

$$\begin{cases}[\boldsymbol{p}_3,\boldsymbol{p}_1]=x_1-x_3=0\\ [\boldsymbol{p}_3,\boldsymbol{p}_2]=x_1+x_3=0\end{cases},$$

解得其基础解系为 $(0,1,0)^{\mathrm{T}}$，从而得到 $\boldsymbol{p}_3=(0,1,0)^{\mathrm{T}}$.

因此，特征值 $\lambda_3=0$ 对应的特征向量为 $k_3\boldsymbol{p}_3$（$k_3\neq 0$）.

（2）令 $\boldsymbol{P}=(\boldsymbol{p}_1,\boldsymbol{p}_2,\boldsymbol{p}_3)=\begin{pmatrix}1&1&0\\0&0&1\\-1&1&0\end{pmatrix}$，则 $\boldsymbol{P}^{-1}\boldsymbol{A}\boldsymbol{P}=\begin{pmatrix}-1&0&0\\0&1&0\\0&0&0\end{pmatrix}$. 从而有

$$\boldsymbol{A}=\boldsymbol{P}\begin{pmatrix}-1&0&0\\0&1&0\\0&0&0\end{pmatrix}\boldsymbol{P}^{-1}=\begin{pmatrix}0&0&1\\0&0&0\\1&0&0\end{pmatrix}.$$

专题6　二　次　型

一、二次型及其标准形

1. （2011年，数学一）若二次曲面的方程 $x^2+3y^2+z^2+2axy+2xz+2yz=4$，经过正交变换化为 $y_1^2+4z_1^2=4$，则 $a=$________.

【解析】　本题实质上是通过正交变换将二次型 $x^2+3y^2+z^2+2axy+2xz+2yz$ 化为标准形 $y_1^2+4z_1^2$. 因为二次型的矩阵 $\boldsymbol{A}=\begin{pmatrix}1&a&1\\a&3&1\\1&1&1\end{pmatrix}$，所以 $r(\boldsymbol{A})=2$，因此 $|\boldsymbol{A}|=-(a-1)^2=0$，从而解得 $a=1$.

2. （2011年，数学三）设二次型 $f(x_1,x_2,x_3)=\boldsymbol{x}^{\mathrm{T}}\boldsymbol{A}\boldsymbol{x}$ 的秩为1，$\boldsymbol{A}$ 的行元素之和为3，则 f 在正交变换 $\boldsymbol{x}=\boldsymbol{Q}\boldsymbol{y}$ 下的标准形为________.

【解析】　设 $\boldsymbol{A}=(a_{ij})_{3\times3}$，由 $\boldsymbol{A}$ 的各行元素之和都是3，得

$$a_{i1}+a_{i2}+a_{i3}=3(i=1,2,3),$$

用矩阵表示即为

$$\boldsymbol{A}\begin{pmatrix}1\\1\\1\end{pmatrix}=\begin{pmatrix}3\\3\\3\end{pmatrix}=3\cdot\begin{pmatrix}1\\1\\1\end{pmatrix},$$

因此，3是 $\boldsymbol{A}$ 的一个特征值．又 $r(\boldsymbol{A})=1$，所以 f 在正交变换 $\boldsymbol{x}=\boldsymbol{Q}\boldsymbol{y}$ 下的标准形为 $3y_1^2$.

3. （2015年，数学一，二，三）设二次型 $f(x_1,x_2,x_3)$ 在正交变换 $\boldsymbol{x}=\boldsymbol{P}\boldsymbol{y}$ 下的标准形为 $2y_1^2+y_2^2-y_3^2$，其中 $\boldsymbol{P}=(\boldsymbol{e}_1,\boldsymbol{e}_2,\boldsymbol{e}_3)$. 若 $\boldsymbol{Q}=(\boldsymbol{e}_1,-\boldsymbol{e}_3,\boldsymbol{e}_2)$，则 $f(x_1,x_2,x_3)$ 在正交变换 $\boldsymbol{x}=\boldsymbol{Q}\boldsymbol{y}$ 下的标准形为（　　）.

（A）$2y_1^2-y_2^2+y_3^2$　　（B）$2y_1^2+y_2^2-y_3^2$

（C）$2y_1^2-y_2^2-y_3^2$　　（D）$2y_1^2+y_2^2+y_3^2$

【解析】　因为

$$f(x_1,x_2,x_3)=\boldsymbol{x}^{\mathrm{T}}\boldsymbol{A}\boldsymbol{x}=(\boldsymbol{P}\boldsymbol{y})^{\mathrm{T}}\boldsymbol{A}(\boldsymbol{P}\boldsymbol{y})=\boldsymbol{y}^{\mathrm{T}}(\boldsymbol{P}^{\mathrm{T}}\boldsymbol{A}\boldsymbol{P})\boldsymbol{y}=\boldsymbol{y}^{\mathrm{T}}\begin{pmatrix}2&&\\&1&\\&&-1\end{pmatrix}\boldsymbol{y},$$

所以 $\boldsymbol{P}^{\mathrm{T}}\boldsymbol{A}\boldsymbol{P}=\begin{pmatrix}2&&\\&1&\\&&-1\end{pmatrix}$. 又

$$\boldsymbol{Q}=(\boldsymbol{e}_1,-\boldsymbol{e}_3,\boldsymbol{e}_2)=(\boldsymbol{e}_1,\boldsymbol{e}_2,\boldsymbol{e}_3)\begin{pmatrix}1&0&0\\0&0&1\\0&-1&0\end{pmatrix}=\boldsymbol{P}\begin{pmatrix}1&0&0\\0&0&1\\0&-1&0\end{pmatrix},$$

故$Q^{\mathrm{T}}AQ=\begin{pmatrix}1&0&0\\0&0&-1\\0&1&0\end{pmatrix}P^{\mathrm{T}}AP\begin{pmatrix}1&0&0\\0&0&1\\0&-1&0\end{pmatrix}=\begin{pmatrix}2&&\\&-1&\\&&1\end{pmatrix}$，因此选（A）.

4.（2012 年，数学一，二，三）已知$A=\begin{pmatrix}1&0&1\\0&1&1\\-1&0&a\\0&a&-1\end{pmatrix}$，设二次型$f(x_1,x_2,x_3)=x^{\mathrm{T}}(A^{\mathrm{T}}A)x$的秩为 2.

（Ⅰ）求实数 a 的值；

（Ⅱ）求正交变换 $x=Qy$ 将 f 化为标准形 .

【解析】（Ⅰ）因为$r(A^{\mathrm{T}}A)=r(A)=2$，则对 A 实施初等行变换，有

$$A=\begin{pmatrix}1&0&1\\0&1&1\\-1&0&a\\0&a&-1\end{pmatrix}\to\begin{pmatrix}1&0&1\\0&1&1\\0&0&a+1\\0&0&0\end{pmatrix},$$

所以，当 $a=-1$ 时，$r(A)=2$，即为所求 .

（Ⅱ）由（Ⅰ）知，$A^{\mathrm{T}}A=\begin{pmatrix}2&0&2\\0&2&2\\2&2&4\end{pmatrix}$，则$|\lambda E-A^{\mathrm{T}}A|=\lambda(\lambda-2)(\lambda-6)$，所以$A^{\mathrm{T}}A$ 的特征值为 $\lambda_1=0$，$\lambda_2=2$，$\lambda_3=6$.

对于 $\lambda_1=0$ 时，求解$(0\cdot E-A^{\mathrm{T}}A)x=\mathbf{0}$，得基础解系$p_1=(-1,-1,1)^{\mathrm{T}}$；

对于 $\lambda_2=2$ 时，求解$(2E-A^{\mathrm{T}}A)x=\mathbf{0}$，得基础解系$p_2=(-1,1,0)^{\mathrm{T}}$；

对于 $\lambda_3=6$ 时，求解$(6E-A^{\mathrm{T}}A)x=\mathbf{0}$，得基础解系$p_3=(1,1,2)^{\mathrm{T}}$.

因为实对称矩阵不同特征值对应的特征向量必正交，故只需单位化：

$$q_1=\frac{1}{\sqrt{3}}(-1,-1,1)^{\mathrm{T}},\quad q_2=\frac{1}{\sqrt{2}}(-1,1,0)^{\mathrm{T}},\quad q_3=\frac{1}{\sqrt{6}}(1,1,2)^{\mathrm{T}},$$

故正交矩阵

$$Q=(q_1,q_2,q_3)=\begin{pmatrix}-\frac{1}{\sqrt{3}}&-\frac{1}{\sqrt{2}}&\frac{1}{\sqrt{6}}\\-\frac{1}{\sqrt{3}}&\frac{1}{\sqrt{2}}&\frac{1}{\sqrt{6}}\\\frac{1}{\sqrt{3}}&0&\frac{2}{\sqrt{6}}\end{pmatrix},$$

作正交变换 $x=Qy$，则该变换将 f 化为标准形为$f=2y_2^2+6y_3^2$.

5.（2013 年，数学一，二，三）设二次型

$$f(x_1,x_2,x_3)=2(a_1x_1+a_2x_2+a_3x_3)^2+(b_1x_1+b_2x_2+b_3x_3)^2,$$

记

$$\boldsymbol{\alpha}=\begin{pmatrix}a_1\\a_2\\a_3\end{pmatrix},\quad \boldsymbol{\beta}=\begin{pmatrix}b_1\\b_2\\b_3\end{pmatrix}.$$

（Ⅰ）证明：二次型 f 对应的矩阵为 $2\boldsymbol{\alpha}\boldsymbol{\alpha}^{\mathrm{T}}+\boldsymbol{\beta}\boldsymbol{\beta}^{\mathrm{T}}$；

（Ⅱ）若 $\boldsymbol{\alpha}$，$\boldsymbol{\beta}$ 正交且均为单位向量，证明：f 在正交变换下的标准形为 $2y_1^2+y_2^2$.

【解析】（Ⅰ）因为

$$\begin{aligned}f(x_1,x_2,x_3)&=2(a_1x_1+a_2x_2+a_3x_3)^2+(b_1x_1+b_2x_2+b_3x_3)^2\\&=2(x_1,x_2,x_3)\begin{pmatrix}a_1\\a_2\\a_3\end{pmatrix}(a_1,a_2,a_3)\begin{pmatrix}x_1\\x_2\\x_3\end{pmatrix}+(x_1,x_2,x_3)\begin{pmatrix}b_1\\b_2\\b_3\end{pmatrix}(b_1,b_2,b_3)\begin{pmatrix}x_1\\x_2\\x_3\end{pmatrix}\\&=(x_1,x_2,x_3)(2\boldsymbol{\alpha}\boldsymbol{\alpha}^{\mathrm{T}}+\boldsymbol{\beta}\boldsymbol{\beta}^{\mathrm{T}})\begin{pmatrix}x_1\\x_2\\x_3\end{pmatrix}=\boldsymbol{x}^{\mathrm{T}}\boldsymbol{A}\boldsymbol{x}.\end{aligned}$$

其中，$\boldsymbol{A}=2\boldsymbol{\alpha}\boldsymbol{\alpha}^{\mathrm{T}}+\boldsymbol{\beta}\boldsymbol{\beta}^{\mathrm{T}}$，所以二次型 f 对应的矩阵为 $2\boldsymbol{\alpha}\boldsymbol{\alpha}^{\mathrm{T}}+\boldsymbol{\beta}\boldsymbol{\beta}^{\mathrm{T}}$.

（Ⅱ）由于 $\boldsymbol{A}=2\boldsymbol{\alpha}\boldsymbol{\alpha}^{\mathrm{T}}+\boldsymbol{\beta}\boldsymbol{\beta}^{\mathrm{T}}$，且 $\boldsymbol{\alpha}$ 与 $\boldsymbol{\beta}$ 正交，故 $\boldsymbol{\alpha}^{\mathrm{T}}\boldsymbol{\beta}=0$.

又 $\boldsymbol{\alpha}$，$\boldsymbol{\beta}$ 为单位向量，且 $\|\boldsymbol{\alpha}\|=\sqrt{\boldsymbol{\alpha}^{\mathrm{T}}\boldsymbol{\alpha}}=1$，所以 $\boldsymbol{\alpha}^{\mathrm{T}}\boldsymbol{\alpha}=1$，同理 $\boldsymbol{\beta}^{\mathrm{T}}\boldsymbol{\beta}=1$. 于是有

$$\boldsymbol{A}\boldsymbol{\alpha}=(2\boldsymbol{\alpha}\boldsymbol{\alpha}^{\mathrm{T}}+\boldsymbol{\beta}\boldsymbol{\beta}^{\mathrm{T}})\boldsymbol{\alpha}=2\boldsymbol{\alpha}\boldsymbol{\alpha}^{\mathrm{T}}\boldsymbol{\alpha}+\boldsymbol{\beta}\boldsymbol{\beta}^{\mathrm{T}}\boldsymbol{\alpha}=2\boldsymbol{\alpha},$$

$$\boldsymbol{A}\boldsymbol{\beta}=(2\boldsymbol{\alpha}\boldsymbol{\alpha}^{\mathrm{T}}+\boldsymbol{\beta}\boldsymbol{\beta}^{\mathrm{T}})\boldsymbol{\beta}=2\boldsymbol{\alpha}\boldsymbol{\alpha}^{\mathrm{T}}\boldsymbol{\beta}+\boldsymbol{\beta}\boldsymbol{\beta}^{\mathrm{T}}\boldsymbol{\beta}=\boldsymbol{\beta},$$

注意到 $\boldsymbol{\alpha}\neq\boldsymbol{0}$，$\boldsymbol{\beta}\neq\boldsymbol{0}$，故 $\lambda_1=2$，$\lambda_2=1$ 是 $\boldsymbol{A}$ 的特征值. 另一方面，有

$$r(\boldsymbol{A})=r(2\boldsymbol{\alpha}\boldsymbol{\alpha}^{\mathrm{T}}+\boldsymbol{\beta}\boldsymbol{\beta}^{\mathrm{T}})\leqslant r(2\boldsymbol{\alpha}\boldsymbol{\alpha}^{\mathrm{T}})+r(\boldsymbol{\beta}\boldsymbol{\beta}^{\mathrm{T}})=r(\boldsymbol{\alpha}\boldsymbol{\alpha}^{\mathrm{T}})+r(\boldsymbol{\beta}\boldsymbol{\beta}^{\mathrm{T}})=1+1=2<3,$$

故 $|\boldsymbol{A}|=0$，即 $\lambda_3=0$ 是 $\boldsymbol{A}$ 的特征值. 因此，f 在正交变换下的标准形为 $2y_1^2+y_2^2$.

6.（2017年，数学一，二，三）设二次型

$$f(x_1,x_2,x_3)=2x_1^2-x_2^2+ax_3^2+2x_1x_2-8x_1x_3+2x_2x_3$$

在正交变换 $\boldsymbol{x}=\boldsymbol{Q}\boldsymbol{y}$ 下的标准形为 $\lambda_1y_1^2+\lambda_2y_2^2$，试求：$a$ 的值及一个正交矩阵 $\boldsymbol{Q}$.

【解析】 设 $f(x_1,x_2,x_3)=\boldsymbol{x}^{\mathrm{T}}\boldsymbol{A}\boldsymbol{x}$，其中

$$\boldsymbol{A}=\begin{pmatrix}2&1&-4\\1&-1&1\\-4&1&a\end{pmatrix}.$$

由于二次型的标准形为 $\lambda_1y_1^2+\lambda_2y_2^2$，可知0是 $\boldsymbol{A}$ 的特征值. 于是有 $|\boldsymbol{A}|=6-3a=0$，从而解得 $a=2$. 此时 $\boldsymbol{A}=\begin{pmatrix}2&1&-4\\1&-1&1\\-4&1&2\end{pmatrix}$，则 $\boldsymbol{A}$ 的特征多项式为

$$|\lambda\boldsymbol{E}-\boldsymbol{A}|=\lambda(\lambda-6)(\lambda+3)=0,$$

所以 $\boldsymbol{A}$ 的特征值为 $\lambda_1=-3$，$\lambda_2=6$，$\lambda_3=0$.

对于 $\lambda_1=-3$ 时，求解 $(-3\boldsymbol{E}-\boldsymbol{A})\boldsymbol{x}=\boldsymbol{0}$，得基础解系 $\boldsymbol{p}_1=(1,-1,1)^{\mathrm{T}}$；

对于 $\lambda_2=6$ 时，求解 $(6\boldsymbol{E}-\boldsymbol{A})\boldsymbol{x}=\boldsymbol{0}$，得基础解系 $\boldsymbol{p}_2=(-1,0,1)^{\mathrm{T}}$；

对于 $\lambda_3=0$ 时，求解 $(0\cdot\boldsymbol{E}-\boldsymbol{A})\boldsymbol{x}=\boldsymbol{0}$，得基础解系 $\boldsymbol{p}_3=(1,2,1)^{\mathrm{T}}$.

因为实对称矩阵不同特征值对应的特征向量必正交，故只需单位化：

$$q_1=\frac{1}{\sqrt{3}}(1,-1,1)^{\mathrm{T}},\quad q_2=\frac{1}{\sqrt{2}}(-1,0,1)^{\mathrm{T}},\quad q_3=\frac{1}{\sqrt{6}}(1,2,1)^{\mathrm{T}},$$

故正交矩阵

$$Q=(q_1,q_2,q_3)=\begin{pmatrix}\frac{1}{\sqrt{3}} & -\frac{1}{\sqrt{2}} & \frac{1}{\sqrt{6}}\\ -\frac{1}{\sqrt{3}} & 0 & \frac{2}{\sqrt{6}}\\ \frac{1}{\sqrt{3}} & \frac{1}{\sqrt{2}} & \frac{1}{\sqrt{6}}\end{pmatrix},$$

作正交变换 $x=Qy$，则该变换将 f 化为标准形为 $f=-3y_1^2+6y_2^2$.

7. （2010 年，数学一）已知二次型 $f(x_1,x_2,x_3)=x^{\mathrm{T}}Ax$ 在正交变换 $x=Qy$ 下的标准形为 $y_1^2+y_2^2$，且 Q 的第三列为 $\left(\frac{\sqrt{2}}{2},0,\frac{\sqrt{2}}{2}\right)^{\mathrm{T}}$.

（Ⅰ）求矩阵 A；

（Ⅱ）证明：$A+E$ 为正定矩阵，其中 E 为 3 阶单位矩阵.

【解析】（Ⅰ）因为二次型 f 在正交变换 $x=Qy$ 下的标准形为 $y_1^2+y_2^2$，所以 A 的特征值为 $\lambda_1=\lambda_2=1$，$\lambda_3=0$. 又因为 Q 的第三列为 $\left(\frac{\sqrt{2}}{2},0,\frac{\sqrt{2}}{2}\right)^{\mathrm{T}}$，即 A 的对应于特征值 $\lambda_3=0$ 的特征向量为 $p_3=\left(\frac{\sqrt{2}}{2},0,\frac{\sqrt{2}}{2}\right)^{\mathrm{T}}$.

注意到 A 为实对称矩阵，而不同特征值对应的特征向量必正交，于是可设对应于特征值 $\lambda_1=\lambda_2=1$ 的特征向量为 $p=(x_1,x_2,x_3)^{\mathrm{T}}$，则 $p^{\mathrm{T}}p_3=\frac{\sqrt{2}}{2}x_1+\frac{\sqrt{2}}{2}x_3=0$，求得该方程组的基础解系为 $p_1=(0,1,0)^{\mathrm{T}}$，$p_2=(-1,0,1)^{\mathrm{T}}$，因此 p_1，p_2 为特征值 $\lambda_1=\lambda_2=1$ 的两个线性无关的特征向量.

又 p_1，p_2 是相互正交的，故只需单位化：

$$q_1=(0,1,0)^{\mathrm{T}},\quad q_2=\frac{1}{\sqrt{2}}(-1,0,1)^{\mathrm{T}},\quad q_3=\frac{1}{\sqrt{2}}(1,0,1)^{\mathrm{T}},$$

取 $Q=(q_1,q_2,q_3)=\begin{pmatrix}0 & -\frac{1}{\sqrt{2}} & \frac{\sqrt{2}}{2}\\ 1 & 0 & 0\\ 0 & \frac{1}{\sqrt{2}} & \frac{\sqrt{2}}{2}\end{pmatrix}$，则 $Q^{\mathrm{T}}AQ=\begin{pmatrix}1 & & \\ & 1 & \\ & & 0\end{pmatrix}$，且 $Q^{\mathrm{T}}=Q^{-1}$.

因此，有

$$A=Q\begin{pmatrix}1 & & \\ & 1 & \\ & & 0\end{pmatrix}Q^{\mathrm{T}}=\begin{pmatrix}\frac{1}{2} & 0 & -\frac{1}{2}\\ 0 & 1 & 0\\ -\frac{1}{2} & 0 & \frac{1}{2}\end{pmatrix}.$$

（Ⅱ）因为$(\boldsymbol{A}+\boldsymbol{E})^{\mathrm{T}}=\boldsymbol{A}^{\mathrm{T}}+\boldsymbol{E}^{\mathrm{T}}=\boldsymbol{A}+\boldsymbol{E}$，所以$\boldsymbol{A}+\boldsymbol{E}$为实对称矩阵．由（I）可知，$\boldsymbol{A}$的特征值为1，1，0，所以$\boldsymbol{A}+\boldsymbol{E}$的特征值为2，2，1，即$\boldsymbol{A}+\boldsymbol{E}$的特征值全大于零，故$\boldsymbol{A}+\boldsymbol{E}$为正定矩阵．

二、惯性定理

8.（2011年，数学二）二次型$f(x_1,x_2,x_3)=x_1^2+3x_2^2+x_3^2+2x_1x_2+2x_1x_3+2x_2x_3$，则$f$的正惯性指数为________．

【解析】 由于$f(x_1,x_2,x_3)=(x_1+x_2+x_3)^2+2x_2^2=y_1^2+2y_2^2$，因此正惯性指数为2.

9.（2014年，数学一，二，三）设二次型$f(x_1,x_2,x_3)=x_1^2-x_2^2+2ax_1x_3+4x_2x_3$的负惯性指数是1，则$a$的取值范围是________．

【解析】 由于

$$\begin{aligned}f(x_1,x_2,x_3)&=x_1^2-x_2^2+2ax_1x_3+4x_2x_3=x_1^2+2ax_1x_3+a^2x_3^2-x_2^2+4x_2x_3-a^2x_3^2\\&=(x_1+ax_3)^2-(x_2-2x_3)^2+(4-a^2)x_3^2=y_1^2-y_2^2+(4-a^2)y_3^2\end{aligned}$$

且f的负惯性指数是1，则必有$4-a^2\geqslant 0$，从而解得$-2\leqslant a\leqslant 2$.

10.（2016年，数学一）设二次型$f(x_1,x_2,x_3)=x_1^2+x_2^2+x_3^2+4x_1x_2+4x_1x_3+4x_2x_3$，则$f(x_1,x_2,x_3)=2$在空间直角坐标下表示的二次曲面为（　　）．

（A）单叶双曲面　　　　（B）双叶双曲面

（C）椭球面　　　　（D）柱面

【解析】 设二次型矩阵$\boldsymbol{A}=\begin{pmatrix}1&2&2\\2&1&2\\2&2&1\end{pmatrix}$，则$\boldsymbol{A}$的特征多项式

$$|\lambda\boldsymbol{E}-\boldsymbol{A}|=(\lambda+1)^2(\lambda-5),$$

从而可知二次型f的正惯性指数为1，负惯性指数为2，从而$f(x_1,x_2,x_3)=2$二次型表示双叶双曲面，故选（B）.

11.（2016年，数学二，三）设二次型

$$f(x_1,x_2,x_3)=a(x_1^2+x_2^2+x_3^2)+2x_1x_2+2x_1x_3+2x_2x_3$$

的正、负惯性指数分别为1、2，则（　　）．

（A）$a>1$　　　　（B）$a<-2$

（C）$-2<a<1$　　　　（D）$a=1$或$a=-2$

【解析】 设二次型矩阵$\boldsymbol{A}=\begin{pmatrix}1&2&2\\2&1&2\\2&2&1\end{pmatrix}$，则$\boldsymbol{A}$的特征多项式

$$|\lambda\boldsymbol{E}-\boldsymbol{A}|=(\lambda-a-2)(\lambda-a+1)^2,$$

从而可知$\boldsymbol{A}$的特征值为$\lambda_1=a+2$，$\lambda_2=\lambda_3=a-1$. 注意到，二次型f的正惯性指数为1，负惯性指数为2，故必有$\begin{cases}a+2>0\\a-1<0\end{cases}$，从而解得$-2<a<1$.

三、二次型的规范形

12.（2019年，数学一，二，三）设$\boldsymbol{A}$是三阶实对称矩阵，$\boldsymbol{E}$为3阶单位矩阵，若$\boldsymbol{A}^2+$

$A=2E$，且$|A|=4$，则二次型$x^{T}Ax$的规范形为（　　）.

（A）$y_1^2+y_2^2+y_3^2$　　（B）$y_1^2+y_2^2-y_3^2$

（C）$y_1^2-y_2^2-y_3^2$　　（D）$-y_1^2-y_2^2-y_3^2$

【解析】 设λ是A的特征值，由$A^2+A=2E$，可知$\lambda^2+\lambda=2$，解得$\lambda=1$或$\lambda=-2$. 又$|A|=4$，所以A的三个特征值为1，-2，-2，从而得到二次型的规范形为$y_1^2-y_2^2-y_3^2$，故选（C）.

13.（2018年，数学一，二，三）设实二次型

$$f(x_1,x_2,x_3)=(x_1-x_2+x_3)^2+(x_2+x_3)^2+(x_1+ax_3)^2,$$

其中a是参数.

（Ⅰ）求$f(x_1,x_2,x_3)=0$的解；

（Ⅱ）求$f(x_1,x_2,x_3)$的规范形.

【解析】（Ⅰ）由$f(x_1,x_2,x_3)=0$，可知$\begin{cases}x_1-x_2+x_3=0\\ x_2+x_3=0\\ x_1+ax_3=0\end{cases}$，其系数矩阵

$$A=\begin{pmatrix}1&-1&1\\0&1&1\\1&0&a\end{pmatrix}\to\begin{pmatrix}1&0&2\\0&1&1\\0&0&a-2\end{pmatrix},$$

当$a\neq2$时，$r(A)=3$，方程组有唯一解：$x_1=x_2=x_3=0$；

当$a=2$时，$r(A)=2$，方程组有无穷多个解：$\begin{pmatrix}x_1\\x_2\\x_3\end{pmatrix}=k\begin{pmatrix}-2\\-1\\1\end{pmatrix}$，其中$k$为任意常数.

（Ⅱ）当$a\neq2$时，此时规范形为$f=y_1^2+y_2^2+y_3^2$；当$a=2$时，有

$$f(x_1,x_2,x_3)=2x_1^2+2x_2^2+6x_3^2-2x_1x_2+6x_1x_3=2\left(x_1-\frac{x_2-3x_3}{2}\right)^2+\frac{3}{2}(x_2+x_3)^2,$$

此时规范形为$f=z_1^2+z_2^2$.

附　　录

巩固练习答案解析

第1章

一、填空题

1. **【答案】** $i=7$，$j=4$.

【解析】 根据排列的定义可知，i 和 j 只可能取 4 或 7.

若 $i=4$，$j=7$，则排列 213486759 的逆序数为 6，为偶排列；

若 $i=7$，$j=4$，则排列 213786459 的逆序数为 9，为奇排列.

2. **【答案】** 1.

【解析】 由对角线法则，知

$$\begin{vmatrix} \sin x & -\cos x \\ \cos x & \sin x \end{vmatrix} = \sin x \cdot \sin x - (-\cos x) \cdot \cos x = \sin^2 x + \cos^2 x = 1.$$

3. **【答案】** -24.

【解析1】 由行列式按行（列）展开法则，知

$$\begin{vmatrix} 0 & 1 & 0 & 0 \\ 0 & 0 & 0 & 2 \\ 3 & 0 & 0 & 0 \\ 0 & 0 & 4 & 0 \end{vmatrix} = 1 \cdot (-1)^{1+2} \begin{vmatrix} 0 & 0 & 2 \\ 3 & 0 & 0 \\ 0 & 4 & 0 \end{vmatrix} = -2 \cdot (-1)^{1+3} \begin{vmatrix} 3 & 0 \\ 0 & 4 \end{vmatrix} = -24.$$

【解析2】 由行列式的定义，其展开式的一般项为

$$(-1)^{t(p_1p_2p_3p_4)} a_{1p_1} a_{2p_2} a_{3p_3} a_{4p_4},$$

当且仅当 $p_1=2$，$p_2=4$，$p_3=1$，$p_4=3$ 时，对应的项才不为 0，故

$$\begin{vmatrix} 0 & 1 & 0 & 0 \\ 0 & 0 & 0 & 2 \\ 3 & 0 & 0 & 0 \\ 0 & 0 & 4 & 0 \end{vmatrix} = (-1)^{t(2413)} a_{12} a_{24} a_{31} a_{43} = -24.$$

4. **【答案】** -2.

【解析】 由行列式的定义，$f(x)$ 中含有 x^3 的系数有 2 项，即

$$(-1)^{t(2314)} a_{12} a_{23} a_{31} a_{44} = (-1)^2 \cdot 1 \cdot x \cdot x \cdot (-3x) = -3x^3,$$

$$(-1)^{t(4321)} a_{14} a_{23} a_{32} a_{41} = (-1)^6 \cdot 1 \cdot x \cdot x \cdot x = x^3,$$

故 $f(x)$ 中 x^3 的系数为 -2.

5. **【答案】** 0.

【解析】 第 2 列减去第 1 列，并提取公因子，化简得

$$\begin{vmatrix} 1 & 101 & 1 \\ -2 & 198 & 2 \\ 3 & 203 & 2 \end{vmatrix} = \begin{vmatrix} 1 & 100 & 1 \\ -2 & 200 & 2 \\ 3 & 200 & 2 \end{vmatrix} = 100\begin{vmatrix} 1 & 1 & 1 \\ -2 & 2 & 2 \\ 3 & 2 & 2 \end{vmatrix}$$

$$= 200\begin{vmatrix} 1 & 1 & 1 \\ -1 & 1 & 1 \\ 3 & 2 & 2 \end{vmatrix} = 200\begin{vmatrix} 1 & 1 & 1 \\ 0 & 2 & 2 \\ 0 & -1 & -1 \end{vmatrix} = 0.$$

6. 【答案】 0.

【解析】 该行列式为3阶反对称行列式，故 $\begin{vmatrix} 0 & -a & b \\ a & 0 & -c \\ -b & c & 0 \end{vmatrix} = 0.$

7. 【答案】 -4.

【解析】 因为 $\begin{vmatrix} a_{11} & a_{12} & a_{13} \\ a_{21} & a_{22} & a_{23} \\ a_{31} & a_{32} & a_{33} \end{vmatrix} = 2$，所以

$$\begin{vmatrix} 2a_{21} & 2a_{22} & 2a_{23} \\ a_{11} & a_{12} & a_{13} \\ a_{31}+3a_{11} & a_{32}+3a_{12} & a_{33}+3a_{13} \end{vmatrix} = \begin{vmatrix} 2a_{21} & 2a_{22} & 2a_{23} \\ a_{11} & a_{12} & a_{13} \\ a_{31} & a_{32} & a_{33} \end{vmatrix} + \begin{vmatrix} 2a_{21} & 2a_{22} & 2a_{23} \\ a_{11} & a_{12} & a_{13} \\ 3a_{11} & 3a_{12} & 3a_{13} \end{vmatrix}$$

$$= 2\begin{vmatrix} a_{21} & a_{22} & a_{23} \\ a_{11} & a_{12} & a_{13} \\ a_{31} & a_{32} & a_{33} \end{vmatrix} = -2\begin{vmatrix} a_{11} & a_{12} & a_{13} \\ a_{21} & a_{22} & a_{23} \\ a_{31} & a_{32} & a_{33} \end{vmatrix} = -4.$$

8. 【答案】 -12.

【解析】 互换第1列与第2列，并转置行列式，可得到4阶范德蒙德行列式.

$$\begin{vmatrix} 2 & 1 & 2^2 & 2^3 \\ 3 & 1 & 3^2 & 3^3 \\ 4 & 1 & 4^2 & 4^3 \\ 5 & 1 & 5^2 & 5^3 \end{vmatrix} = -\begin{vmatrix} 1 & 2 & 2^2 & 2^3 \\ 1 & 3 & 3^2 & 3^3 \\ 1 & 4 & 4^2 & 4^3 \\ 1 & 5 & 5^2 & 5^3 \end{vmatrix} = -\begin{vmatrix} 1 & 1 & 1 & 1 \\ 2 & 3 & 4 & 5 \\ 2^2 & 3^2 & 4^2 & 5^2 \\ 2^3 & 3^3 & 4^3 & 5^3 \end{vmatrix}$$

$$= -(3-2)(4-2)(5-2)(4-3)(5-3)(5-4) = -12.$$

9. 【答案】 -14.

【解析】 将行列式 D 的第1列所有元素依次换为1，1，1，1，得

$$A_{11}+A_{21}+A_{31}+A_{41} = \begin{vmatrix} 1 & 0 & 1 & 0 \\ 1 & 2 & 0 & 2 \\ 1 & 1 & 3 & 0 \\ 1 & 3 & 0 & 0 \end{vmatrix} = \begin{vmatrix} 1 & 0 & 0 & 0 \\ 1 & 2 & -1 & 2 \\ 1 & 1 & 2 & 0 \\ 1 & 3 & -1 & 0 \end{vmatrix}$$

$$= \begin{vmatrix} 2 & -1 & 2 \\ 1 & 2 & 0 \\ 3 & -1 & 0 \end{vmatrix} = 2\begin{vmatrix} 1 & 2 \\ 3 & -1 \end{vmatrix} = -14.$$

10. 【答案】 0.

【解析】 由于各行元素之和为零，故将行列式的所有列（除第1列外）全部加到第1

列，必将第 1 列所有元素全部化为 0，因此该行列式的值为 0.

二、选择题

1. 【答案】 D.

【解析】 由行列式的定义，其展开式的一般项为

$$(-1)^{t(p_1p_2p_3p_4)}a_{1p_1}a_{2p_2}a_{3p_3}a_{4p_4},$$

因此展开项前所冠的符号应根据列排列的逆序数的奇偶性来判断.

对于（A）：排列的逆序数 $t(4312)=5$，为奇排列，应冠负号；

对于（B）：排列的逆序数 $t(1324)=1$，为奇排列，应冠负号；

对于（C）：排列的逆序数 $t(2341)=3$，为奇排列，应冠负号；

对于（D）：排列的逆序数 $t(3412)=4$，为偶排列，应冠正号.

2. 【答案】 C.

【解析】 由行列式的定义，其展开式的一般项为$(-1)^{t(p_1p_2\cdots p_n)}a_{1p_1}a_{2p_2}\cdots a_{np_n}$，当且仅当 $p_1=2$，$p_2=3$，…，$p_{n-1}=n$，$p_n=1$ 时，对应的项才不为 0，故

$$\begin{vmatrix} 0 & 1 & 0 & \cdots & 0 \\ 0 & 0 & 2 & \cdots & 0 \\ \vdots & \vdots & \vdots & & \vdots \\ 0 & 0 & 0 & \cdots & n-1 \\ n & 0 & 0 & \cdots & 0 \end{vmatrix} = (-1)^{t(23\cdots n1)}a_{12}a_{23}\cdots a_{n-1,n}a_{n1}=(-1)^{n-1}\cdot n!.$$

3. 【答案】 C.

【解析】

$$\begin{vmatrix} 1 & a+2 & 4 \\ -2 & b+5 & 1 \\ 3 & c-6 & 0 \end{vmatrix} = \begin{vmatrix} 1 & a & 4 \\ -2 & b & 1 \\ 3 & c & 0 \end{vmatrix} + \begin{vmatrix} 1 & 2 & 4 \\ -2 & 5 & 1 \\ 3 & -6 & 0 \end{vmatrix}$$

$$= -\begin{vmatrix} a & 1 & 4 \\ b & -2 & 1 \\ c & 3 & 0 \end{vmatrix} + \begin{vmatrix} 1 & 4 & 4 \\ -2 & 1 & 1 \\ 3 & 0 & 0 \end{vmatrix} = -\begin{vmatrix} a & b & c \\ 1 & -2 & 3 \\ 4 & 1 & 0 \end{vmatrix} + 0 = -k.$$

4. 【答案】 D.

【解析】 按第 1 行展开，得

$$原式 = a_1\begin{vmatrix} a_2 & b_2 & 0 \\ b_3 & a_3 & 0 \\ 0 & 0 & a_4 \end{vmatrix} - b_1\begin{vmatrix} 0 & a_2 & b_2 \\ 0 & b_3 & a_3 \\ b_4 & 0 & 0 \end{vmatrix}$$

$$= a_1a_4\begin{vmatrix} a_2 & b_2 \\ b_3 & a_3 \end{vmatrix} - b_1b_4\begin{vmatrix} a_2 & b_2 \\ b_3 & a_3 \end{vmatrix}$$

$$= (a_2a_3-b_2b_3)(a_1a_4-b_1b_4).$$

5. 【答案】 D.

【解析】 按第 1 行展开，得

$$\begin{vmatrix} a & 0 & \cdots & 0 & 1 \\ 0 & a & \cdots & 0 & 0 \\ \vdots & \vdots & & \vdots & \vdots \\ 0 & 0 & \cdots & a & 0 \\ 1 & 0 & \cdots & 0 & a \end{vmatrix} = a\begin{vmatrix} a & 0 & \cdots & 0 \\ 0 & a & \cdots & 0 \\ \vdots & \vdots & & \vdots \\ 0 & 0 & \cdots & a \end{vmatrix} + (-1)^{n+1}\begin{vmatrix} 0 & 0 & \cdots & 1 \\ a & 0 & \cdots & 0 \\ \vdots & \ddots & & \vdots \\ 0 & 0 & a & 0 \end{vmatrix}$$

$$= a^n + (-1)^{n+1}\cdot(-1)^{1+(n-1)}\begin{vmatrix} a & 0 & \cdots & 0 \\ 0 & a & \cdots & 0 \\ \vdots & \vdots & & \vdots \\ 0 & 0 & \cdots & a \end{vmatrix} = a^n - a^{n-2}.$$

6. 【答案】 B.

【解析】 按第 3 列展开，若使

$$\begin{vmatrix} a & b & 0 \\ -b & a & 0 \\ -1 & 0 & -1 \end{vmatrix} = -(a^2+b^2)=0,$$

则必有 $a=0$，$b=0$.

三、解答题

1. 【解析】 利用三角形法（降阶法）计算.

$$\begin{vmatrix} 3 & 1 & 2 & 6 \\ 1 & 2 & 0 & 3 \\ 4 & 0 & 8 & 7 \\ 2 & 6 & 5 & 7 \end{vmatrix} = -\begin{vmatrix} 1 & 2 & 0 & 3 \\ 3 & 1 & 2 & 6 \\ 4 & 0 & 8 & 7 \\ 2 & 6 & 5 & 7 \end{vmatrix} = -\begin{vmatrix} 1 & 2 & 0 & 3 \\ 0 & -5 & 2 & -3 \\ 0 & -8 & 8 & -5 \\ 0 & 2 & 5 & 1 \end{vmatrix}$$

$$= -\begin{vmatrix} -5 & 2 & -3 \\ -8 & 8 & -5 \\ 2 & 5 & 1 \end{vmatrix} = -\begin{vmatrix} 1 & 17 & 0 \\ 2 & 33 & 0 \\ 2 & 5 & 1 \end{vmatrix} = -\begin{vmatrix} 1 & 17 \\ 2 & 33 \end{vmatrix} = 1.$$

2. 【解析】 将所有列加到第 1 列，得

$$\begin{vmatrix} 1 & -1 & 1 & x-1 \\ 1 & -1 & x+1 & -1 \\ 1 & x-1 & 1 & -1 \\ x+1 & -1 & 1 & -1 \end{vmatrix} = \begin{vmatrix} x & -1 & 1 & x-1 \\ x & -1 & x+1 & -1 \\ x & x-1 & 1 & -1 \\ x & -1 & 1 & -1 \end{vmatrix}$$

$$= x\begin{vmatrix} 1 & -1 & 1 & x-1 \\ 1 & -1 & x+1 & -1 \\ 1 & x-1 & 1 & -1 \\ 1 & -1 & 1 & -1 \end{vmatrix} = x\begin{vmatrix} 1 & -1 & 1 & x-1 \\ 0 & 0 & x & -x \\ 0 & x & 0 & -x \\ 0 & 0 & 0 & -x \end{vmatrix}$$

$$= x^4\begin{vmatrix} 0 & 1 & -1 \\ 1 & 0 & -1 \\ 0 & 0 & -1 \end{vmatrix} = x^4.$$

3. 【解析】 将所有列加到第 1 列，得

$$\begin{vmatrix} x_1-m & x_2 & \cdots & x_n \\ x_1 & x_2-m & \cdots & x_n \\ \vdots & \vdots & & \vdots \\ x_1 & x_2 & \cdots & x_n-m \end{vmatrix} = \begin{vmatrix} \sum_{i=1}^{n} x_i - m & x_2 & \cdots & x_n \\ \sum_{i=1}^{n} x_i - m & x_2-m & \cdots & x_n \\ \vdots & \vdots & & \vdots \\ \sum_{i=1}^{n} x_i - m & x_2 & \cdots & x_n-m \end{vmatrix}$$

$$= \left(\sum_{i=1}^{n} x_i - m\right)\begin{vmatrix} 1 & x_2 & \cdots & x_n \\ 1 & x_2-m & \cdots & x_n \\ \vdots & \vdots & & \vdots \\ 1 & x_2 & \cdots & x_n-m \end{vmatrix}$$

$$= \left(\sum_{i=1}^{n} x_i - m\right)\begin{vmatrix} 1 & x_2 & \cdots & x_n \\ 0 & -m & \cdots & 0 \\ \vdots & \vdots & & \vdots \\ 0 & 0 & \cdots & -m \end{vmatrix}$$

$$= \left(\sum_{i=1}^{n} x_i - m\right)\cdot(-m)^{n-1}.$$

4. **【解析】** 从第 2 列开始，每列依次提取 4，5，…，$n+2$，得

$$D_n = \prod_{i=4}^{n+2} i \cdot \begin{vmatrix} 3 & \frac{1}{4} & \frac{1}{5} & \cdots & \frac{1}{n+2} \\ -1 & 1 & 0 & \cdots & 0 \\ -1 & 0 & 1 & \cdots & 0 \\ \vdots & \vdots & \vdots & & \vdots \\ -1 & 0 & 0 & \cdots & 1 \end{vmatrix},$$

从第 2 列开始，将所有列都加到第 1 列，得

$$D_n = \prod_{i=4}^{n+2} i \cdot \begin{vmatrix} 3+\sum_{i=4}^{n+2} i & \frac{1}{4} & \frac{1}{5} & \cdots & \frac{1}{n+2} \\ 0 & 1 & 0 & \cdots & 0 \\ 0 & 0 & 1 & \cdots & 0 \\ \vdots & \vdots & \vdots & & \vdots \\ 0 & 0 & 0 & \cdots & 1 \end{vmatrix} = \prod_{i=4}^{n+2} i \cdot \left(3+\sum_{i=4}^{n+2} i\right)$$

$$= \frac{(n+2)!}{6}\cdot\left(3+\sum_{i=4}^{n+2} i\right).$$

5. **【解析】** 按第 1 列展开，得

$$D_5 = \begin{vmatrix} 4 & 3 & 0 & 0 & 0 \\ 1 & 4 & 3 & 0 & 0 \\ 0 & 1 & 4 & 3 & 0 \\ 0 & 0 & 1 & 4 & 3 \\ 0 & 0 & 0 & 1 & 4 \end{vmatrix} = 4\begin{vmatrix} 4 & 3 & 0 & 0 \\ 1 & 4 & 3 & 0 \\ 0 & 1 & 4 & 3 \\ 0 & 0 & 1 & 4 \end{vmatrix} - \begin{vmatrix} 3 & 0 & 0 & 0 \\ 1 & 4 & 3 & 0 \\ 0 & 1 & 4 & 3 \\ 0 & 0 & 1 & 4 \end{vmatrix}$$

$$=4\begin{vmatrix}4&3&0&0\\1&4&3&0\\0&1&4&3\\0&0&1&4\end{vmatrix}-3\begin{vmatrix}4&3&0\\1&4&3\\0&1&4\end{vmatrix}=4D_4-3D_3=4(4D_3-3D_2)-3D_3$$

$$=13D_3-12D_2=13(4D_2-3D_1)-12D_2=40D_2-39D_1$$

$$=40\times13-39\times4=364.$$

6. 【解析】 因为$\begin{vmatrix}a_{11}&a_{12}&a_{13}\\a_{21}&a_{22}&a_{23}\\a_{31}&a_{32}&a_{33}\end{vmatrix}=-1$，所以

$$\begin{vmatrix}4a_{11}&2a_{11}-3a_{12}&a_{13}\\4a_{21}&2a_{21}-3a_{22}&a_{23}\\4a_{31}&2a_{31}-3a_{32}&a_{33}\end{vmatrix}=\begin{vmatrix}4a_{11}&2a_{11}&a_{13}\\4a_{21}&2a_{21}&a_{23}\\4a_{31}&2a_{31}&a_{33}\end{vmatrix}+\begin{vmatrix}4a_{11}&-3a_{12}&a_{13}\\4a_{21}&-3a_{22}&a_{23}\\4a_{31}&-3a_{32}&a_{33}\end{vmatrix}$$

$$=0-12\begin{vmatrix}a_{11}&a_{12}&a_{13}\\a_{21}&a_{22}&a_{23}\\a_{31}&a_{32}&a_{33}\end{vmatrix}=-12\times(-1)=12.$$

第 2 章

一、填空题

1. 【答案】 $\boldsymbol{O}$.

【解析】 $\boldsymbol{AB}=\begin{pmatrix}a&a\\-a&-a\end{pmatrix}\begin{pmatrix}b&-b\\-b&b\end{pmatrix}=\begin{pmatrix}0&0\\0&0\end{pmatrix}=\boldsymbol{O}.$

2. 【答案】 $9\begin{pmatrix}1&1&1\\1&1&1\\1&1&1\end{pmatrix}$.

【解析】 因为$\boldsymbol{A}=\begin{pmatrix}-1&-1&-1\\-1&-1&-1\\-1&-1&-1\end{pmatrix}$，且

$$\boldsymbol{A}^2=\begin{pmatrix}-1&-1&-1\\-1&-1&-1\\-1&-1&-1\end{pmatrix}\begin{pmatrix}-1&-1&-1\\-1&-1&-1\\-1&-1&-1\end{pmatrix}=\begin{pmatrix}3&3&3\\3&3&3\\3&3&3\end{pmatrix}=-3\boldsymbol{A},$$

所以

$$\boldsymbol{A}^4=\boldsymbol{A}^2\cdot\boldsymbol{A}^2=9\boldsymbol{A}^2=-27\boldsymbol{A},\quad \boldsymbol{A}^3=\boldsymbol{A}^2\cdot\boldsymbol{A}=-3\boldsymbol{A}^2=9\boldsymbol{A},$$

于是，有

$$\boldsymbol{A}^4+2\boldsymbol{A}^3=-27\boldsymbol{A}+2\cdot9\boldsymbol{A}=9\boldsymbol{A}=9\begin{pmatrix}1&1&1\\1&1&1\\1&1&1\end{pmatrix}.$$

3. 【答案】 $\begin{pmatrix}5^n&0&0\\0&2^n&0\\0&0&9^n\end{pmatrix}$.

【解析】 因为$\boldsymbol{A}=\begin{pmatrix}5&0&0\\0&2&0\\0&0&9\end{pmatrix}$，且$\boldsymbol{A}^2=\begin{pmatrix}5^2&0&0\\0&2^2&0\\0&0&9^2\end{pmatrix}$，假设$\boldsymbol{A}^k=\begin{pmatrix}5^k&0&0\\0&2^k&0\\0&0&9^k\end{pmatrix}$.

那么当$n=k+1$时，有

$$\boldsymbol{A}^{k+1}=\boldsymbol{A}^k\cdot\boldsymbol{A}=\begin{pmatrix}5^k&0&0\\0&2^k&0\\0&0&9^k\end{pmatrix}\begin{pmatrix}5&0&0\\0&2&0\\0&0&9\end{pmatrix}=\begin{pmatrix}5^{k+1}&0&0\\0&2^{k+1}&0\\0&0&9^{k+1}\end{pmatrix},$$

故

$$\boldsymbol{A}^n=\begin{pmatrix}5^n&0&0\\0&2^n&0\\0&0&9^n\end{pmatrix}.$$

说明：一般地，有$\begin{pmatrix}\lambda_1&&&\\&\lambda_2&&\\&&\ddots&\\&&&\lambda_n\end{pmatrix}^k=\begin{pmatrix}\lambda_1^k&&&\\&\lambda_2^k&&\\&&\ddots&\\&&&\lambda_n^k\end{pmatrix}$.

4. 【答案】 $3^{n-1}\begin{pmatrix}1&\frac{1}{2}&\frac{1}{3}\\2&1&\frac{2}{3}\\3&\frac{3}{2}&1\end{pmatrix}$.

【解析】 因为

$$\boldsymbol{A}=\boldsymbol{\alpha}^{\mathrm{T}}\boldsymbol{\beta}=(1,2,3)^{\mathrm{T}}\cdot\left(1,\frac{1}{2},\frac{1}{3}\right)=\begin{pmatrix}1&\frac{1}{2}&\frac{1}{3}\\2&1&\frac{2}{3}\\3&\frac{3}{2}&1\end{pmatrix},\quad \boldsymbol{\beta}\boldsymbol{\alpha}^{\mathrm{T}}=3,$$

故

$$\boldsymbol{A}^n=(\boldsymbol{\beta}\boldsymbol{\alpha}^{\mathrm{T}})^{n-1}\boldsymbol{A}=3^{n-1}\begin{pmatrix}1&\frac{1}{2}&\frac{1}{3}\\2&1&\frac{2}{3}\\3&\frac{3}{2}&1\end{pmatrix}.$$

5. 【答案】 2^{n+1}.

【解析】 $||\boldsymbol{A}|\boldsymbol{A}^{\mathrm{T}}|=|\boldsymbol{A}|^n|\boldsymbol{A}^{\mathrm{T}}|=|\boldsymbol{A}|^{n+1}=2^{n+1}$.

6. 【答案】 $-\frac{16}{27}$.

【解析】 $|(3\boldsymbol{A})^{-1}-2\boldsymbol{A}^*|=\left|\frac{1}{3}\boldsymbol{A}^{-1}-2|\boldsymbol{A}|\boldsymbol{A}^{-1}\right|=\left|-\frac{2}{3}\boldsymbol{A}^{-1}\right|=\left(-\frac{2}{3}\right)^3|\boldsymbol{A}^{-1}|=-\frac{16}{27}$.

7. 【答案】 $\boldsymbol{A}^*=\begin{pmatrix}18&0&0\\-12&6&0\\-2&-5&3\end{pmatrix}$, $\boldsymbol{A}^{-1}=\frac{1}{18}\begin{pmatrix}18&0&0\\-12&6&0\\-2&-5&3\end{pmatrix}$

【解析】 因为$\boldsymbol{A}=\begin{pmatrix}1&0&0\\2&3&0\\4&5&6\end{pmatrix}$，所以$|\boldsymbol{A}|=18$，故

$$\boldsymbol{A}^*=\begin{pmatrix}A_{11}&A_{21}&A_{31}\\A_{12}&A_{22}&A_{32}\\A_{13}&A_{23}&A_{33}\end{pmatrix}=\begin{pmatrix}18&0&0\\-12&6&0\\-2&-5&3\end{pmatrix},\quad \boldsymbol{A}^{-1}=\frac{\boldsymbol{A}^*}{|\boldsymbol{A}|}=\frac{1}{18}\begin{pmatrix}18&0&0\\-12&6&0\\-2&-5&3\end{pmatrix}.$$

8. 【答案】 $\frac{1}{10}\begin{pmatrix}1&0&0\\2&2&0\\3&4&5\end{pmatrix}$.

【解析】 因为$|\boldsymbol{A}|=10\neq0$，所以$\boldsymbol{A}$可逆．故

$$(\boldsymbol{A}^*)^{-1}=(|\boldsymbol{A}|\boldsymbol{A}^{-1})^{-1}=\frac{\boldsymbol{A}}{|\boldsymbol{A}|}=\frac{1}{10}\boldsymbol{A}=\frac{1}{10}\begin{pmatrix}1&0&0\\2&2&0\\3&4&5\end{pmatrix}.$$

9. 【答案】 $-(\boldsymbol{A}^2+\boldsymbol{A}+\boldsymbol{E})$.

【解析】 因为$\boldsymbol{A}^3-2\boldsymbol{E}=\boldsymbol{O}$，而

$$\boldsymbol{A}^3-2\boldsymbol{E}=(\boldsymbol{E}-\boldsymbol{A})[-(\boldsymbol{A}^2+\boldsymbol{A}+\boldsymbol{E})]-\boldsymbol{E}=\boldsymbol{O},$$

所以

$$(\boldsymbol{E}-\boldsymbol{A})[-(\boldsymbol{A}^2+\boldsymbol{A}+\boldsymbol{E})]=\boldsymbol{E},$$

故$(\boldsymbol{E}-\boldsymbol{A})^{-1}=-(\boldsymbol{A}^2+\boldsymbol{A}+\boldsymbol{E})$.

10. 【答案】 1.

【解析】 因为$\boldsymbol{A}=\boldsymbol{\alpha}^{\mathrm{T}}\boldsymbol{\beta}\neq\boldsymbol{O}$，所以$r(\boldsymbol{A})\geqslant1$. 而

$$r(\boldsymbol{A})\leqslant\min\{r(\boldsymbol{\alpha}),r(\boldsymbol{\beta})\}=1,$$

故$r(\boldsymbol{A})=1$.

11. 【答案】 2.

【解析】 因为$|\boldsymbol{B}|=10\neq0$，所以$\boldsymbol{B}$可逆，故$r(\boldsymbol{AB})=r(\boldsymbol{A})=2$.

12. 【答案】 $\begin{pmatrix}0&0&1&-1\\0&0&-1&2\\1&-2&0&0\\-2&5&0&0\end{pmatrix}$.

【解析】 记$\boldsymbol{A}=\begin{pmatrix}\boldsymbol{O}&\boldsymbol{B}\\\boldsymbol{C}&\boldsymbol{O}\end{pmatrix}$，则$\boldsymbol{A}^{-1}=\begin{pmatrix}\boldsymbol{O}&\boldsymbol{C}^{-1}\\\boldsymbol{B}^{-1}&\boldsymbol{O}\end{pmatrix}$. 而

$$\boldsymbol{B}^{-1}=\begin{pmatrix}5&2\\2&1\end{pmatrix}^{-1}=\begin{pmatrix}1&-2\\-2&5\end{pmatrix},\quad \boldsymbol{C}^{-1}=\begin{pmatrix}2&1\\1&1\end{pmatrix}^{-1}=\begin{pmatrix}1&-1\\-1&2\end{pmatrix},$$

故

$$A^{-1}=\begin{pmatrix}0&0&1&-1\\0&0&-1&2\\1&-2&0&0\\-2&5&0&0\end{pmatrix}.$$

二、选择题

1.【答案】 A.

【解析】 因为$AB=BC=CA=E$，根据可逆矩阵的定义及唯一性，可知

$$A=B=C,$$

所以$AB=BC=CA=A^2=B^2=C^2=E$. 于是有

$$A^2+B^2+C^2=3E.$$

2.【答案】 C.

【解析】 设$B=\begin{pmatrix}x_1&x_2\\x_3&x_4\end{pmatrix}$，且$AB=BA$. 所以

$$\begin{pmatrix}a&0\\0&b\end{pmatrix}\begin{pmatrix}x_1&x_2\\x_3&x_4\end{pmatrix}=\begin{pmatrix}x_1&x_2\\x_3&x_4\end{pmatrix}\begin{pmatrix}a&0\\0&b\end{pmatrix},$$

即$\begin{pmatrix}ax_1&ax_2\\bx_3&bx_4\end{pmatrix}=\begin{pmatrix}ax_1&bx_2\\ax_3&bx_4\end{pmatrix}$，从而得到$\begin{cases}ax_2=bx_2\\bx_3=ax_3\end{cases}$. 又$a\neq b$，于是有$x_2=x_3=0$.

3.【答案】 C.

【解析】 选项（A）错误：$(A+B)^{\mathrm T}=A^{\mathrm T}+B^{\mathrm T}=-A+B$；

选项（B）错误：$(AB)^{\mathrm T}=B^{\mathrm T}A^{\mathrm T}=-BA$；

选项（D）错误：$(B^2+A)^{\mathrm T}=(B^2)^{\mathrm T}+A^{\mathrm T}=B^2-A$，

而$(A^2)^{\mathrm T}=(A^{\mathrm T})^2=(-A)^2=A^2$.

4.【答案】 B.

【解析】 因为$A\sim B$，所以存在可逆矩阵P，Q，使得$B=PAQ$. 于是，有

$$|B|=|P||A||Q|,$$

若$|A|\neq0$，必有$|B|\neq0$.

5.【答案】 C.

【解析】 因为$AB=O$，所以$|AB|=|A|\cdot|B|=0$，即

$$|A|=0\text{ 或 }|B|=0.$$

6.【答案】 C.

【解析】 因为A为可逆矩阵，所以$A^*=|A|A^{-1}$. 而

$$(A^*)^*=|A^*|\cdot(A^*)^{-1}=||A|A^{-1}|\cdot(|A|A^{-1})^{-1}=|A|^n|A|^{-1}\cdot|A|^{-1}(A^{-1})^{-1}=|A|^{n-2}A.$$

7.【答案】 C.

【解析】 因为$A^2+A-E=O$，而$A(A+E)=E$，故$A^{-1}=A+E$.

8.【答案】 C.

【解析】 选项（A）正确：$B=A^{-1}(AB)=A^{-1}\cdot O=O$；

选项（B）正确：不妨设A不可逆，则$|A|=0$，所以$|AB|=|A|\cdot|B|=0$，即AB不可逆；

选项（D）正确：因为$\boldsymbol{A}$，$\boldsymbol{B}$可逆，所以$|\boldsymbol{A}|\neq0$且$|\boldsymbol{B}|\neq0$，而

$$|\boldsymbol{A}^{\mathrm{T}}\boldsymbol{B}|=|\boldsymbol{A}^{\mathrm{T}}||\boldsymbol{B}|=|\boldsymbol{A}|\cdot|\boldsymbol{B}|\neq0,$$

即$\boldsymbol{A}^{\mathrm{T}}\boldsymbol{B}$可逆；

选项（C）错误：$\boldsymbol{C}=(\boldsymbol{B}^{-1}\boldsymbol{A}^{-1})(\boldsymbol{ABC})=(\boldsymbol{B}^{-1}\boldsymbol{A}^{-1})\cdot\boldsymbol{O}=\boldsymbol{O}$.

9. **【答案】** D.

【解析】 因为$\boldsymbol{B}=\boldsymbol{A}\begin{pmatrix}0&1&0\\1&0&0\\0&0&1\end{pmatrix}$，$\boldsymbol{C}=\boldsymbol{B}\begin{pmatrix}1&0&0\\0&1&1\\0&0&1\end{pmatrix}$，所以

$$\boldsymbol{AQ}=\boldsymbol{C}=\boldsymbol{A}\begin{pmatrix}0&1&0\\1&0&0\\0&0&1\end{pmatrix}\begin{pmatrix}1&0&0\\0&1&1\\0&0&1\end{pmatrix},$$

故

$$\boldsymbol{Q}=\begin{pmatrix}0&1&0\\1&0&0\\0&0&1\end{pmatrix}\begin{pmatrix}1&0&0\\0&1&1\\0&0&1\end{pmatrix}=\begin{pmatrix}0&1&1\\1&0&0\\0&0&1\end{pmatrix}.$$

10. **【答案】** C.

【解析】 因为

$$\boldsymbol{B}=\begin{pmatrix}0&1&0\\1&0&0\\0&0&1\end{pmatrix}\boldsymbol{A},$$

所以$|\boldsymbol{B}|=-|\boldsymbol{A}|$. 而

$$\boldsymbol{A}^*=|\boldsymbol{A}|\cdot\boldsymbol{A}^{-1}=-|\boldsymbol{B}|\cdot\boldsymbol{B}^{-1}\begin{pmatrix}0&1&0\\1&0&0\\0&0&1\end{pmatrix}=-\boldsymbol{B}^*\begin{pmatrix}0&1&0\\1&0&0\\0&0&1\end{pmatrix},$$

即交换$\boldsymbol{A}^*$的第1列与第2列得$-\boldsymbol{B}^*$.

11. **【答案】** C.

【解析】 因为$r(\boldsymbol{A}^*)=1$，所以$r(\boldsymbol{A})=2$，故

$$|\boldsymbol{A}|=\begin{vmatrix}a&b&b\\b&a&b\\b&b&a\end{vmatrix}=(a+2b)(a-b)^2=0,$$

即$a=b$或$a+2b=0$. 但当$a=b$时，$r(\boldsymbol{A})=1$，矛盾！
故只有$a\neq b$且$a+2b=0$时，$r(\boldsymbol{A})=2$.

12. **【答案】** B.

【解析】 因为$\boldsymbol{AB}=\boldsymbol{O}$，所以$r(\boldsymbol{A})+r(\boldsymbol{B})\leqslant n$，但$r(\boldsymbol{A})\geqslant1$，$r(\boldsymbol{B})\geqslant1$，故

$$r(\boldsymbol{A})<n,\ r(\boldsymbol{B})<n.$$

三、解答题

1. **【解析】** 设$\boldsymbol{B}=\begin{pmatrix}x_1&x_2\\x_3&x_4\end{pmatrix}$，且$\boldsymbol{AB}=\boldsymbol{BA}$. 所以

$$\begin{pmatrix}1 & a\\0 & 1\end{pmatrix}\begin{pmatrix}x_1 & x_2\\x_3 & x_4\end{pmatrix}=\begin{pmatrix}x_1 & x_2\\x_3 & x_4\end{pmatrix}\begin{pmatrix}1 & a\\0 & 1\end{pmatrix},$$

即

$$\begin{pmatrix}x_1+ax_3 & x_2+ax_4\\x_3 & x_4\end{pmatrix}=\begin{pmatrix}x_1 & ax_1+x_2\\x_3 & ax_3+x_4\end{pmatrix},$$

从而得到$\begin{cases}x_1+ax_3=x_1\\x_2+ax_4=ax_1+x_2\\x_3=x_3\\x_4=ax_3+x_4\end{cases}$，又 $a\neq0$，因此 $x_1=x_4$，$x_3=0$，x_2 可以为任意实数．

故与 $\boldsymbol{A}=\begin{pmatrix}1 & a\\0 & 1\end{pmatrix}$可交换的实矩阵为$\begin{pmatrix}x_1 & x_2\\0 & x_1\end{pmatrix}$，其中 x_1，x_2 为任意实数．

2. **【解析】**（1）$\boldsymbol{QP}=\begin{pmatrix}3 & -1\\-5 & 2\end{pmatrix}\begin{pmatrix}2 & 1\\5 & 3\end{pmatrix}=\begin{pmatrix}1 & 0\\0 & 1\end{pmatrix}=\boldsymbol{E}$;

（2）由（1）可知，$\boldsymbol{\Lambda}=\boldsymbol{P\Lambda Q}=\boldsymbol{P\Lambda P}^{-1}$，因此

$$\begin{aligned}\boldsymbol{A}^n=(\boldsymbol{P\Lambda P}^{-1})^n=\boldsymbol{P\Lambda}^n\boldsymbol{P}^{-1}&=\begin{pmatrix}2 & 1\\5 & 3\end{pmatrix}\begin{pmatrix}(-1)^n & 0\\0 & 2\end{pmatrix}^n\begin{pmatrix}3 & -1\\-5 & 2\end{pmatrix}\\&=\begin{pmatrix}2 & 1\\5 & 3\end{pmatrix}\begin{pmatrix}(-1)^n & 0\\0 & 2^n\end{pmatrix}\begin{pmatrix}3 & -1\\-5 & 2\end{pmatrix}\\&=\begin{pmatrix}(-1)^n\cdot6-5\cdot2^n & (-1)^{n+1}\cdot2+2^{n+1}\\(-1)^n\cdot15-15\cdot2^n & (-1)^{n+1}\cdot5+3\cdot2^{n+1}\end{pmatrix}.\end{aligned}$$

3. **【解析】** 因为

$$\boldsymbol{A}^2=\boldsymbol{A}\cdot\boldsymbol{A}=\begin{pmatrix}0 & 1 & 0\\1 & 0 & -1\\0 & -1 & 0\end{pmatrix}\begin{pmatrix}0 & 1 & 0\\1 & 0 & -1\\0 & -1 & 0\end{pmatrix}=\begin{pmatrix}1 & 0 & -1\\0 & 2 & 0\\-1 & 0 & 1\end{pmatrix};$$

$$\boldsymbol{A}^3=\boldsymbol{A}^2\cdot\boldsymbol{A}=\begin{pmatrix}1 & 0 & -1\\0 & 2 & 0\\-1 & 0 & 1\end{pmatrix}\begin{pmatrix}0 & 1 & 0\\1 & 0 & -1\\0 & -1 & 0\end{pmatrix}=\begin{pmatrix}0 & 2 & 0\\2 & 0 & -2\\0 & -2 & 0\end{pmatrix}=2\boldsymbol{A};$$

$$\boldsymbol{A}^4=\boldsymbol{A}^3\cdot\boldsymbol{A}=2\boldsymbol{A}\cdot\boldsymbol{A}=2\boldsymbol{A}^2,$$

故

$$\boldsymbol{A}^n=\begin{cases}2^{k-1}\boldsymbol{A}^2, & n=2k\\2^k\boldsymbol{A}, & n=2k+1\end{cases}.$$

4. **【解析】** 因为 $\boldsymbol{A}$ 是 n 阶反对称矩阵，所以$\boldsymbol{A}^{\mathrm{T}}=-\boldsymbol{A}$. 于是，有

$$|\boldsymbol{A}^{\mathrm{T}}|=|-\boldsymbol{A}|=(-1)^n|\boldsymbol{A}|,$$

又$|\boldsymbol{A}^{\mathrm{T}}|=|\boldsymbol{A}|$，故有$|\boldsymbol{A}|=(-1)^n|\boldsymbol{A}|$，即$[1-(-1)^n]|\boldsymbol{A}|=0$.

当 $\boldsymbol{A}$ 可逆时，必有$|\boldsymbol{A}|\neq0$. 因此，有 $1-(-1)^n=0$，从而得到 n 必为偶数．

5. **【解析】** 因为 $\boldsymbol{A}$，$\boldsymbol{B}$ 均为可逆矩阵，所以

$$|\boldsymbol{A}^{-1}\boldsymbol{B}^*-\boldsymbol{A}^*\boldsymbol{B}^{-1}|=|\boldsymbol{A}^{-1}\cdot|\boldsymbol{B}|\boldsymbol{B}^{-1}-|\boldsymbol{A}|\boldsymbol{A}^{-1}\cdot\boldsymbol{B}^{-1}|$$

$$=|-5A^{-1}B^{-1}|=(-5)^n|A^{-1}B^{-1}|$$
$$=(-5)^n|A^{-1}||B^{-1}|=(-1)^{n+1}\cdot\frac{5^n}{6}.$$

6. **【解析】** 因为 $AA^{\mathrm{T}}=E$，所以

$$|AA^{\mathrm{T}}|=|A|\cdot|A^{\mathrm{T}}|=|A|^2=|E|=1,$$

而 $|A|<0$，故有 $|A|=-1$. 又

$$\begin{aligned}|A+E|&=|A+AA^{\mathrm{T}}|=|A(E+A^{\mathrm{T}})|\\&=|A||E+A^{\mathrm{T}}|=|A||(E+A)^{\mathrm{T}}|\\&=|A||E+A|=-|A+E|\end{aligned}$$

因此，有 $|A+E|=0$.

7. **【解析】** 因为 A^{-1} 存在，且 $|A^{-1}|=\begin{vmatrix}1&1&1\\1&2&1\\1&1&3\end{vmatrix}=2$. 而

$$(A^*)^{-1}=(|A|A^{-1})^{-1}=|A|^{-1}A=2A,$$

故有

$$(A^{-1},E)=\begin{pmatrix}1&1&1&1&0&0\\1&2&1&0&1&0\\1&1&3&0&0&1\end{pmatrix}\xrightarrow{r}\begin{pmatrix}1&0&0&\frac{5}{2}&-1&-\frac{1}{2}\\0&1&0&-1&1&0\\0&0&1&-\frac{1}{2}&0&\frac{1}{2}\end{pmatrix},$$

即 $A=(A^{-1})^{-1}=\begin{pmatrix}\frac{5}{2}&-1&-\frac{1}{2}\\-1&1&0\\-\frac{1}{2}&0&\frac{1}{2}\end{pmatrix}$. 因此，有

$$(A^*)^{-1}=2A=\begin{pmatrix}5&-2&-1\\-2&2&0\\-1&0&1\end{pmatrix}.$$

8. **【解析】** 因为

$$\begin{aligned}E+B&=E+(E+A)(E-A)^{-1}\\&=(E-A)(E-A)^{-1}+(E+A)(E-A)^{-1}\\&=2(E-A)^{-1}\end{aligned}$$

所以

$$(E+B)^{-1}=[2(E-A)^{-1}]^{-1}=\frac{1}{2}(E-A)=\frac{1}{2}\begin{pmatrix}0&-2&-3\\-2&0&-5\\-1&-1&0\end{pmatrix}.$$

9. **【解析】** 因为

$$A(A^2-A+2E)=E,$$

所以 $\boldsymbol{A}$ 可逆，且$\boldsymbol{A}^{-1}=\boldsymbol{A}^2-\boldsymbol{A}+2\boldsymbol{E}$. 又有

$$\boldsymbol{A}^3-\boldsymbol{A}^2+2\boldsymbol{A}-\boldsymbol{E}=(\boldsymbol{E}-\boldsymbol{A})[-(\boldsymbol{A}^2+2\boldsymbol{E})]+\boldsymbol{E}=\boldsymbol{O},$$

即

$$(\boldsymbol{E}-\boldsymbol{A})(\boldsymbol{A}^2+2\boldsymbol{E})=\boldsymbol{E},$$

所以 $\boldsymbol{E}-\boldsymbol{A}$ 可逆，且$(\boldsymbol{E}-\boldsymbol{A})^{-1}=\boldsymbol{A}^2+2\boldsymbol{E}$.

10. **【解析】** 因为

$$\boldsymbol{B}=\boldsymbol{A}^2-2\boldsymbol{A}+2\boldsymbol{E}=\boldsymbol{A}^2-2\boldsymbol{A}+\boldsymbol{A}^3=\boldsymbol{A}(\boldsymbol{A}+2\boldsymbol{E})(\boldsymbol{A}-\boldsymbol{E}),$$

而$\boldsymbol{A}^3=\boldsymbol{A}\cdot\boldsymbol{A}^2=2\boldsymbol{E}$，即 $\boldsymbol{A}\cdot\dfrac{\boldsymbol{A}^2}{2}=\boldsymbol{E}$，这表明 $\boldsymbol{A}$ 可逆，且$\boldsymbol{A}^{-1}=\dfrac{\boldsymbol{A}^2}{2}$.

又

$$\boldsymbol{A}^3-2\boldsymbol{E}=(\boldsymbol{A}+2\boldsymbol{E})(\boldsymbol{A}^2-2\boldsymbol{A}+4\boldsymbol{E})-10\boldsymbol{E}=\boldsymbol{O},$$
$$\boldsymbol{A}^3-2\boldsymbol{E}=(\boldsymbol{A}-\boldsymbol{E})(\boldsymbol{A}^2+\boldsymbol{A}+\boldsymbol{E})-\boldsymbol{E}=\boldsymbol{O},$$

即

$$(\boldsymbol{A}+2\boldsymbol{E})\cdot\left[\frac{1}{10}(\boldsymbol{A}^2-2\boldsymbol{A}+4\boldsymbol{E})\right]=\boldsymbol{E},$$
$$(\boldsymbol{A}-\boldsymbol{E})\cdot(\boldsymbol{A}^2+\boldsymbol{A}+\boldsymbol{E})=\boldsymbol{E},$$

这表明 $\boldsymbol{A}+2\boldsymbol{E}$ 和 $\boldsymbol{A}-\boldsymbol{E}$ 可逆，且它们的逆矩阵分别为

$$(\boldsymbol{A}+2\boldsymbol{E})^{-1}=\frac{1}{10}(\boldsymbol{A}^2-2\boldsymbol{A}+4\boldsymbol{E});$$
$$(\boldsymbol{A}-\boldsymbol{E})^{-1}=(\boldsymbol{A}^2+\boldsymbol{A}+\boldsymbol{E}).$$

于是，有

$$\begin{aligned}\boldsymbol{B}^{-1}&=(\boldsymbol{A}-\boldsymbol{E})^{-1}(\boldsymbol{A}+2\boldsymbol{E})^{-1}\boldsymbol{A}^{-1}\\&=(\boldsymbol{A}^2+\boldsymbol{A}+\boldsymbol{E})\cdot\frac{1}{10}(\boldsymbol{A}^2-2\boldsymbol{A}+4\boldsymbol{E})\cdot\frac{\boldsymbol{A}^2}{2}\\&=\frac{1}{20}(\boldsymbol{A}^6-\boldsymbol{A}^5+3\boldsymbol{A}^4+2\boldsymbol{A}^3+4\boldsymbol{A}^2)\\&=\frac{1}{10}(\boldsymbol{A}^2+3\boldsymbol{A}+4\boldsymbol{E}).\end{aligned}$$

11. **【解析】** 因为

$$|\boldsymbol{A}|=\begin{vmatrix}1&2&3\\2&2&1\\3&4&3\end{vmatrix}=2\neq0,\quad |\boldsymbol{B}|=\begin{vmatrix}2&1\\5&3\end{vmatrix}=1\neq0,$$

所以$\boldsymbol{A}^{-1}$，$\boldsymbol{B}^{-1}$都存在，且

$$\boldsymbol{A}^{-1}=\begin{pmatrix}1&3&-2\\-\frac{3}{2}&-3&\frac{5}{2}\\1&1&-1\end{pmatrix},\quad \boldsymbol{B}^{-1}=\begin{pmatrix}3&-1\\-5&2\end{pmatrix}.$$

又由 $\boldsymbol{AXB}=\boldsymbol{C}$，得到

$$X=A^{-1}CB^{-1}=\begin{pmatrix}1&3&-2\\-\frac{3}{2}&-3&\frac{5}{2}\\1&1&-1\end{pmatrix}\begin{pmatrix}1&3\\2&0\\3&1\end{pmatrix}\begin{pmatrix}3&-1\\-5&2\end{pmatrix}$$

$$=\begin{pmatrix}1&1\\0&-2\\0&2\end{pmatrix}\begin{pmatrix}3&-1\\-5&2\end{pmatrix}=\begin{pmatrix}-2&1\\10&-4\\-10&4\end{pmatrix}.$$

12. 【解析】 由 $AX+E=A^2+X$，得

$$(A-E)X=A^2-E=(A-E)(A+E),$$

而

$$|A-E|=\begin{vmatrix}0&0&1\\0&1&0\\1&0&0\end{vmatrix}=-1\neq0,$$

所以 $A-E$ 是可逆矩阵，因此

$$X=A+E=\begin{pmatrix}2&0&1\\0&3&0\\1&0&2\end{pmatrix}.$$

13. 【解析】 由 $AX=A+X$，得 $(A-E)X=A$，而

$$|A-E|=\begin{vmatrix}1&2&0\\2&0&3\\0&1&-1\end{vmatrix}=1\neq0,$$

所以 $A-E$ 是可逆矩阵，因此

$$X=(A-E)^{-1}A=\begin{pmatrix}-2&2&6\\2&0&-3\\2&-1&-3\end{pmatrix}.$$

14. 【解析】 由 $AB=A$，得 $A(B-E)=O$，而

$$\begin{pmatrix}2&-2&-4\\-1&3&4\\1&-2&-3\end{pmatrix}\to\begin{pmatrix}1&-2&-3\\0&1&1\\0&0&0\end{pmatrix}\to\begin{pmatrix}1&0&1\\0&1&1\\0&0&0\end{pmatrix}.$$

这表明 A 不可逆. 且 $Ax=0$ 有通解 $x=k(1,-1,1)^T$. 令

$$B-E=\begin{pmatrix}k_1&k_2&k_3\\-k_1&-k_2&-k_3\\k_1&k_2&k_3\end{pmatrix},$$

其中 k_1，k_2，k_3 是不同为 0 的任意常数，则存在满足条件的矩阵 B，且

$$B=E+\begin{pmatrix}k_1&k_2&k_3\\-k_1&-k_2&-k_3\\k_1&k_2&k_3\end{pmatrix}=\begin{pmatrix}1+k_1&k_2&k_3\\-k_1&1-k_2&-k_3\\k_1&k_2&1+k_3\end{pmatrix}\neq E,$$

使得 $AB=A$ 成立.

15. 【解析】 因为

$$A=\begin{pmatrix}1&-2&2&-1&1\\2&-4&8&0&2\\-2&4&-2&3&3\\3&-6&0&-6&4\end{pmatrix}\xrightarrow[\substack{r_3+2r_1\\r_4-3r_1}]{r_2-2r_1}\begin{pmatrix}1&-2&2&-1&1\\0&0&4&2&0\\0&0&2&1&5\\0&0&-6&-3&1\end{pmatrix}$$

$$\xrightarrow[\substack{r_3-r_2\\r_4+3r_2}]{r_2\div 2}\begin{pmatrix}1&-2&2&-1&1\\0&0&2&1&0\\0&0&0&0&5\\0&0&0&0&1\end{pmatrix}\xrightarrow[r_4-r_3]{r_3\div 5}\begin{pmatrix}1&-2&2&-1&1\\0&0&2&1&0\\0&0&0&0&1\\0&0&0&0&0\end{pmatrix}$$

所以 $r(A)=3$，它的第 1，2，3 行和第 1，3，5 列构成最高阶非零子式.

16. 【解析】 因为

$$A=\begin{pmatrix}1&2&-1&1\\3&2&\lambda&-1\\5&6&3&\mu\end{pmatrix}\xrightarrow[r_3-5r_1]{r_2-3r_1}\begin{pmatrix}1&2&-1&1\\0&-4&\lambda+3&-4\\0&-4&8&\mu-5\end{pmatrix}$$

$$\xrightarrow{r_3-r_2}\begin{pmatrix}1&2&-1&1\\0&-4&\lambda+3&-4\\0&0&5-\lambda&\mu-1\end{pmatrix}.$$

且 $r(A)=2$，所以 $\begin{cases}5-\lambda=0\\\mu-1=0\end{cases}$，从而得到 $\begin{cases}\lambda=5\\\mu=1\end{cases}$.

17. 【解析】 **方法 1** 因为

$$A=\begin{pmatrix}1&-2&3k\\-1&2k&-3\\k&-2&3\end{pmatrix}\xrightarrow[r_3-kr_1]{r_2+r_1}\begin{pmatrix}1&-2&3k\\0&2k-2&3k-3\\0&2k-2&-3k^2+3\end{pmatrix}$$

$$\xrightarrow{r_3-r_2}\begin{pmatrix}1&-2&3k\\0&2k-2&3k-3\\0&0&-3k^2-3k+6\end{pmatrix}.$$

（1）若使 $r(A)=1$，则有 $2k-2=3k-3=0$ 且 $-3k^2-3k+6=0$，解得 $k=1$；

（2）若使 $r(A)=2$，则有 $2k-2\neq0$，$3k-3\neq0$ 且 $-3k^2-3k+6=0$，解得 $k=-2$；

（3）若使 $r(A)=3$，则有 $2k-2\neq0$，$3k-3\neq0$ 且 $-3k^2-3k+6\neq0$，解得 $k\neq1$ 且 $k\neq-2$.

方法 2 因为

$$|A|=\begin{vmatrix}1&-2&3k\\-1&2k&-3\\k&-2&3\end{vmatrix}=-6(k-1)^2(k+2),$$

所以当 $|A|=-6(k-1)^2(k+2)\neq0$ 时，即 $k\neq1$ 且 $k\neq-2$ 时，$r(A)=3$.

当 $|A|=-6(k-1)^2(k+2)=0$ 时，解得 $k=1$ 或 $k=-2$.

若 $k=1$，则 $A=\begin{pmatrix}1&-2&3\\-1&2&-3\\1&-2&3\end{pmatrix}\xrightarrow{r}\begin{pmatrix}1&-2&3\\0&0&0\\0&0&0\end{pmatrix}$，$r(A)=1$；

若 $k=-2$，则 $A=\begin{pmatrix}1&-2&-6\\-1&-4&-3\\-2&-2&3\end{pmatrix}\xrightarrow{r}\begin{pmatrix}1&-2&-6\\0&-6&-9\\0&0&0\end{pmatrix}$，$r(A)=2$.

18. 【解析】 记

$$A=\begin{pmatrix}3&4&0&0\\4&-3&0&0\\0&0&2&0\\0&0&2&2\end{pmatrix}=\begin{pmatrix}B&O\\O&C\end{pmatrix},$$

其中：$B=\begin{pmatrix}3&4\\4&-3\end{pmatrix}$，$C=\begin{pmatrix}2&0\\2&2\end{pmatrix}$. 则 $|A|=|B|\cdot|C|=-25\cdot4=-100$. 又

$$B^2=\begin{pmatrix}3&4\\4&-3\end{pmatrix}\begin{pmatrix}3&4\\4&-3\end{pmatrix}=\begin{pmatrix}25&0\\0&25\end{pmatrix}=25E,$$

故 $B^4=B^2\cdot B^2=625E$；同理，有

$$C^2=\begin{pmatrix}2&0\\2&2\end{pmatrix}\begin{pmatrix}2&0\\2&2\end{pmatrix}=\begin{pmatrix}4&0\\8&4\end{pmatrix}=2C,$$

于是，有 $C^4=C^2\cdot C^2=4C^2=8C$. 因此

$$A^4=\begin{pmatrix}B^4&O\\O&C^4\end{pmatrix}=\begin{pmatrix}625&0&0&0\\0&625&0&0\\0&0&16&0\\0&0&16&16\end{pmatrix}.$$

第 3 章

一、填空题

1. 【答案】 $k=2$.

【解析】 因为

$$\begin{pmatrix}1&1&-1\\1&0&-4\\2&0&-8\\1&2&k\end{pmatrix}\to\begin{pmatrix}1&1&-1\\0&-1&-3\\0&-2&-6\\0&1&k+1\end{pmatrix}\to\begin{pmatrix}1&1&-1\\0&-1&-3\\0&0&k-2\\0&0&0\end{pmatrix},$$

而向量组线性相关，所以必有 $k-2=0$，故 $k=2$.

2. 【答案】 $a=\dfrac{1}{2}$.

【解析】 记 $A=\begin{pmatrix}2&2&3&4\\1&1&2&3\\1&a&1&2\\1&a&a&1\end{pmatrix}$，而 $|A|=\begin{vmatrix}2&2&3&4\\1&1&2&3\\1&a&1&2\\1&a&a&1\end{vmatrix}=(a-1)(2a-1)$，因为向量组线性相关，故必有 $|A|=(a-1)(2a-1)=0$，注意到 $a\neq1$，因此 $a=\dfrac{1}{2}$.

3. 【答案】 $k=1$ 或 $k=-2$.

【解析】 由于

$$(\boldsymbol{\alpha}_1+k\boldsymbol{\alpha}_2,\boldsymbol{\alpha}_1+2\boldsymbol{\alpha}_2+\boldsymbol{\alpha}_3,k\boldsymbol{\alpha}_1-\boldsymbol{\alpha}_3)=(\boldsymbol{\alpha}_1,\boldsymbol{\alpha}_2,\boldsymbol{\alpha}_3)\begin{pmatrix}1&1&k\\k&2&0\\0&1&-1\end{pmatrix},$$

而向量组$\boldsymbol{\alpha}_1$，$\boldsymbol{\alpha}_2$，$\boldsymbol{\alpha}_3$ 线性无关，且向量组$\boldsymbol{\alpha}_1+k\boldsymbol{\alpha}_2$，$\boldsymbol{\alpha}_1+2\boldsymbol{\alpha}_2+\boldsymbol{\alpha}_3$，$k\boldsymbol{\alpha}_1-\boldsymbol{\alpha}_3$ 线性相关，故必有

$$\begin{vmatrix}1&1&k\\k&2&0\\0&1&-1\end{vmatrix}=k^2+k-2=0,$$

因此 $k=1$ 或 $k=-2$.

4. 【答案】 $lm\neq1$.

【解析】 由于

$$(l\boldsymbol{\alpha}_2-\boldsymbol{\alpha}_1,m\boldsymbol{\alpha}_3-\boldsymbol{\alpha}_2,\boldsymbol{\alpha}_1-\boldsymbol{\alpha}_3)=(\boldsymbol{\alpha}_1,\boldsymbol{\alpha}_2,\boldsymbol{\alpha}_3)\begin{pmatrix}-1&0&1\\l&-1&0\\0&m&-1\end{pmatrix},$$

而向量组$\boldsymbol{\alpha}_1$，$\boldsymbol{\alpha}_2$，$\boldsymbol{\alpha}_3$ 线性无关，且向量组 $l\boldsymbol{\alpha}_2-\boldsymbol{\alpha}_1$，$m\boldsymbol{\alpha}_3-\boldsymbol{\alpha}_2$，$\boldsymbol{\alpha}_1-\boldsymbol{\alpha}_3$ 线性无关，故必有

$$\begin{vmatrix}-1&0&1\\l&-1&0\\0&m&-1\end{vmatrix}=lm-1\neq0,$$

因此 $lm\neq1$.

5. 【答案】 2.

【解析】 由于

$$\boldsymbol{A}=(\boldsymbol{\alpha}_1,\boldsymbol{\alpha}_2,\boldsymbol{\alpha}_3)=\begin{pmatrix}1&1&0\\1&2&1\\1&3&2\\1&4&3\end{pmatrix}\rightarrow\begin{pmatrix}1&1&0\\0&1&1\\0&0&0\\0&0&0\end{pmatrix},$$

所以 $r(\boldsymbol{\alpha}_1,\boldsymbol{\alpha}_2,\boldsymbol{\alpha}_3)=2$.

6. 【答案】 2.

【解析】 由于

$$(\boldsymbol{\beta}_1,\boldsymbol{\beta}_2)=(\boldsymbol{\alpha}_1,\boldsymbol{\alpha}_2)\begin{pmatrix}1&0\\-1&1\end{pmatrix}=(\boldsymbol{\alpha}_1,\boldsymbol{\alpha}_2)\boldsymbol{C},$$

且$|\boldsymbol{C}|=1\neq0$，所以矩阵 $\boldsymbol{C}$ 可逆．由$\boldsymbol{\alpha}_1$，$\boldsymbol{\alpha}_2$ 线性无关，因此 $r(\boldsymbol{\beta}_1,\boldsymbol{\beta}_2)=r(\boldsymbol{\alpha}_1,\boldsymbol{\alpha}_2)=2$.

7. 【答案】 $t=3$.

【解析】 由于

$$\boldsymbol{A}=(\boldsymbol{\alpha}_1,\boldsymbol{\alpha}_2,\boldsymbol{\alpha}_3)=\begin{pmatrix}1&2&0\\2&0&-4\\-1&t&5\\1&0&-2\end{pmatrix}\rightarrow\begin{pmatrix}1&2&0\\0&1&1\\0&0&3-t\\0&0&0\end{pmatrix},$$

且 $r(\boldsymbol{A})=r(\boldsymbol{\alpha}_1,\boldsymbol{\alpha}_2,\boldsymbol{\alpha}_3)=2$，故必有 $3-t=0$，因此 $t=3$.

8. 【答案】 $\boldsymbol{\alpha}_1$，$\boldsymbol{\alpha}_2$，$\boldsymbol{\alpha}_4$ 或$\boldsymbol{\alpha}_1$，$\boldsymbol{\alpha}_3$，$\boldsymbol{\alpha}_4$.

【解析】 记$\boldsymbol{A}=\begin{pmatrix}1&1&-2&4\\1&3&-6&1\\1&-5&10&6\\3&-1&a&a+10\end{pmatrix}$，而$|\boldsymbol{A}|=\begin{vmatrix}1&1&-2&4\\1&3&-6&1\\1&-5&10&6\\3&-1&a&a+10\end{vmatrix}=14(a-2)$，因为向量组线性相关，故必有$|\boldsymbol{A}|=14(a-2)=0$，所以$a=2$. 此时，有

$$\boldsymbol{A}=\begin{pmatrix}1&1&-2&4\\1&3&-6&1\\1&-5&10&6\\3&-1&2&12\end{pmatrix}\to\begin{pmatrix}1&1&-2&4\\0&2&-4&-3\\0&0&0&-7\\0&0&0&0\end{pmatrix},$$

因此$r(\boldsymbol{\alpha}_1,\boldsymbol{\alpha}_2,\boldsymbol{\alpha}_3,\boldsymbol{\alpha}_4)=3$，最大线性无关组为$\boldsymbol{\alpha}_1$，$\boldsymbol{\alpha}_2$，$\boldsymbol{\alpha}_4$或$\boldsymbol{\alpha}_1$，$\boldsymbol{\alpha}_3$，$\boldsymbol{\alpha}_4$.

9. 【答案】 $\frac{1}{\sqrt{6}}(2,1,1)^{\mathrm{T}}$.

【解析】 令$\boldsymbol{\beta}_1=(x_1,x_2,x_3)^{\mathrm{T}}$，则

$$\begin{cases}\boldsymbol{\beta}_1^{\mathrm{T}}\boldsymbol{\alpha}_1=\ \ 2x_1-x_2-3x_3=0\\\boldsymbol{\beta}_1^{\mathrm{T}}\boldsymbol{\alpha}_2=-3x_1+x_2+5x_3=0\end{cases}.$$

解得$x_1=2x_3$，$x_2=x_3$. 取$x_3=1$，得到$\boldsymbol{\beta}_1=(2,1,1)^{\mathrm{T}}$，因此所求向量$\boldsymbol{\beta}=\frac{1}{\sqrt{6}}(2,1,1)^{\mathrm{T}}$.

10. 【答案】 2.

【解析】 由题意，V是三元齐次线性方程组$x_1+x_2+x_3=0$的解空间. 显然，该方程组的基础解系有2个，故V是二维向量空间.

11. 【答案】 $\begin{pmatrix}3&1\\-1&2\end{pmatrix}$.

【解析】 取$\mathbf{R}^2$的一个基$\boldsymbol{e}_1=(1,0)^{\mathrm{T}}$，$\boldsymbol{e}_2=(0,1)^{\mathrm{T}}$，则

$$(\boldsymbol{\alpha}_1,\boldsymbol{\alpha}_2)=(\boldsymbol{e}_1,\boldsymbol{e}_2)\begin{pmatrix}1&1\\1&0\end{pmatrix},\quad(\boldsymbol{\beta}_1,\boldsymbol{\beta}_2)=(\boldsymbol{e}_1,\boldsymbol{e}_2)\begin{pmatrix}2&3\\3&1\end{pmatrix},$$

所以由基$\boldsymbol{\alpha}_1$，$\boldsymbol{\alpha}_2$到基$\boldsymbol{\beta}_1$，$\boldsymbol{\beta}_2$的过渡矩阵为

$$\begin{pmatrix}1&1\\1&0\end{pmatrix}^{-1}\begin{pmatrix}2&3\\3&1\end{pmatrix}=\begin{pmatrix}0&1\\1&-1\end{pmatrix}\begin{pmatrix}2&3\\3&1\end{pmatrix}=\begin{pmatrix}3&1\\-1&2\end{pmatrix}.$$

12. 【答案】 $(17,-4,-3)^{\mathrm{T}}$.

【解析】 设所求坐标为$(x_1,x_2,x_3)^{\mathrm{T}}$，则$\boldsymbol{\beta}=x_1\boldsymbol{\alpha}_1+x_2\boldsymbol{\alpha}_2+x_3\boldsymbol{\alpha}_3$，即

$$\begin{pmatrix}x_1\\2x_1\\x_1\end{pmatrix}+\begin{pmatrix}2x_2\\3x_2\\3x_2\end{pmatrix}+\begin{pmatrix}3x_3\\7x_3\\x_3\end{pmatrix}=\begin{pmatrix}0\\1\\2\end{pmatrix},$$

亦即

$$\begin{cases}x_1+2x_2+3x_3=0\\2x_1+3x_2+7x_3=1\\x_1+3x_2+\ x_3=2\end{cases},$$

解得$x_1=17$，$x_2=-4$，$x_3=-3$. 故所求坐标为$(17,-4,-3)^{\mathrm{T}}$.

13. 【答案】 $c(2,2,3)^{\mathrm{T}}$.

【解析】 设向量 $\boldsymbol{\gamma}$ 在这两组基下有相同的坐标 $(x_1,x_2,x_3)^{\mathrm{T}}$，即

$$x_1\boldsymbol{\alpha}_1+x_2\boldsymbol{\alpha}_2+x_3\boldsymbol{\alpha}_3=x_1\boldsymbol{\beta}_1+x_2\boldsymbol{\beta}_2+x_3\boldsymbol{\beta}_3,$$

将向量代入，并整理得

$$\begin{cases}-x_1-3x_2+2x_3=0\\ x_1+\ \ x_2+4x_3=0,\\ \qquad x_2-3x_3=0\end{cases}$$

解得 $x_1=-7c$，$x_2=3c$，$x_3=c$. 故所求向量为

$$\boldsymbol{\gamma}=-7c(1,2,1)^{\mathrm{T}}+3c(2,3,3)^{\mathrm{T}}+c(3,7,1)^{\mathrm{T}}=c(2,2,3)^{\mathrm{T}}.$$

二、选择题

1. 【答案】 A.

【解析】 因为

$$(\boldsymbol{\alpha}_1-\boldsymbol{\alpha}_2)+(\boldsymbol{\alpha}_2-\boldsymbol{\alpha}_3)+(\boldsymbol{\alpha}_3-\boldsymbol{\alpha}_1)=\mathbf{0},$$

所以向量组 $\boldsymbol{\alpha}_1-\boldsymbol{\alpha}_2$，$\boldsymbol{\alpha}_2-\boldsymbol{\alpha}_3$，$\boldsymbol{\alpha}_3-\boldsymbol{\alpha}_1$ 线性相关.
又

$$(\boldsymbol{\alpha}_1+\boldsymbol{\alpha}_2,\boldsymbol{\alpha}_2+\boldsymbol{\alpha}_3,\boldsymbol{\alpha}_3+\boldsymbol{\alpha}_1)=(\boldsymbol{\alpha}_1,\boldsymbol{\alpha}_2,\boldsymbol{\alpha}_3)\begin{pmatrix}1&0&1\\1&1&0\\0&1&1\end{pmatrix},$$

且 $\begin{vmatrix}1&0&1\\1&1&0\\0&1&1\end{vmatrix}=2\neq0$，故向量组 $\boldsymbol{\alpha}_1+\boldsymbol{\alpha}_2$，$\boldsymbol{\alpha}_2+\boldsymbol{\alpha}_3$，$\boldsymbol{\alpha}_3+\boldsymbol{\alpha}_1$ 线性无关. 同理，选项（C）与（D）也线性无关.

2. 【答案】 C.

【解析】 选项（A）不正确：取 $\boldsymbol{\alpha}_1=\boldsymbol{\alpha}_2=(1,0)^{\mathrm{T}}\neq\mathbf{0}$. 选项（$B$）不正确：若向量组 $\boldsymbol{\alpha}_1$，$\boldsymbol{\alpha}_2$，…，$\boldsymbol{\alpha}_s$ 中任意两个向量的分量成比例，则该向量组必线性相关. 选项（D）不正确：整体无关则部分无关，但部分无关不一定能得到整体无关. 例如，向量组 $\boldsymbol{\alpha}_1$，$\boldsymbol{\alpha}_2$，…，$\boldsymbol{\alpha}_{s-1}$ 线性无关，取 $\boldsymbol{\alpha}_s=\boldsymbol{\alpha}_1$，则 $\boldsymbol{\alpha}_1$，$\boldsymbol{\alpha}_2$，…，$\boldsymbol{\alpha}_{s-1}$，$\boldsymbol{\alpha}_s$ 线性相关. 下面使用反证法证明（C）正确：

假设 $\boldsymbol{\alpha}_1$，$\boldsymbol{\alpha}_2$，…，$\boldsymbol{\alpha}_s$ 线性相关，则至少有一个向量可用其余 $s-1$ 个向量线性表示，而这与选项（C）的假设矛盾！

3. 【答案】 B.

【解析】 记 $\boldsymbol{A}=\begin{pmatrix}1&1&2&0\\0&-1&0&0\\6&2&7&0\\a_1&a_2&a_3&a_4\end{pmatrix}$，而 $|\boldsymbol{A}|=\begin{vmatrix}1&1&2&0\\0&-1&0&0\\6&2&7&0\\a_1&a_2&a_3&a_4\end{vmatrix}=5a_4$.

当 $a_4=0$ 时，$|\boldsymbol{A}|=0$，$\boldsymbol{\alpha}_1$，$\boldsymbol{\alpha}_2$，$\boldsymbol{\alpha}_3$，$\boldsymbol{\alpha}_4$ 线性相关；当 $a_4\neq0$ 时，$|\boldsymbol{A}|\neq0$，$\boldsymbol{\alpha}_1$，$\boldsymbol{\alpha}_2$，$\boldsymbol{\alpha}_3$，$\boldsymbol{\alpha}_4$ 线性无关，所以选项（C）与（D）均不正确. 注意到，$|\boldsymbol{A}|$ 中存在三阶子式 $\begin{vmatrix}1&1&2\\0&-1&0\\6&2&7\end{vmatrix}=$

$5\neq0$，这表明矩阵 $r(\boldsymbol{A})\geqslant3$，进而得到 $r(\boldsymbol{\alpha}_1,\boldsymbol{\alpha}_2,\boldsymbol{\alpha}_3,\boldsymbol{\alpha}_4)\geqslant3$.

4.【答案】 A.

【解析】 4 个三维向量必线性相关.

5.【答案】 D.

【解析】 **方法 1** 因为$\boldsymbol{\alpha}_1$，$\boldsymbol{\alpha}_2$ 对应分量不成比例，所以$\boldsymbol{\alpha}_1$，$\boldsymbol{\alpha}_2$ 线性无关．又 3 个二维向量必线性相关，因此$\boldsymbol{\beta}$ 可由$\boldsymbol{\alpha}_1$，$\boldsymbol{\alpha}_2$ 线性表示，且表示方法唯一.

方法 2 假设$\boldsymbol{\beta}=x_1\boldsymbol{\alpha}_1+x_2\boldsymbol{\alpha}_2$，则

$$\begin{pmatrix}4\\2\end{pmatrix}=x_1\begin{pmatrix}1\\2\end{pmatrix}+x_2\begin{pmatrix}0\\2\end{pmatrix},$$

即

$$\begin{cases}x_1=4\\2x_1+2x_2=2\end{cases},$$

从而解得$\begin{cases}x_1=4\\x_2=-3\end{cases}$，这表明$\boldsymbol{\beta}$ 可由$\boldsymbol{\alpha}_1$，$\boldsymbol{\alpha}_2$ 线性表示，且表示方法唯一.

6.【答案】 B.

【解析】 假设$\boldsymbol{\alpha}_m$ 可由向量组（Ⅰ）线性表示，而$\boldsymbol{\beta}$ 可由$\boldsymbol{\alpha}_1$，$\boldsymbol{\alpha}_2$，…，$\boldsymbol{\alpha}_m$ 线性表示，这表明$\boldsymbol{\beta}$ 可由向量组（Ⅰ）线性表示，这与假设矛盾！因此$\boldsymbol{\alpha}_m$ 不能由向量组（Ⅰ）线性表示.

根据$\boldsymbol{\beta}$ 可由$\boldsymbol{\alpha}_1$，$\boldsymbol{\alpha}_2$，…，$\boldsymbol{\alpha}_m$ 线性表示，即

$$\boldsymbol{\beta}=k_1\boldsymbol{\alpha}_1+k_2\boldsymbol{\alpha}_2+\cdots+k_m\boldsymbol{\alpha}_m,$$

其中 $k_m\neq0$. 若 $k_m=0$，则$\boldsymbol{\beta}=k_1\boldsymbol{\alpha}_1+k_2\boldsymbol{\alpha}_2+\cdots+k_{m-1}\boldsymbol{\alpha}_{m-1}$，这与假设矛盾！因此

$$\boldsymbol{\alpha}_m=\frac{1}{k_m}(\boldsymbol{\beta}-k_1\boldsymbol{\alpha}_1-k_2\boldsymbol{\alpha}_2-\cdots-k_{m-1}\boldsymbol{\alpha}_{m-1}),$$

即$\boldsymbol{\alpha}_m$ 可由向量组（Ⅱ）线性表示.

7.【答案】 A.

【解析】 因为 $\boldsymbol{AX}=\boldsymbol{O}$ 有非零解，所以 $r(\boldsymbol{A})<n$. 而矩阵 $\boldsymbol{A}$ 有 n 列，因此 $\boldsymbol{A}$ 的列向量组线性相关；又矩阵 $\boldsymbol{X}$ 有 n 行，因此 $\boldsymbol{X}$ 的行向量组线性相关.

8.【答案】 A.

【解析】 记 $\boldsymbol{A}=(\boldsymbol{\alpha}_1^{\mathrm{T}},\boldsymbol{\alpha}_2^{\mathrm{T}},\boldsymbol{\alpha}_3^{\mathrm{T}},\boldsymbol{\alpha}_4^{\mathrm{T}},\boldsymbol{\alpha}_5^{\mathrm{T}})$，则

$$\boldsymbol{A}=\begin{pmatrix}1&0&3&1&2\\-1&3&0&-2&1\\2&1&7&2&5\\4&2&14&0&10\end{pmatrix}\to\begin{pmatrix}1&0&3&1&2\\0&3&3&-1&3\\0&1&1&0&1\\0&2&2&-4&2\end{pmatrix}\to\begin{pmatrix}1&0&3&1&2\\0&1&1&0&1\\0&0&0&-1&0\\0&0&0&0&0\end{pmatrix},$$

因此最大无关组为$\boldsymbol{\alpha}_1$，$\boldsymbol{\alpha}_2$，$\boldsymbol{\alpha}_4$ 或$\boldsymbol{\alpha}_1$，$\boldsymbol{\alpha}_3$，$\boldsymbol{\alpha}_4$ 或$\boldsymbol{\alpha}_1$，$\boldsymbol{\alpha}_4$，$\boldsymbol{\alpha}_5$.

9.【答案】 A.

【解析】 由题意，$\boldsymbol{A}$ 的行向量组的秩也为 r，而向量组线性无关的充分必要条件是它所包含向量的个数等于它的秩，因此 $\boldsymbol{A}$ 中必有 r 个行向量线性无关.

10.【答案】 D.

【解析】 因为向量组（Ⅰ）是向量组（Ⅱ）的部分组，所以向量组（Ⅰ）可由向量组

（Ⅱ）线性表示．若向量组（Ⅱ）可由向量组（Ⅰ）线性表示，则向量组（Ⅰ）与向量组（Ⅱ）等价，等价的向量组具有相同的秩．

三、解答题

1.【解析】（1）因为

$$|\boldsymbol{A}|=|\boldsymbol{\alpha}_1,\boldsymbol{\alpha}_2,\boldsymbol{\alpha}_3|=\begin{vmatrix}1&0&2\\1&2&4\\1&5&7\end{vmatrix}=0,$$

所以 $r(\boldsymbol{A})<3$，这表明向量组 $\boldsymbol{\alpha}_1$，$\boldsymbol{\alpha}_2$，$\boldsymbol{\alpha}_3$ 线性相关．

（2）记 $\boldsymbol{A}=(\boldsymbol{\alpha}_1^{\mathrm{T}},\boldsymbol{\alpha}_2^{\mathrm{T}},\boldsymbol{\alpha}_3^{\mathrm{T}})$，则

$$\boldsymbol{A}=\begin{pmatrix}1&2&3\\3&6&9\\-5&1&7\\1&4&10\end{pmatrix}\rightarrow\begin{pmatrix}1&2&3\\0&1&2\\0&0&1\\0&0&0\end{pmatrix},$$

所以 $r(\boldsymbol{A})=3$，这表明向量组 $\boldsymbol{\alpha}_1$，$\boldsymbol{\alpha}_2$，$\boldsymbol{\alpha}_3$ 线性无关．

2.【解析】因为

$$|\boldsymbol{A}|=|\boldsymbol{\alpha}_1,\boldsymbol{\alpha}_2,\boldsymbol{\alpha}_3|=\begin{vmatrix}1&1&1\\1&2&3\\1&3&t\end{vmatrix}=t-5,$$

所以，当 $t=5$ 时，$|\boldsymbol{A}|=0$，$\boldsymbol{\alpha}_1$，$\boldsymbol{\alpha}_2$，$\boldsymbol{\alpha}_3$ 线性相关；

当 $t\neq5$ 时，$|\boldsymbol{A}|\neq0$，$\boldsymbol{\alpha}_1$，$\boldsymbol{\alpha}_2$，$\boldsymbol{\alpha}_3$ 线性无关．

3.【解析】将向量组构成矩阵 $\boldsymbol{A}$，则

$$\boldsymbol{A}=\begin{pmatrix}1&-1&2&0\\2&-2&3&1\\1&0&1&2\\-1&3&a&a+1\end{pmatrix}\rightarrow\begin{pmatrix}1&-1&2&0\\0&1&-1&2\\0&0&-1&1\\0&0&0&2a+1\end{pmatrix},$$

所以，当 $a=-\dfrac{1}{2}$ 时，$r(\boldsymbol{A})=3$，向量组线性相关；

当 $a\neq-\dfrac{1}{2}$ 时，$r(\boldsymbol{A})=4$，向量组线性无关．

4.【解析】由于

$$(a\boldsymbol{\alpha}_1-\boldsymbol{\alpha}_2,b\boldsymbol{\alpha}_2-\boldsymbol{\alpha}_3,c\boldsymbol{\alpha}_3-\boldsymbol{\alpha}_1)=(\boldsymbol{\alpha}_1,\boldsymbol{\alpha}_2,\boldsymbol{\alpha}_3)\begin{pmatrix}a&0&-1\\-1&b&0\\0&-1&c\end{pmatrix},$$

而向量组 $\boldsymbol{\alpha}_1$，$\boldsymbol{\alpha}_2$，$\boldsymbol{\alpha}_3$ 线性无关，要使向量组 $a\boldsymbol{\alpha}_1-\boldsymbol{\alpha}_2$，$b\boldsymbol{\alpha}_2-\boldsymbol{\alpha}_3$，$c\boldsymbol{\alpha}_3-\boldsymbol{\alpha}_1$ 线性相关，故必有

$$\begin{vmatrix}a&0&-1\\-1&b&0\\0&-1&c\end{vmatrix}=abc-1=0,$$

因此 $abc=1$.

5.【解析】令 $\boldsymbol{A}=(\boldsymbol{\alpha}_1,\boldsymbol{\alpha}_2,\boldsymbol{\alpha}_3)$，$\boldsymbol{B}=(\boldsymbol{\alpha}_1+\boldsymbol{\alpha}_2+2\boldsymbol{\alpha}_3,\boldsymbol{\alpha}_1-\boldsymbol{\alpha}_2,\boldsymbol{\alpha}_1+\boldsymbol{\alpha}_3)$，则

$$\boldsymbol{B}=(\boldsymbol{\alpha}_1+\boldsymbol{\alpha}_2+2\boldsymbol{\alpha}_3,\boldsymbol{\alpha}_1-\boldsymbol{\alpha}_2,\boldsymbol{\alpha}_1+\boldsymbol{\alpha}_3)=(\boldsymbol{\alpha}_1,\boldsymbol{\alpha}_2,\boldsymbol{\alpha}_3)\begin{pmatrix}1&1&1\\1&-1&0\\2&0&1\end{pmatrix}=\boldsymbol{AC},$$

因为向量组$\boldsymbol{\alpha}_1$，$\boldsymbol{\alpha}_2$，$\boldsymbol{\alpha}_3$ 线性无关，所以 $r(\boldsymbol{A})=3$.

又$\begin{vmatrix}1&1&1\\1&-1&0\\2&0&1\end{vmatrix}=0$，所以矩阵 $\boldsymbol{C}$ 不可逆. 于是

$$r(\boldsymbol{B})=r(\boldsymbol{AC})\leqslant\min\{r(\boldsymbol{A}),r(\boldsymbol{C})\}<3,$$

故向量组$\boldsymbol{\alpha}_1+\boldsymbol{\alpha}_2+2\boldsymbol{\alpha}_3$，$\boldsymbol{\alpha}_1-\boldsymbol{\alpha}_2$，$\boldsymbol{\alpha}_1+\boldsymbol{\alpha}_3$ 线性相关.

6. **【解析】** 令 $\boldsymbol{A}=(\boldsymbol{\alpha}_1,\boldsymbol{\alpha}_2,\boldsymbol{\alpha}_3)$，$\boldsymbol{B}=(\boldsymbol{\beta}_1,\boldsymbol{\beta}_2,\boldsymbol{\beta}_3)$，则

$$\boldsymbol{B}=(\boldsymbol{\beta}_1,\boldsymbol{\beta}_2,\boldsymbol{\beta}_3)=(\boldsymbol{\alpha}_1+\boldsymbol{\alpha}_2,\boldsymbol{\alpha}_2+\boldsymbol{\alpha}_3,\boldsymbol{\alpha}_3+\boldsymbol{\alpha}_1)=(\boldsymbol{\alpha}_1,\boldsymbol{\alpha}_2,\boldsymbol{\alpha}_3)\begin{pmatrix}1&0&1\\1&1&0\\0&1&1\end{pmatrix}=\boldsymbol{AC},$$

因为向量组$\boldsymbol{\alpha}_1$，$\boldsymbol{\alpha}_2$，$\boldsymbol{\alpha}_3$ 线性无关，所以 $r(\boldsymbol{A})=3$.

又$\begin{vmatrix}1&0&1\\1&1&0\\0&1&1\end{vmatrix}=2\neq0$，所以矩阵 $\boldsymbol{C}$ 可逆. 于是

$$r(\boldsymbol{B})=r(\boldsymbol{AC})=r(\boldsymbol{A})=3,$$

故向量组$\boldsymbol{\beta}_1=\boldsymbol{\alpha}_1+\boldsymbol{\alpha}_2$，$\boldsymbol{\beta}_2=\boldsymbol{\alpha}_2+\boldsymbol{\alpha}_3$，$\boldsymbol{\beta}_3=\boldsymbol{\alpha}_3+\boldsymbol{\alpha}_1$ 线性无关.

7. **【解析】** 记 $\boldsymbol{A}=(\boldsymbol{\alpha}_1^{\mathrm{T}},\boldsymbol{\alpha}_2^{\mathrm{T}},\boldsymbol{\alpha}_3^{\mathrm{T}},\boldsymbol{\alpha}_4^{\mathrm{T}},\boldsymbol{\alpha}_5^{\mathrm{T}})$，则

$$\boldsymbol{A}=(\boldsymbol{\alpha}_1^{\mathrm{T}},\boldsymbol{\alpha}_2^{\mathrm{T}},\boldsymbol{\alpha}_3^{\mathrm{T}},\boldsymbol{\alpha}_4^{\mathrm{T}},\boldsymbol{\alpha}_5^{\mathrm{T}})=\begin{pmatrix}1&1&0&1&2\\-1&2&1&3&6\\0&1&1&2&4\\0&-1&-1&1&-1\end{pmatrix}\to\begin{pmatrix}1&1&0&1&2\\0&1&1&2&4\\0&0&1&1&2\\0&0&0&1&1\end{pmatrix}$$

$$\to\begin{pmatrix}1&0&0&0&0\\0&1&0&0&1\\0&0&1&0&1\\0&0&0&1&1\end{pmatrix}.$$

所以$\boldsymbol{\alpha}_1$，$\boldsymbol{\alpha}_2$，$\boldsymbol{\alpha}_3$，$\boldsymbol{\alpha}_4$ 为向量组的一个最大无关组，且$\boldsymbol{\alpha}_5=\boldsymbol{\alpha}_2+\boldsymbol{\alpha}_3+\boldsymbol{\alpha}_4$.

8. **【解析】** 设$\boldsymbol{\beta}=x_1\boldsymbol{\alpha}_1+x_2\boldsymbol{\alpha}_2+x_3\boldsymbol{\alpha}_3$，则有

$$x_1(1,0,0,1)+x_2(0,1,0,-1)+x_3(0,0,1,-1)=(2,-1,3,0),$$

从而解得 $x_1=2$，$x_2=-1$，$x_3=3$. 这表明向量$\boldsymbol{\beta}$ 可由$\boldsymbol{\alpha}_1$，$\boldsymbol{\alpha}_2$，$\boldsymbol{\alpha}_3$ 线性表示，且

$$\boldsymbol{\beta}=2\boldsymbol{\alpha}_1-\boldsymbol{\alpha}_2+3\boldsymbol{\alpha}_3.$$

9. **【解析】** 设$\boldsymbol{\beta}=x_1\boldsymbol{\alpha}_1+x_2\boldsymbol{\alpha}_2+x_3\boldsymbol{\alpha}_3$，则有

$$x_1(1,4,0,2)+x_2(2,7,1,3)+x_3(0,1,-1,a)=(3,10,b,4),$$

得线性方程组$\begin{cases}x_1+2x_2=3\\4x_1+7x_2+x_3=10\\x_2-x_3=b\\2x_1+3x_2+ax_3=4\end{cases}$. 对增广矩阵实施初等行变换，有

$$A=\begin{pmatrix}1&2&0&3\\4&7&1&10\\0&1&-1&b\\2&3&a&4\end{pmatrix}\to\begin{pmatrix}1&2&0&3\\0&-1&1&-2\\0&1&-1&b\\0&-1&a&-2\end{pmatrix}\to\begin{pmatrix}1&2&0&3\\0&-1&1&-2\\0&0&a-1&0\\0&0&0&b-2\end{pmatrix},$$

（1）当 $b\neq 2$ 时，线性方程组 $\boldsymbol{\beta}=x_1\boldsymbol{\alpha}_1+x_2\boldsymbol{\alpha}_2+x_3\boldsymbol{\alpha}_3$ 无解，此时 $\boldsymbol{\beta}$ 不能由 $\boldsymbol{\alpha}_1$，$\boldsymbol{\alpha}_2$，$\boldsymbol{\alpha}_3$ 线性表示．

（2）当 $b=2$ 且 $a\neq 1$ 时，有 $A\to\begin{pmatrix}1&0&0&-1\\0&1&0&2\\0&0&1&0\\0&0&0&0\end{pmatrix}$，有唯一解，且 $\boldsymbol{\beta}$ 可由 $\boldsymbol{\alpha}_1$，$\boldsymbol{\alpha}_2$，$\boldsymbol{\alpha}_3$ 唯一线性表示，表示式为 $\boldsymbol{\beta}=2\boldsymbol{\alpha}_2-\boldsymbol{\alpha}_1$.

当 $b=2$ 且 $a=1$ 时，有 $A\to\begin{pmatrix}1&0&2&-1\\0&1&-1&2\\0&0&0&0\\0&0&0&0\end{pmatrix}$，有无穷多解，且 $\boldsymbol{\beta}$ 可由 $\boldsymbol{\alpha}_1$，$\boldsymbol{\alpha}_2$，$\boldsymbol{\alpha}_3$ 线性表示，表示式不唯一．同解方程组为 $\begin{cases}x_1=-2x_3-1\\x_2=x_3+2\end{cases}$，表示式为

$$\boldsymbol{\beta}=-(2c+1)\boldsymbol{\alpha}_1+(c+2)\boldsymbol{\alpha}_2+c\boldsymbol{\alpha}_3,$$

其中 c 为任意常数．

10.【解析】（1）因为 $\begin{vmatrix}1&0&1\\0&1&3\\1&1&5\end{vmatrix}=1\neq 0$，所以 $\boldsymbol{\alpha}_1$，$\boldsymbol{\alpha}_2$，$\boldsymbol{\alpha}_3$ 线性无关，且 $r(\boldsymbol{\alpha}_1,\boldsymbol{\alpha}_2,\boldsymbol{\alpha}_3)=3$. 而 $\boldsymbol{\alpha}_1$，$\boldsymbol{\alpha}_2$，$\boldsymbol{\alpha}_3$ 不能由 $\boldsymbol{\beta}_1$，$\boldsymbol{\beta}_2$，$\boldsymbol{\beta}_3$ 线性表示，故 $r(\boldsymbol{\beta}_1,\boldsymbol{\beta}_2,\boldsymbol{\beta}_3)<3$，即

$$\begin{vmatrix}1&1&3\\1&2&4\\1&3&a\end{vmatrix}=a-5=0,$$

于是，当 $a=5$ 时，$\boldsymbol{\alpha}_1$，$\boldsymbol{\alpha}_2$，$\boldsymbol{\alpha}_3$ 不能由 $\boldsymbol{\beta}_1$，$\boldsymbol{\beta}_2$，$\boldsymbol{\beta}_3$ 线性表示．

（2）记 $C=(\boldsymbol{\alpha}_1,\boldsymbol{\alpha}_2,\boldsymbol{\alpha}_3,\boldsymbol{\beta}_1,\boldsymbol{\beta}_2,\boldsymbol{\beta}_3)$，对 C 实施初等行变换，有

$$C=\begin{pmatrix}1&0&1&1&1&3\\0&1&3&1&2&4\\1&1&5&1&3&5\end{pmatrix}\to\begin{pmatrix}1&0&0&2&1&5\\0&1&0&4&2&10\\0&0&1&-1&0&-2\end{pmatrix},$$

因此

$$\boldsymbol{\beta}_1=2\boldsymbol{\alpha}_1+4\boldsymbol{\alpha}_2-\boldsymbol{\alpha}_3,\quad \boldsymbol{\beta}_2=\boldsymbol{\alpha}_1+2\boldsymbol{\alpha}_2,\quad \boldsymbol{\beta}_3=5\boldsymbol{\alpha}_1+10\boldsymbol{\alpha}_2-2\boldsymbol{\alpha}_3.$$

11.【解析】记 $A=(\boldsymbol{a}_1,\boldsymbol{a}_2)$，$B=(\boldsymbol{b}_1,\boldsymbol{b}_2,\boldsymbol{b}_3)$，则

$$(A,B)=\begin{pmatrix}1&3&2&1&3\\-1&1&0&1&-1\\1&1&1&0&2\\-1&3&1&2&0\end{pmatrix}\to\begin{pmatrix}1&3&2&1&3\\0&2&1&1&1\\0&0&0&0&0\\0&0&0&0&0\end{pmatrix},$$

可见 $r(A)=r(A,B)=2$. 且

$$\boldsymbol{B}=\begin{pmatrix}2&1&3\\0&1&-1\\1&0&2\\1&2&0\end{pmatrix}\to\begin{pmatrix}1&0&2\\0&1&-1\\0&0&0\\0&0&0\end{pmatrix},$$

故 $r(\boldsymbol{B})=2$，因此 $r(\boldsymbol{A})=r(\boldsymbol{A},\boldsymbol{B})=r(\boldsymbol{B})$. 所以向量组$\boldsymbol{a}_1$，$\boldsymbol{a}_2$ 与向量组$\boldsymbol{b}_1$，$\boldsymbol{b}_2$，$\boldsymbol{b}_3$ 等价.

12. **【解析】** 因为向量组$\boldsymbol{\beta}_1$，$\boldsymbol{\beta}_2$，…，$\boldsymbol{\beta}_n$ 可由向量组$\boldsymbol{\alpha}_1$，$\boldsymbol{\alpha}_2$，…，$\boldsymbol{\alpha}_n$ 线性表示，所以

$$r(\boldsymbol{\alpha}_1,\boldsymbol{\alpha}_2,\cdots,\boldsymbol{\alpha}_n)=r(\boldsymbol{\alpha}_1,\boldsymbol{\alpha}_2,\cdots,\boldsymbol{\alpha}_n,\boldsymbol{\beta}_1,\boldsymbol{\beta}_2,\cdots,\boldsymbol{\beta}_n).$$

又

$$(\boldsymbol{\beta}_1,\boldsymbol{\beta}_2,\cdots,\boldsymbol{\beta}_n)=(\boldsymbol{\alpha}_1,\boldsymbol{\alpha}_2,\cdots,\boldsymbol{\alpha}_n)\begin{pmatrix}0&1&\cdots&1\\1&0&\cdots&1\\\vdots&\vdots&&\vdots\\1&1&\cdots&0\end{pmatrix},$$

且

$$\begin{vmatrix}0&1&\cdots&1\\1&0&\cdots&1\\\vdots&\vdots&&\vdots\\1&1&\cdots&0\end{vmatrix}=(-1)^{n-1}\cdot(n-1)\neq0,$$

故 $r(\boldsymbol{\beta}_1,\boldsymbol{\beta}_2,\cdots,\boldsymbol{\beta}_n)=r(\boldsymbol{\alpha}_1,\boldsymbol{\alpha}_2,\cdots,\boldsymbol{\alpha}_n)$. 因此，有

$$r(\boldsymbol{\beta}_1,\boldsymbol{\beta}_2,\cdots,\boldsymbol{\beta}_n)=r(\boldsymbol{\alpha}_1,\boldsymbol{\alpha}_2,\cdots,\boldsymbol{\alpha}_n)=r(\boldsymbol{\alpha}_1,\boldsymbol{\alpha}_2,\cdots,\boldsymbol{\alpha}_n,\boldsymbol{\beta}_1,\boldsymbol{\beta}_2,\cdots,\boldsymbol{\beta}_n),$$

即向量组$\boldsymbol{\alpha}_1$，$\boldsymbol{\alpha}_2$，…，$\boldsymbol{\alpha}_n$ 与$\boldsymbol{\beta}_1$，$\boldsymbol{\beta}_2$，…，$\boldsymbol{\beta}_n$ 等价.

13. **【解析】** 对矩阵$(\boldsymbol{\alpha}_1,\boldsymbol{\alpha}_2,\boldsymbol{\alpha}_3,\boldsymbol{\beta}_1,\boldsymbol{\beta}_2,\boldsymbol{\beta}_3)$实施初等行变换，有

$$\begin{pmatrix}1&1&1&1&2&2\\0&1&-1&2&1&1\\2&3&a+2&a+3&a+6&a+4\end{pmatrix}\to\begin{pmatrix}1&1&1&1&2&2\\0&1&-1&2&1&1\\0&0&a+1&a-1&a+1&a-1\end{pmatrix},$$

（1）当 $a\neq-1$ 时，$r(\boldsymbol{\alpha}_1,\boldsymbol{\alpha}_2,\boldsymbol{\alpha}_3)=3$，此时$\boldsymbol{\beta}_1$，$\boldsymbol{\beta}_2$，$\boldsymbol{\beta}_3$ 可由$\boldsymbol{\alpha}_1$，$\boldsymbol{\alpha}_2$，$\boldsymbol{\alpha}_3$ 唯一线性表示，即向量组（Ⅱ）可由向量组（Ⅰ）线性表示. 又

$$|\boldsymbol{\beta}_1,\boldsymbol{\beta}_2,\boldsymbol{\beta}_3|=\begin{vmatrix}1&2&2\\2&1&1\\a+3&a+6&a+4\end{vmatrix}=6\neq0,$$

所以$\boldsymbol{\beta}_1$，$\boldsymbol{\beta}_2$，$\boldsymbol{\beta}_3$ 线性无关，且 $r(\boldsymbol{\beta}_1,\boldsymbol{\beta}_2,\boldsymbol{\beta}_3)=3$. 故$\boldsymbol{\alpha}_1$，$\boldsymbol{\alpha}_2$，$\boldsymbol{\alpha}_3$ 可由$\boldsymbol{\beta}_1$，$\boldsymbol{\beta}_2$，$\boldsymbol{\beta}_3$ 唯一线性表示，即向量组（Ⅰ）可由向量组（Ⅱ）线性表示.

综上，当 $a\neq-1$ 时，向量组（Ⅰ）与向量组（Ⅱ）等价.

（2）当 $a=-1$ 时，有

$$(\boldsymbol{\alpha}_1,\boldsymbol{\alpha}_2,\boldsymbol{\alpha}_3,\boldsymbol{\beta}_1,\boldsymbol{\beta}_2,\boldsymbol{\beta}_3)\to\begin{pmatrix}1&1&1&1&2&2\\0&1&-1&2&1&1\\0&0&0&-2&0&-2\end{pmatrix},$$

由于 $r(\boldsymbol{\alpha}_1,\boldsymbol{\alpha}_2,\boldsymbol{\alpha}_3)\neq r(\boldsymbol{\alpha}_1,\boldsymbol{\alpha}_2,\boldsymbol{\alpha}_3,\boldsymbol{\beta}_1)$，所以向量$\boldsymbol{\beta}_1$ 不能由$\boldsymbol{\alpha}_1$，$\boldsymbol{\alpha}_2$，$\boldsymbol{\alpha}_3$ 唯一线性表示. 因此，当 $a=-1$ 时，向量组（Ⅰ）与向量组（Ⅱ）不等价.

14. **【解析】** 取$\boldsymbol{\beta}_1=\boldsymbol{\alpha}_1=(1,-1,0)^{\mathrm{T}}$，则

$$\boldsymbol{\beta}_2=\boldsymbol{\alpha}_2-\frac{[\boldsymbol{\beta}_1,\boldsymbol{\alpha}_2]}{[\boldsymbol{\beta}_1,\boldsymbol{\beta}_1]}\boldsymbol{\beta}_1=\begin{pmatrix}1\\0\\1\end{pmatrix}-\frac{1}{2}\begin{pmatrix}1\\-1\\0\end{pmatrix}=\frac{1}{2}\begin{pmatrix}1\\1\\2\end{pmatrix},$$

$$\boldsymbol{\beta}_3=\boldsymbol{\alpha}_3-\frac{[\boldsymbol{\beta}_1,\boldsymbol{\alpha}_3]}{[\boldsymbol{\beta}_1,\boldsymbol{\beta}_1]}\boldsymbol{\beta}_1-\frac{[\boldsymbol{\beta}_2,\boldsymbol{\alpha}_3]}{[\boldsymbol{\beta}_2,\boldsymbol{\beta}_2]}\boldsymbol{\beta}_2=\begin{pmatrix}1\\-1\\1\end{pmatrix}-\frac{2}{2}\begin{pmatrix}1\\-1\\0\end{pmatrix}-\frac{2}{3}\cdot\frac{1}{2}\begin{pmatrix}1\\1\\2\end{pmatrix}=\frac{1}{3}\begin{pmatrix}-1\\-1\\1\end{pmatrix},$$

将其单位化，有

$$\boldsymbol{\gamma}_1=\frac{1}{\sqrt{2}}\begin{pmatrix}1\\-1\\0\end{pmatrix},\quad \boldsymbol{\gamma}_2=\frac{1}{\sqrt{6}}\begin{pmatrix}1\\1\\2\end{pmatrix},\quad \boldsymbol{\gamma}_3=\frac{1}{\sqrt{3}}\begin{pmatrix}-1\\-1\\1\end{pmatrix}.$$

15.【解析】 取 $\mathbf{R}^3$ 的一个基 $\boldsymbol{e}_1=(1,0,0)^{\mathrm{T}}$，$\boldsymbol{e}_2=(0,1,0)^{\mathrm{T}}$，$\boldsymbol{e}_3=(0,0,1)^{\mathrm{T}}$，则

$$(\boldsymbol{\alpha}_1,\boldsymbol{\alpha}_2,\boldsymbol{\alpha}_3)=(\boldsymbol{e}_1,\boldsymbol{e}_2,\boldsymbol{e}_3)\begin{pmatrix}1&1&1\\1&0&0\\1&-1&1\end{pmatrix},\quad (\boldsymbol{\beta}_1,\boldsymbol{\beta}_2,\boldsymbol{\beta}_3)=(\boldsymbol{e}_1,\boldsymbol{e}_2,\boldsymbol{e}_3)\begin{pmatrix}1&2&3\\2&3&4\\1&4&3\end{pmatrix},$$

所以由基 $\boldsymbol{\alpha}_1$，$\boldsymbol{\alpha}_2$，$\boldsymbol{\alpha}_3$ 到基 $\boldsymbol{\beta}_1$，$\boldsymbol{\beta}_2$，$\boldsymbol{\beta}_3$ 的过渡矩阵为

$$\begin{pmatrix}1&1&1\\1&0&0\\1&-1&1\end{pmatrix}^{-1}\begin{pmatrix}1&2&3\\2&3&4\\1&4&3\end{pmatrix}=\begin{pmatrix}2&3&4\\0&-1&0\\-1&0&-1\end{pmatrix}.$$

16.【解析】 因为

$$\begin{vmatrix}1&2&3\\-1&1&1\\0&3&2\end{vmatrix}=-6\neq0,$$

所以 $\boldsymbol{\alpha}_1$，$\boldsymbol{\alpha}_2$，$\boldsymbol{\alpha}_3$ 线性无关，且 $r(\boldsymbol{\alpha}_1,\boldsymbol{\alpha}_2,\boldsymbol{\alpha}_3)=3$. 又 $\boldsymbol{\alpha}_1$，$\boldsymbol{\alpha}_2$，$\boldsymbol{\alpha}_3$ 是三维向量，且包含 3 个向量，故 $\boldsymbol{\alpha}_1$，$\boldsymbol{\alpha}_2$，$\boldsymbol{\alpha}_3$ 为 $\mathbf{R}^3$ 的一个基.

设所求坐标为 $(x_1,x_2,x_3)^{\mathrm{T}}$，则 $\boldsymbol{\beta}=x_1\boldsymbol{\alpha}_1+x_2\boldsymbol{\alpha}_2+x_3\boldsymbol{\alpha}_3$，即

$$\begin{pmatrix}x_1\\-x_1\\0\end{pmatrix}+\begin{pmatrix}2x_2\\x_2\\3x_2\end{pmatrix}+\begin{pmatrix}3x_3\\x_3\\2x_3\end{pmatrix}=\begin{pmatrix}5\\0\\7\end{pmatrix},$$

亦即 $\begin{cases}x_1+2x_2+3x_3=5\\-x_1+x_2+x_3=0\\3x_2+2x_3=7\end{cases}$，解得 $x_1=2$，$x_2=3$，$x_3=-1$. 故所求坐标为 $(2,3,-1)^{\mathrm{T}}$.

17.【解析】 由于

$$(\boldsymbol{\alpha}_1,\boldsymbol{\alpha}_2,\boldsymbol{\alpha}_3)=\begin{pmatrix}1&-1&5\\1&1&-1\\2&4&-8\\3&-1&9\end{pmatrix}\to\begin{pmatrix}1&-1&5\\0&2&-6\\0&0&0\\0&0&0\end{pmatrix}\to\begin{pmatrix}1&0&2\\0&1&-3\\0&0&0\\0&0&0\end{pmatrix},$$

因为 $\boldsymbol{\alpha}_1$，$\boldsymbol{\alpha}_2$ 线性无关，且 $\boldsymbol{\alpha}_3=2\boldsymbol{\alpha}_1-3\boldsymbol{\alpha}_2$. 所以 V 的维数为 2，且 $\boldsymbol{\alpha}_1$，$\boldsymbol{\alpha}_2$ 是它的一个基.

取 $\boldsymbol{\beta}_1=\boldsymbol{\alpha}_1=(1,1,2,3)^{\mathrm{T}}$，则

$$\boldsymbol{\beta}_2=\boldsymbol{\alpha}_2-\frac{[\boldsymbol{\beta}_1,\boldsymbol{\alpha}_2]}{[\boldsymbol{\beta}_1,\boldsymbol{\beta}_1]}\boldsymbol{\beta}_1=(-1,1,4,-1)^{\mathrm{T}}-\frac{1}{3}(1,1,2,3)^{\mathrm{T}}=\frac{2}{3}(-2,1,5,-3)^{\mathrm{T}},$$

将其单位化，有

$$\boldsymbol{e}_1=\frac{1}{\sqrt{15}}(1,1,2,3)^{\mathrm{T}},\quad \boldsymbol{e}_2=\frac{1}{\sqrt{39}}(-2,1,5,-3)^{\mathrm{T}}.$$

故$\boldsymbol{e}_1$，$\boldsymbol{e}_2$ 为 V 的一个标准正交基.

18.【解析】（1）由于

$$(\boldsymbol{\beta}_1,\boldsymbol{\beta}_2,\boldsymbol{\beta}_3,\boldsymbol{\beta}_4)=(\boldsymbol{\alpha}_1,\boldsymbol{\alpha}_2,\boldsymbol{\alpha}_3,\boldsymbol{\alpha}_4)\begin{pmatrix}1&0&0&0\\1&1&0&0\\1&1&1&0\\0&1&1&1\end{pmatrix},$$

因此，由基（Ⅱ）到基（Ⅰ）的过渡矩阵为

$$\boldsymbol{B}=\begin{pmatrix}1&0&0&0\\1&1&0&0\\1&1&1&0\\0&1&1&1\end{pmatrix}^{-1}=\begin{pmatrix}1&0&0&0\\-1&1&0&0\\0&-1&1&0\\1&0&-1&1\end{pmatrix}.$$

（2）假设在基（Ⅰ）和基（Ⅱ）下的相同坐标为$(x_1,x_2,x_3,x_4)^{\mathrm{T}}$. 由坐标变换公式，得

$$\begin{pmatrix}x_1\\x_2\\x_3\\x_4\end{pmatrix}=\boldsymbol{B}\begin{pmatrix}x_1\\x_2\\x_3\\x_4\end{pmatrix}=\begin{pmatrix}1&0&0&0\\-1&1&0&0\\0&-1&1&0\\1&0&-1&1\end{pmatrix}\begin{pmatrix}x_1\\x_2\\x_3\\x_4\end{pmatrix},$$

即

$$\begin{pmatrix}0&0&0&0\\-1&0&0&0\\0&-1&0&0\\1&0&-1&0\end{pmatrix}\begin{pmatrix}x_1\\x_2\\x_3\\x_4\end{pmatrix}=\begin{pmatrix}0\\0\\0\\0\end{pmatrix},$$

解得

$$\begin{pmatrix}x_1\\x_2\\x_3\\x_4\end{pmatrix}=c\begin{pmatrix}0\\0\\0\\1\end{pmatrix},\quad c\text{ 为任意常数}.$$

因此，在基（Ⅰ）和基（Ⅱ）下有相同坐标的全体向量为 $x=c\boldsymbol{\alpha}_4$，c 为任意常数.

第 4 章

一、填空题

1.【答案】 2.

【解析】 由于

$$A=\begin{pmatrix}1&2&1\\1&a&2\\a&4&3\\2&a+2&-5\end{pmatrix}\to\begin{pmatrix}1&2&1\\0&a-2&1\\0&4-2a&3-a\\0&a-2&-7\end{pmatrix}\to\begin{pmatrix}1&2&1\\0&a-2&1\\0&0&5-a\\0&0&-8\end{pmatrix},$$

要使齐次方程组有非零解，则有 $r(A)<3$，因此必有 $a-2=0$，即 $a=2$.

2. **【答案】** 3.

【解析】 由于

$$A=\begin{pmatrix}1&2&3\\-1&3&2\\2&1&t\\-2&1&-1\end{pmatrix}\to\begin{pmatrix}1&2&3\\0&5&5\\0&-3&t-6\\0&0&0\end{pmatrix}\to\begin{pmatrix}1&2&3\\0&1&1\\0&0&t-3\\0&0&0\end{pmatrix},$$

又由 B 的列向量是齐次线性方程组 $Ax=0$ 的解向量，注意到 B 是三阶非零矩阵，故 $Ax=0$ 有非零解，则有 $r(A)<3$，因此有 $t=3$.

3. **【答案】** -1.

【解析】 对增广矩阵进行初等行变换，有

$$(A,b)=\begin{pmatrix}1&-1&2&1\\2&-1&7&2\\-1&2&1&\lambda\end{pmatrix}\to\begin{pmatrix}1&-1&2&1\\0&1&3&0\\0&1&3&\lambda-1\end{pmatrix}\to\begin{pmatrix}1&-1&2&1\\0&1&3&0\\0&0&0&\lambda+1\end{pmatrix},$$

因为方程组有解，故 $r(A,b)=r(A)$，从而得到 $\lambda+1=0$，即 $\lambda=-1$.

4. **【答案】** 3.

【解析】 对增广矩阵进行初等行变换，有

$$(A,b)=\begin{pmatrix}1&1&2-a&1\\3-2a&2-a&1&a\\2-a&2-a&1&-1\end{pmatrix}\to\begin{pmatrix}1&1&2-a&1\\0&a-1&-2a^2+7a-5&3a-3\\0&0&-a^2+4a-3&a-3\end{pmatrix},$$

若 $a=1$，此时有

$$(A,b)\to\begin{pmatrix}1&1&1&1\\0&0&0&-2\\0&0&0&0\end{pmatrix},$$

因此 $r(A,b)\neq r(A)$，无解.

若 $a=3$，此时有

$$(A,b)\to\begin{pmatrix}1&1&-1&1\\0&2&-2&6\\0&0&0&0\end{pmatrix},$$

因此 $r(A,b)=r(A)=2<3$，非齐次线性方程组 $Ax=b$ 有解但不唯一.

5. **【答案】** 2 个.

【解析】 对系数矩阵 A 实施初等行变换，得

$$A=\begin{pmatrix}1&0&3&1&2\\2&1&7&4&3\\-1&2&-1&3&0\end{pmatrix}\to\begin{pmatrix}1&0&3&1&2\\0&1&1&2&-1\\0&0&0&0&4\end{pmatrix},$$

由于 $r(\boldsymbol{A})=3$，那么基础解系中所含解向量的个数为 $n-r(\boldsymbol{A})=2$ 个.

6. 【答案】 $\boldsymbol{\xi}_1=\left(\frac{1}{2},-\frac{1}{2},1,0,0\right)^{\mathrm{T}}$，$\boldsymbol{\xi}_2=\left(\frac{15}{2},\frac{5}{2},0,-3,1\right)^{\mathrm{T}}$.

【解析】 系数矩阵 $\boldsymbol{A}=\begin{pmatrix}1&1&0&3&-1\\0&2&1&2&1\\0&0&0&1&3\end{pmatrix}$已是行阶梯矩阵，由 $r(\boldsymbol{A})=3$，知 $n-r(\boldsymbol{A})=2$，将 $\boldsymbol{A}$ 化为行最简形矩阵，有

$$\boldsymbol{A}=\begin{pmatrix}1&1&0&3&-1\\0&2&1&2&1\\0&0&0&1&3\end{pmatrix}\to\begin{pmatrix}1&0&-\frac{1}{2}&0&-\frac{15}{2}\\0&1&\frac{1}{2}&0&-\frac{5}{2}\\0&0&0&1&3\end{pmatrix},$$

令 $x_3=1$，$x_5=0$，得 $x_1=\frac{1}{2}$，$x_2=-\frac{1}{2}$，$x_4=0$；

令 $x_3=0$，$x_5=1$，得 $x_1=\frac{15}{2}$，$x_2=\frac{5}{2}$，$x_4=-3$，

故基础解系为

$$\boldsymbol{\xi}_1=\left(\frac{1}{2},-\frac{1}{2},1,0,0\right)^{\mathrm{T}},\quad \boldsymbol{\xi}_2=\left(\frac{15}{2},\frac{5}{2},0,-3,1\right)^{\mathrm{T}}.$$

7. 【答案】 $k_1(2,1,0,0)^{\mathrm{T}}+k_2(-3,0,1,0)^{\mathrm{T}}+k_3(4,0,0,1)^{\mathrm{T}}$.

【解析】 方程 $x_1=2x_2-3x_3+4x_4$，由 $r(\boldsymbol{A})=1$，知 $n-r(\boldsymbol{A})=3$.

令 $x_2=1$，$x_3=0$，$x_4=0$，得 $x_1=2$；

令 $x_2=0$，$x_3=1$，$x_4=0$，得 $x_1=-3$；

令 $x_2=0$，$x_3=0$，$x_4=1$，得 $x_1=4$，

故基础解系为$\boldsymbol{\xi}_1=(2,1,0,0)^{\mathrm{T}}$，$\boldsymbol{\xi}_2=(-3,0,1,0)^{\mathrm{T}}$，$\boldsymbol{\xi}_3=(4,0,0,1)^{\mathrm{T}}$，通解为

$$k_1(2,1,0,0)^{\mathrm{T}}+k_2(-3,0,1,0)^{\mathrm{T}}+k_3(4,0,0,1)^{\mathrm{T}}.$$

8. 【答案】 $k(1,1,\cdots,1)^{\mathrm{T}}$，$k(A_{11},A_{12},\cdots,A_{1n})^{\mathrm{T}}$.

【解析】 (1) 不妨设 $\boldsymbol{A}=(a_{ij})_{n\times n}$，而矩阵 $\boldsymbol{A}$ 的各行元素之和均为 0，所以

$$\begin{cases}a_{11}+a_{12}+\cdots+a_{1n}=0\\a_{21}+a_{22}+\cdots+a_{2n}=0\\\qquad\vdots\\a_{n1}+a_{n2}+\cdots+a_{nn}=0\end{cases},$$

即

$$\begin{pmatrix}a_{11}&a_{12}&\cdots&a_{1n}\\a_{21}&a_{22}&\cdots&a_{2n}\\\vdots&\vdots&&\vdots\\a_{n1}&a_{n2}&\cdots&a_{nn}\end{pmatrix}\begin{pmatrix}1\\1\\\vdots\\1\end{pmatrix}=\boldsymbol{A}\begin{pmatrix}1\\1\\\vdots\\1\end{pmatrix}=\boldsymbol{0},$$

故方程组 $\boldsymbol{Ax}=\boldsymbol{0}$ 的通解为 $k(1,1,\cdots,1)^{\mathrm{T}}$.

(2) 因为 $r(\boldsymbol{A})=n-1$，所以 $|\boldsymbol{A}|=0$，又

$$|\boldsymbol{A}| = a_{11}A_{11} + a_{12}A_{12} + \cdots + a_{1n}A_{1n} = 0,$$

而根据行列式按行（列）展开的法则，有

$$a_{i1}A_{11} + a_{i2}A_{12} + \cdots + a_{in}A_{1n} = 0 \quad (i = 2,3,\cdots,n),$$

即

$$\begin{pmatrix} a_{11} & a_{12} & \cdots & a_{1n} \\ a_{21} & a_{22} & \cdots & a_{2n} \\ \vdots & \vdots & & \vdots \\ a_{n1} & a_{n2} & \cdots & a_{nn} \end{pmatrix}\begin{pmatrix} A_{11} \\ A_{12} \\ \vdots \\ A_{1n} \end{pmatrix} = \boldsymbol{A}\begin{pmatrix} A_{11} \\ A_{12} \\ \vdots \\ A_{1n} \end{pmatrix} = \boldsymbol{0},$$

故方程组 $\boldsymbol{Ax}=\boldsymbol{0}$ 的通解为 $k(A_{11},A_{12},\cdots,A_{1n})^{\mathrm{T}}$.

9.【答案】 $(-9,1,2,11)^{\mathrm{T}} + k_1(-10,6,-11,11)^{\mathrm{T}} + k_2(-2,10,-22,0)^{\mathrm{T}}$.

【解析】 因为系数矩阵

$$\boldsymbol{A} = \begin{pmatrix} a_1 & 7 & a_3 & 1 \\ 3 & b_2 & 2 & 2 \\ 9 & 4 & 1 & 7 \end{pmatrix}$$

中有 2 阶子式 $\begin{vmatrix} 2 & 2 \\ 1 & 7 \end{vmatrix} \neq 0$，故 $r(\boldsymbol{A}) \geqslant 2$. 又因为

$$\boldsymbol{\xi}_1 - \boldsymbol{\xi}_2 = (-10,6,-11,11)^{\mathrm{T}}, \quad \boldsymbol{\xi}_1 - \boldsymbol{\xi}_3 = (-2,10,-22,0)^{\mathrm{T}},$$

是对应齐次线性方程组 $\boldsymbol{Ax}=\boldsymbol{0}$ 的线性无关的解，所以

$$n - r(\boldsymbol{A}) \geqslant 2, \quad \text{即 } r(\boldsymbol{A}) \leqslant 2,$$

从而得到 $r(\boldsymbol{A}) = 2$. 所以方程组的通解为

$$(-9,1,2,11)^{\mathrm{T}} + k_1(-10,6,-11,11)^{\mathrm{T}} + k_2(-2,10,-22,0)^{\mathrm{T}}.$$

10.【答案】 $(1,1,1,1)^{\mathrm{T}} + k(0,1,2,3)^{\mathrm{T}}$

【解析】 因为系数矩阵的秩 $r(\boldsymbol{A}) = 3$，所以 $n - r(\boldsymbol{A}) = 1$. 又由

$$(\boldsymbol{\alpha}_2 - \boldsymbol{\alpha}_1) + (\boldsymbol{\alpha}_3 - \boldsymbol{\alpha}_1) = (\boldsymbol{\alpha}_2 + \boldsymbol{\alpha}_3) - 2\boldsymbol{\alpha}_1 = (0,1,2,3)^{\mathrm{T}}$$

是对应齐次线性方程组 $\boldsymbol{Ax}=\boldsymbol{0}$ 的解，所以方程组的通解为

$$(1,1,1,1)^{\mathrm{T}} + k(0,1,2,3)^{\mathrm{T}}.$$

二、选择题

1.【答案】 D.

【解析】 因为 $|\boldsymbol{A}| = -3(a-2)(a-3)$，若 $|\boldsymbol{A}| = 0$，则 $\boldsymbol{Ax}=\boldsymbol{b}$ 有无穷多解或无解.

当 $a=2$ 时，增广矩阵为

$$\begin{pmatrix} 1 & 0 & 3 & 2 & -1 \\ & -1 & 2 & 6 & 1 \\ & & 0 & 2 & -2 \\ & & & -3 & 3 \end{pmatrix} \to \begin{pmatrix} 1 & 0 & 3 & 2 & -1 \\ & -1 & 2 & 6 & 1 \\ & & 0 & 1 & -1 \\ & & & 0 & 0 \end{pmatrix},$$

此时 $r(\boldsymbol{A},\boldsymbol{b}) = r(\boldsymbol{A}) = 3 < 4$，方程组有无穷多解.

当 $a=3$ 时，增广矩阵为

$$\begin{pmatrix}1&0&3&2&-1\\&0&2&6&2\\&&1&3&-2\\&&&-3&4\end{pmatrix}\to\begin{pmatrix}1&0&3&2&-1\\&0&1&3&1\\&&0&-3&4\\&&&0&-3\end{pmatrix},$$

此时 $r(\boldsymbol{A})=3\neq r(\boldsymbol{A},\boldsymbol{b})=4$，方程组无解.

2.【答案】 C.

【解析】 由题意可知，齐次线性方程组 $\boldsymbol{Ax}=\boldsymbol{0}$ 有非零解. 因此

$$|\boldsymbol{A}|=\begin{vmatrix}\lambda&1&\lambda^2\\1&\lambda&1\\1&1&\lambda\end{vmatrix}=\begin{vmatrix}\lambda-1&1&\lambda^2\\1-\lambda&\lambda&1\\0&1&\lambda\end{vmatrix}=(\lambda-1)^2=0,$$

从而知 $\lambda=1$ 时，$\boldsymbol{Ax}=\boldsymbol{0}$ 有非零解. 此时，有

$$\begin{pmatrix}\lambda&1&\lambda^2\\1&\lambda&1\\1&1&\lambda\end{pmatrix}=\begin{pmatrix}1&1&1\\1&1&1\\1&1&1\end{pmatrix}\to\begin{pmatrix}1&1&1\\0&0&0\\0&0&0\end{pmatrix},$$

得到 $r(\boldsymbol{A})=1$，从而 $\boldsymbol{Ax}=\boldsymbol{0}$ 的基础解系中有 $3-r(\boldsymbol{A})=2$ 个线性无关的解. 又因为 $\boldsymbol{B}$ 的列向量组是 $\boldsymbol{Ax}=\boldsymbol{0}$ 的解，所以 $\boldsymbol{B}$ 的列向量组必线性相关，进而得到 $|\boldsymbol{B}|=0$.

3.【答案】 D.

【解析】 首先排除（C），因为基础解系中有 4 个线性无关的解向量，而（C）中只有 3 个向量；对于（A）：

$$(\boldsymbol{\alpha}_1+\boldsymbol{\alpha}_2,\boldsymbol{\alpha}_2+\boldsymbol{\alpha}_3,\boldsymbol{\alpha}_3+\boldsymbol{\alpha}_4,\boldsymbol{\alpha}_4+\boldsymbol{\alpha}_1)=(\boldsymbol{\alpha}_1,\boldsymbol{\alpha}_2,\boldsymbol{\alpha}_3,\boldsymbol{\alpha}_4)\begin{vmatrix}1&0&0&1\\1&1&0&0\\0&1&1&0\\0&0&1&1\end{vmatrix},$$

而 $\begin{vmatrix}1&0&0&1\\1&1&0&0\\0&1&1&0\\0&0&1&1\end{vmatrix}=0$，所以向量组 $\boldsymbol{\alpha}_1+\boldsymbol{\alpha}_2,\boldsymbol{\alpha}_2+\boldsymbol{\alpha}_3,\boldsymbol{\alpha}_3+\boldsymbol{\alpha}_4,\boldsymbol{\alpha}_4+\boldsymbol{\alpha}_1$ 线性相关，可排除（A）；

同理，向量组 $\boldsymbol{\alpha}_1-\boldsymbol{\alpha}_2,\boldsymbol{\alpha}_2-\boldsymbol{\alpha}_3,\boldsymbol{\alpha}_3+\boldsymbol{\alpha}_4,\boldsymbol{\alpha}_4+\boldsymbol{\alpha}_1$ 线性相关，可排除（B）；向量组 $\boldsymbol{\alpha}_1-\boldsymbol{\alpha}_2$，$\boldsymbol{\alpha}_2-\boldsymbol{\alpha}_3,\boldsymbol{\alpha}_3-\boldsymbol{\alpha}_4,\boldsymbol{\alpha}_4+\boldsymbol{\alpha}_1$ 线性无关，且包含向量的个数为 4，所以该向量组可作为齐次线性方程组 $\boldsymbol{Ax}=\boldsymbol{0}$ 的基础解系.

4.【答案】 C.

【解析】 因为 $\boldsymbol{\xi}_1$，$\boldsymbol{\xi}_2$ 是齐次线性方程组 $\boldsymbol{Ax}=\boldsymbol{0}$ 的基础解系，所以 $\boldsymbol{Ax}=\boldsymbol{0}$ 的任意一个解向量与 $\boldsymbol{\xi}_1$，$\boldsymbol{\xi}_2$ 必线性相关. 而

$$|\boldsymbol{\alpha}_3,\boldsymbol{\xi}_1,\boldsymbol{\xi}_2|=\begin{vmatrix}1&1&2\\0&2&1\\3&-1&4\end{vmatrix}=0,$$

即向量组 $\boldsymbol{\alpha}_3$，$\boldsymbol{\xi}_1$，$\boldsymbol{\xi}_2$ 线性相关.

5.【答案】 A.

【解析】 齐次方程组 $\boldsymbol{Ax}=\boldsymbol{0}$ 中至少有两个线性无关的解向量，所以

$$3-r(\boldsymbol{A})\geqslant 2,\quad 即\ r(\boldsymbol{A})\leqslant 1.$$

6.【答案】 D.

【解析】 由题设，可知 $4-r(\boldsymbol{A})=1$，即 $r(\boldsymbol{A})=3$. 再由 $r(\boldsymbol{A})=3$ 可知 $r(\boldsymbol{A}^*)=1$，故 $\boldsymbol{A}^*\boldsymbol{x}=\boldsymbol{0}$ 的基础解系中含有 3 个线性无关的解向量，可排除（A）与（B）. 又

$$\boldsymbol{A}\begin{pmatrix}1\\0\\-2\\0\end{pmatrix}=\boldsymbol{\alpha}_1-2\boldsymbol{\alpha}_3=\boldsymbol{0},$$

这表明$\boldsymbol{\alpha}_1$ 与$\boldsymbol{\alpha}_3$ 线性相关，可排除（C）.

7.【答案】 C.

【解析】 因为 $\boldsymbol{Ax}=\boldsymbol{0}$ 有两个不同的解，所以 $r(\boldsymbol{A})<n$. 由$\boldsymbol{A}^*\neq\boldsymbol{O}$ 知 $r(\boldsymbol{A})\geqslant n-1$，于是 $\boldsymbol{Ax}=\boldsymbol{0}$ 的基础解系仅有一个解向量. 又$\boldsymbol{\alpha}_1$，$\boldsymbol{\alpha}_2$ 是 n 元齐次线性方程组 $\boldsymbol{Ax}=\boldsymbol{0}$ 的两个不同的解，所以$\boldsymbol{\alpha}_1-\boldsymbol{\alpha}_2\neq\boldsymbol{0}$，故 $\boldsymbol{Ax}=\boldsymbol{0}$ 的通解为 $k(\boldsymbol{\alpha}_1-\boldsymbol{\alpha}_2)$.

8.【答案】 A.

【解析】 选项（B）中，当 $r=n$ 时，这不能保证 $r(\boldsymbol{A})=r(\boldsymbol{A},\boldsymbol{b})$，有可能 $m>n$，所以不能判断解的情况；选项（C）中，当 $n=m$ 时，若$|\boldsymbol{A}|\neq 0$，则方程组 $\boldsymbol{Ax}=\boldsymbol{b}$ 有唯一解，若$|\boldsymbol{A}|=0$，则方程组 $\boldsymbol{Ax}=\boldsymbol{b}$ 无解或有无穷多解，也不能判断解的情况；选项（D）中，仍然无法保证 $r(\boldsymbol{A})=r(\boldsymbol{A},\boldsymbol{b})$，所以无法判断解的情况；选项（A）中，当 $r=m$ 时，这表明 $r(\boldsymbol{A})=r(\boldsymbol{A},\boldsymbol{b})$，这表明方程组 $\boldsymbol{Ax}=\boldsymbol{b}$ 有解.

9.【答案】 A.

【解析】 由于增广矩阵（$\boldsymbol{A},\boldsymbol{b}$）是 $m\times(n+1)$矩阵，根据矩阵秩的性质，有

$$r(\boldsymbol{A})\leqslant r(\boldsymbol{A},\boldsymbol{b})\leqslant m.$$

当$r(\boldsymbol{A})=m$ 时，则必有 $r(\boldsymbol{A})=r(\boldsymbol{A},\boldsymbol{b})=m$，所以方程组$\boldsymbol{Ax}=\boldsymbol{b}$ 有解. 但当$r(\boldsymbol{A})=r(\boldsymbol{A},\boldsymbol{b})<m$ 时，方程组仍有解，故（A）是方程组有解的充分条件，而其余三个选项均不能保证 $r(\boldsymbol{A})=r(\boldsymbol{A},\boldsymbol{b})$.

10.【答案】 B.

【解析】 因为$\dfrac{\boldsymbol{\beta}_1-\boldsymbol{\beta}_2}{2}$不是 $\boldsymbol{Ax}=\boldsymbol{b}$ 的解，从解的结构来看可排除（A）与（C）. 在（D）中，虽然$\boldsymbol{\alpha}_1$，$\boldsymbol{\beta}_1-\boldsymbol{\beta}_2$ 都是 $\boldsymbol{Ax}=\boldsymbol{0}$ 的解，但它们是否线性无关不能保证，即能否成为基础解系无法保证，可排除（D）. 由$\boldsymbol{\alpha}_1$，$\boldsymbol{\alpha}_2$ 是基础解系可以证明$\boldsymbol{\alpha}_1$，$\boldsymbol{\alpha}_1-\boldsymbol{\alpha}_2$ 也是基础解系，且$\dfrac{\boldsymbol{\beta}_1+\boldsymbol{\beta}_2}{2}$是 $\boldsymbol{Ax}=\boldsymbol{b}$ 的解.

三、解答题

1.【解析】 对系数矩阵 $\boldsymbol{A}$ 实施初等行变换，得

$$\boldsymbol{A}=\begin{pmatrix}1&1&1&4&-3\\1&-1&3&-2&-1\\2&1&3&5&-5\\3&1&5&6&-7\end{pmatrix}\to\begin{pmatrix}1&1&1&4&-3\\0&-2&2&-6&2\\0&-1&1&-3&1\\0&-2&2&-6&2\end{pmatrix}\to\begin{pmatrix}1&1&1&4&-3\\0&1&-1&3&-1\\0&0&0&0&0\\0&0&0&0&0\end{pmatrix}$$

$$\to\begin{pmatrix}1 & 0 & 2 & 1 & -2\\ 0 & 1 & -1 & 3 & -1\\ 0 & 0 & 0 & 0 & 0\\ 0 & 0 & 0 & 0 & 0\end{pmatrix}.$$

同解方程组为

$$\begin{cases}x_1 = -2x_3 - x_4 + 2x_5\\ x_2 = x_3 - 3x_4 + x_5\end{cases},$$

令自由未知量$(x_3,x_4,x_5)^{\mathrm{T}}$取值

$$(1,0,0)^{\mathrm{T}},\quad (0,1,0)^{\mathrm{T}},\quad (0,0,1)^{\mathrm{T}},$$

即可得到方程组的基础解系：

$$\boldsymbol{\xi}_1=(-2,1,1,0,0)^{\mathrm{T}},\quad \boldsymbol{\xi}_2=(-1,-3,0,1,0)^{\mathrm{T}},\quad \boldsymbol{\xi}_3=(2,1,0,0,1)^{\mathrm{T}},$$

因此，方程组的通解为

$$c_1\boldsymbol{\xi}_1+c_2\boldsymbol{\xi}_2+c_3\boldsymbol{\xi}_3.$$

2. **【解析】** 对增广矩阵$\boldsymbol{B}$实施初等行变换，得

$$\boldsymbol{B}=\begin{pmatrix}1 & 1 & 1 & 1\\ 1 & 1 & -1 & 3\end{pmatrix}\to\begin{pmatrix}1 & 1 & 0 & 2\\ 0 & 0 & 1 & -1\end{pmatrix},$$

同解方程组为

$$\begin{cases}x_1=2-x_2\\ x_3=-1\end{cases},$$

所以该非齐次线性方程组的通解为

$$\begin{pmatrix}x_1\\ x_2\\ x_3\end{pmatrix}=\begin{pmatrix}2-c\\ c\\ -1\end{pmatrix}=\begin{pmatrix}2\\ 0\\ -1\end{pmatrix}+c\begin{pmatrix}-1\\ 1\\ 0\end{pmatrix}.$$

3. **【解析】** 对系数矩阵$\boldsymbol{A}$实施初等行变换，得

$$\boldsymbol{A}=\begin{pmatrix}1 & 1 & 2\\ 1 & 2 & 1\\ 2 & 1 & \lambda\end{pmatrix}\to\begin{pmatrix}1 & 1 & 2\\ 0 & 1 & -1\\ 0 & 0 & \lambda-5\end{pmatrix},$$

(1) 当$\lambda\neq5$时，有$r(\boldsymbol{A})=3$，方程组有零解；

(2) 当$\lambda=5$时，有$r(\boldsymbol{A})=2<3$，方程组有非零解，且

$$\boldsymbol{A}=\begin{pmatrix}1 & 1 & 2\\ 1 & 2 & 1\\ 2 & 1 & 5\end{pmatrix}\to\begin{pmatrix}1 & 0 & 3\\ 0 & 1 & -1\\ 0 & 0 & 0\end{pmatrix},$$

同解方程组为$\begin{cases}x_1=-3x_3\\ x_2=x_3\end{cases}$，令$x_3=1$，得$x_1=-3$，$x_2=1$，此时通解为$c(-3,1,1)^{\mathrm{T}}$.

4. **【解析】** 先求方程的系数行列式

$$|A|=\begin{vmatrix}2-\lambda & 2 & -2\\ 2 & 5-\lambda & -4\\ -2 & -4 & 5-\lambda\end{vmatrix}=-(\lambda-1)^2(\lambda-10),$$

因此，当 $\lambda\neq1$ 且 $\lambda\neq10$ 时，$r(A)=r(B)=3$，方程组有唯一解．

当 $\lambda=1$ 时，有

$$B=\begin{pmatrix}1 & 2 & -2 & 1\\ 2 & 4 & -4 & 2\\ -2 & -4 & 4 & -2\end{pmatrix}\to\begin{pmatrix}1 & 2 & -2 & 1\\ 0 & 0 & 0 & 0\\ 0 & 0 & 0 & 0\end{pmatrix},$$

可见 $r(A)=r(B)=2$，方程组有无穷多个解．

故同解方程组为 $x_1=-2x_2+2x_3+1$，通解为

$$\begin{pmatrix}x_1\\ x_2\\ x_3\end{pmatrix}=\begin{pmatrix}-2c_1+2c_2+1\\ c_1\\ c_2\end{pmatrix}=c_1\begin{pmatrix}-2\\ 1\\ 0\end{pmatrix}+c_2\begin{pmatrix}2\\ 0\\ 1\end{pmatrix}+\begin{pmatrix}1\\ 0\\ 0\end{pmatrix}.$$

当 $\lambda=10$ 时，有

$$B=\begin{pmatrix}-8 & 2 & -2 & 1\\ 2 & -5 & -4 & 2\\ -2 & -4 & -5 & -11\end{pmatrix}\to\begin{pmatrix}2 & -5 & -4 & 2\\ 0 & 1 & 1 & 1\\ 0 & 0 & 0 & -3\end{pmatrix},$$

可见 $r(A)=2$，$r(B)=3$，方程组无解．

5.【**解析**】 对增广矩阵 B 实施初等行变换，得

$$B=\begin{pmatrix}1 & 1 & 2 & 3 & 1\\ 1 & 3 & 6 & 1 & 3\\ 3 & -1 & -a & 15 & 3\\ 1 & -5 & -10 & 12 & b\end{pmatrix}\to\begin{pmatrix}1 & 1 & 2 & 3 & 1\\ 0 & 1 & 2 & -1 & 1\\ 0 & 0 & -a+2 & 2 & 4\\ 0 & 0 & 0 & 3 & b+5\end{pmatrix},$$

（1）当 $-a+2\neq0$，即 $a\neq2$ 时，有唯一解；

（2）当 $-a+2=0$，即 $a=2$ 时，有

$$B\to\begin{pmatrix}1 & 1 & 2 & 3 & 1\\ 0 & 1 & 2 & -1 & 1\\ 0 & 0 & 0 & 2 & 4\\ 0 & 0 & 0 & 0 & b-1\end{pmatrix},$$

① 若 $b-1\neq0$，即 $b\neq1$ 时，可见 $r(A)=3$，$r(B)=4$，方程组无解．

② 若 $b-1=0$，即 $b=1$ 时，可见 $r(A)=r(B)=3$，方程组有无穷多个解．且

$$B\to\begin{pmatrix}1 & 1 & 2 & 3 & 1\\ 0 & 1 & 2 & -1 & 1\\ 0 & 0 & 0 & 2 & 4\\ 0 & 0 & 0 & 0 & 0\end{pmatrix}\to\begin{pmatrix}1 & 0 & 0 & 0 & -8\\ 0 & 1 & 2 & 0 & 3\\ 0 & 0 & 0 & 1 & 2\\ 0 & 0 & 0 & 0 & 0\end{pmatrix},$$

同解方程组为

$$\begin{cases}x_1=-8\\ x_2=-2x_3+3,\\ x_4=2\end{cases}$$

通解为

$$\begin{pmatrix}x_1\\x_2\\x_3\\x_4\end{pmatrix}=\begin{pmatrix}-8\\-2c+3\\c\\2\end{pmatrix}=c\begin{pmatrix}0\\-2\\1\\0\end{pmatrix}+\begin{pmatrix}-8\\3\\0\\2\end{pmatrix}.$$

6. **【解析】** 由于方程组 $\boldsymbol{Ax}=\boldsymbol{0}$ 的基础解系中含有两个线性无关的解向量，所以

$$4-r(\boldsymbol{A})=2,\quad 即\ r(\boldsymbol{A})=2.$$

而

$$\boldsymbol{A}=\begin{pmatrix}1&2&1&2\\0&1&t&t\\1&t&0&1\end{pmatrix}\to\begin{pmatrix}1&2&1&2\\0&1&t&t\\0&0&-(t-1)^2&-(t-1)^2\end{pmatrix},$$

所以必有 $t=1$，且

$$\boldsymbol{A}=\begin{pmatrix}1&2&1&2\\0&1&1&1\\1&1&0&1\end{pmatrix}\to\begin{pmatrix}1&0&-1&0\\0&1&1&1\\0&0&0&0\end{pmatrix},$$

同解方程组为$\begin{cases}x_1=x_3\\x_2=-x_3-x_4\end{cases}$，通解为

$$\begin{pmatrix}x_1\\x_2\\x_3\\x_4\end{pmatrix}=\begin{pmatrix}c_1\\-c_1-c_2\\c_1\\c_2\end{pmatrix}=c_1\begin{pmatrix}1\\-1\\1\\0\end{pmatrix}+c_2\begin{pmatrix}0\\-1\\0\\1\end{pmatrix}.$$

7. **【解析】** 若$\boldsymbol{\beta}_1,\boldsymbol{\beta}_2,\cdots,\boldsymbol{\beta}_s$ 为 $\boldsymbol{Ax}=\boldsymbol{0}$ 的一个基础解系，则$\boldsymbol{\beta}_1$，$\boldsymbol{\beta}_2$，$\cdots$，$\boldsymbol{\beta}_s$ 必线性无关．而

$$(\boldsymbol{\beta}_1,\boldsymbol{\beta}_2,\cdots,\boldsymbol{\beta}_s)=(\boldsymbol{\alpha}_1,\boldsymbol{\alpha}_2,\cdots,\boldsymbol{\alpha}_s)\begin{pmatrix}t_1&0&0&\cdots&t_2\\t_2&t_1&0&\cdots&0\\0&t_2&t_1&\cdots&0\\\vdots&\vdots&\vdots&&\vdots\\0&0&0&\cdots&t_1\end{pmatrix}=(\boldsymbol{\alpha}_1,\boldsymbol{\alpha}_2,\cdots,\boldsymbol{\alpha}_s)\boldsymbol{B},$$

故当$|\boldsymbol{B}|=t_1^s+(-1)^{s+1}t_2^s\neq0$ 时，$\boldsymbol{\beta}_1$，$\boldsymbol{\beta}_2$，$\cdots$，$\boldsymbol{\beta}_s$ 也为 $\boldsymbol{Ax}=\boldsymbol{0}$ 的一个基础解系．

8. **【解析】** 假设存在一组实数 $k_0,k_1,k_2,\cdots,k_{n-r}$，使得

$$k_0\boldsymbol{\eta}^*+k_1\boldsymbol{\xi}_1+k_2\boldsymbol{\xi}_2+\cdots+k_{n-r}\boldsymbol{\xi}_{n-r}=\boldsymbol{0},$$

故

$$\boldsymbol{A}(k_0\boldsymbol{\eta}^*+k_1\boldsymbol{\xi}_1+k_2\boldsymbol{\xi}_2+\cdots+k_{n-r}\boldsymbol{\xi}_{n-r})=k_0\boldsymbol{b}=\boldsymbol{0},$$

注意到 $\boldsymbol{b}\neq\boldsymbol{0}$，所以 $k_0=0$．此时有

$$k_1\boldsymbol{\xi}_1+k_2\boldsymbol{\xi}_2+\cdots+k_{n-r}\boldsymbol{\xi}_{n-r}=\boldsymbol{0},$$

又$\boldsymbol{\xi}_1,\boldsymbol{\xi}_2,\cdots,\boldsymbol{\xi}_{n-r}$是对应的齐次线性方程组 $\boldsymbol{Ax}=\boldsymbol{0}$ 的一个基础解系，所以$\boldsymbol{\xi}_1,\boldsymbol{\xi}_2,\cdots,\boldsymbol{\xi}_{n-r}$线性无关，进而得到 $k_1=k_2=\cdots=k_{n-r}=0$，因此$\boldsymbol{\eta}^*,\boldsymbol{\xi}_1,\boldsymbol{\xi}_2,\cdots,\boldsymbol{\xi}_{n-r}$线性无关．

9.【解析】 由方程组 $\boldsymbol{Ax}=\boldsymbol{\beta}$ 解的结构知，$r(\boldsymbol{A})=r(\boldsymbol{\alpha}_1,\boldsymbol{\alpha}_2,\boldsymbol{\alpha}_3)=3-1=2$. 且

$$(\boldsymbol{\alpha}_1,\boldsymbol{\alpha}_2,\boldsymbol{\alpha}_3)\begin{pmatrix}1\\2\\-1\end{pmatrix}=\boldsymbol{\beta}\quad 即\quad \boldsymbol{\alpha}_1+2\boldsymbol{\alpha}_2-\boldsymbol{\alpha}_3=\boldsymbol{\beta},$$

$$(\boldsymbol{\alpha}_1,\boldsymbol{\alpha}_2,\boldsymbol{\alpha}_3)\begin{pmatrix}1\\-2\\3\end{pmatrix}=\boldsymbol{0}\quad 即\quad \boldsymbol{\alpha}_1-2\boldsymbol{\alpha}_2+3\boldsymbol{\alpha}_3=\boldsymbol{0},$$

从而有

$$r(\boldsymbol{B})=r(\boldsymbol{\alpha}_1,\boldsymbol{\alpha}_2,\boldsymbol{\alpha}_3,\boldsymbol{\beta}+\boldsymbol{\alpha}_3)=r(\boldsymbol{\alpha}_1,\boldsymbol{\alpha}_2,\boldsymbol{\alpha}_3,\boldsymbol{\alpha}_1+2\boldsymbol{\alpha}_2)=r(\boldsymbol{\alpha}_1,\boldsymbol{\alpha}_2,\boldsymbol{\alpha}_3)=2,$$

又因

$$(\boldsymbol{\alpha}_1,\boldsymbol{\alpha}_2,\boldsymbol{\alpha}_3,\boldsymbol{\beta}+\boldsymbol{\alpha}_3)\begin{pmatrix}1\\-1\\0\\0\end{pmatrix}=\boldsymbol{\alpha}_1-\boldsymbol{\alpha}_2,$$

这表明 $(1,-1,0,0)^{\mathrm{T}}$ 是方程组 $\boldsymbol{By}=\boldsymbol{\alpha}_1-\boldsymbol{\alpha}_2$ 的特解.

再考虑其对应的齐次方程组 $\boldsymbol{By}=\boldsymbol{0}$ 的 $n-r(\boldsymbol{B})=4-2=2$ 个线性无关的解.

注意到

$$\boldsymbol{B}\begin{pmatrix}1\\2\\0\\-1\end{pmatrix}=(\boldsymbol{\alpha}_1,\boldsymbol{\alpha}_2,\boldsymbol{\alpha}_3,\boldsymbol{\alpha}_1+2\boldsymbol{\alpha}_2)\begin{pmatrix}1\\2\\0\\-1\end{pmatrix}=\boldsymbol{\alpha}_1+2\boldsymbol{\alpha}_2-(\boldsymbol{\alpha}_1+2\boldsymbol{\alpha}_2)=\boldsymbol{0},$$

$$\boldsymbol{B}\begin{pmatrix}1\\-2\\3\\0\end{pmatrix}=(\boldsymbol{\alpha}_1,\boldsymbol{\alpha}_2,\boldsymbol{\alpha}_3,\boldsymbol{\beta}+\boldsymbol{\alpha}_3)\begin{pmatrix}1\\-2\\3\\0\end{pmatrix}=\boldsymbol{\alpha}_1-2\boldsymbol{\alpha}_2+3\boldsymbol{\alpha}_3=\boldsymbol{0},$$

故方程组 $\boldsymbol{By}=\boldsymbol{\alpha}_1-\boldsymbol{\alpha}_2$ 的通解为

$$\begin{pmatrix}1\\-1\\0\\0\end{pmatrix}+c_1\begin{pmatrix}1\\2\\0\\-1\end{pmatrix}+c_2\begin{pmatrix}1\\-2\\3\\0\end{pmatrix}.$$

10.【解析】 对增广矩阵 $\boldsymbol{B}$ 实施初等行变换，得

$$\boldsymbol{B}=\begin{pmatrix}1&-5&2&3&11\\-3&1&-4&-2&-6\\-1&-9&0&3&15\end{pmatrix}\to\begin{pmatrix}1&-5&2&3&11\\0&-14&2&7&27\\0&0&0&-1&-1\end{pmatrix}$$

$$\to\begin{pmatrix}1&0&\frac{9}{7}&0&\frac{6}{7}\\0&1&-\frac{1}{7}&0&-\frac{10}{7}\\0&0&0&1&1\end{pmatrix}.$$

同解方程组为

$$\begin{cases}x_1=-\dfrac{9}{7}x_3+\dfrac{6}{7}\\ x_2=\dfrac{1}{7}x_3-\dfrac{10}{7}\\ x_4=1\end{cases},$$

当 $x_1=x_2$ 时，有 $-\frac{9}{7}x_3+\frac{6}{7}=\frac{1}{7}x_3-\frac{10}{7}$，解得 $x_3=\frac{8}{5}$，此时有 $x_1=x_2=-\frac{6}{5}$.

故满足条件 $x_1=x_2$ 的解为 $\left(-\frac{6}{5},-\frac{6}{5},\frac{8}{5},1\right)^{\mathrm{T}}$.

11. **【解析】** 将方程组（Ⅰ）与（Ⅱ）联立，得

$$\begin{cases}x_1+x_2+x_3=0\\ 2x_1+x_2=0\\ 3x_1+2x_2+x_3=0\\ ax_1+x_3=0\end{cases},$$

对系数矩阵实施初等行变换，得

$$\begin{pmatrix}1&1&1\\2&1&0\\3&2&1\\a&0&1\end{pmatrix}\to\begin{pmatrix}1&1&1\\0&-1&-2\\0&-1&-2\\0&-a&1-a\end{pmatrix}\to\begin{pmatrix}1&1&1\\0&-1&-2\\0&0&1+a\\0&0&0\end{pmatrix},$$

注意到方程组（Ⅰ）的系数矩阵的秩为2，若方程组（Ⅰ）与方程组（Ⅱ）同解，则必有 $1+a=0$，即 $a=-1$.

此题亦可用下列方法计算：

对方程组（Ⅰ）的系数矩阵实施初等行变换，得

$$\begin{pmatrix}1&1&1\\2&1&0\end{pmatrix}\to\begin{pmatrix}1&1&1\\0&-1&-2\end{pmatrix}\to\begin{pmatrix}1&0&-1\\0&1&2\end{pmatrix},$$

同解方程组为

$$\begin{cases}x_1=x_3\\ x_2=-2x_3\end{cases},$$

所以方程组（Ⅰ）的通解为 $c(1,-2,1)^{\mathrm{T}}$.

将基础解系 $(1,-2,1)^{\mathrm{T}}$ 代入方程组（Ⅱ）的方程 $ax_1+x_3=0$，得 $1+a=0$，即 $a=-1$.

12. **【解析】** 联立方程组（Ⅰ）与方程组（Ⅱ），得方程组（Ⅲ）

$$\begin{cases}x_1+x_2+x_3=0\\ x_1+2x_2+ax_3=0\\ x_1+4x_2+a^2x_3=0\\ x_1+2x_2+x_3=a-1\end{cases},$$

对方程组（Ⅲ）的增广矩阵 $\boldsymbol{B}$ 实施初等行变换，得

$$\boldsymbol{B}=\begin{pmatrix}1&1&1&0\\1&2&a&0\\1&4&a^2&0\\1&2&1&a-1\end{pmatrix}\to\begin{pmatrix}1&0&1&1-a\\0&1&0&a-1\\0&0&a-1&1-a\\0&0&0&(a-1)(a-2)\end{pmatrix},$$

若方程组（Ⅲ）有解，则必有$(a-1)(a-2)=0$，即$a=1$或$a=2$.

当$a=1$时，有

$$\boldsymbol{B}\to\begin{pmatrix}1&0&1&0\\0&1&0&0\\0&0&0&0\\0&0&0&0\end{pmatrix},$$

同解方程组为$\begin{cases}x_1=-x_3\\x_2=0\end{cases}$，此时方程组（Ⅰ）与方程组（Ⅱ）的公共解为$c(-1,0,1)^{\mathrm{T}}$.

当$a=2$时，有

$$\boldsymbol{B}\to\begin{pmatrix}1&0&1&-1\\0&1&0&1\\0&0&1&-1\\0&0&0&0\end{pmatrix}\to\begin{pmatrix}1&0&0&0\\0&1&0&1\\0&0&1&-1\\0&0&0&0\end{pmatrix},$$

同解方程组为$\begin{cases}x_1=0\\x_2=1\\x_3=-1\end{cases}$，此时方程组（Ⅰ）与方程组（Ⅱ）的公共解为$(0,1,-1)^{\mathrm{T}}$.

第5章

一、填空题

1.【答案】 4.

【解析】 $\boldsymbol{A}$的特征多项式为

$$|\boldsymbol{A}-\lambda\boldsymbol{E}|=\begin{vmatrix}-\lambda&-2&-2\\-2&2-\lambda&-2\\2&-2&2-\lambda\end{vmatrix}=\begin{vmatrix}-\lambda&-2&-2\\-2&2-\lambda&-2\\0&-\lambda&-\lambda\end{vmatrix}$$

$$=\begin{vmatrix}-\lambda&0&-2\\-2&4-\lambda&-2\\0&0&-\lambda\end{vmatrix}=\lambda^2(4-\lambda)$$

故$\boldsymbol{A}$的非零特征值为4.

2.【答案】 -5或1.

【解析】 设λ是$\boldsymbol{\alpha}$对应的特征值，则$\boldsymbol{A}^{-1}\boldsymbol{\alpha}=\lambda\boldsymbol{\alpha}$，即$\boldsymbol{\alpha}=\lambda\boldsymbol{A}\boldsymbol{\alpha}$，于是

$$\begin{pmatrix}1\\a\end{pmatrix}=\lambda\begin{pmatrix}3&1\\5&-1\end{pmatrix}\begin{pmatrix}1\\a\end{pmatrix}=\lambda\begin{pmatrix}3+a\\5-a\end{pmatrix},$$

由此得方程组$\begin{cases}\lambda(3+a)=1\\\lambda(5-a)=a\end{cases}$，解得$\begin{cases}\lambda_1=-\dfrac{1}{2}\\a_1=-5\end{cases}$或$\begin{cases}\lambda_2=\dfrac{1}{4}\\a_2=1\end{cases}$. 于是，当$a=-5$或1时，$\boldsymbol{\alpha}$是$\boldsymbol{A}^{-1}$

的一个特征向量.

3.【答案】 -4.

【解析】 因为1是$\boldsymbol{A}$的特征值，所以$|\boldsymbol{A}-\boldsymbol{E}|=0$，即

$$\begin{vmatrix}1&-1&2\\5&a-1&3\\-1&1&-3\end{vmatrix}=\begin{vmatrix}1&-1&2\\0&a+4&-7\\0&0&-1\end{vmatrix}=-(a+4)=0,$$

因此$a=-4$.

4.【答案】 $a=1$，$b=-3$.

【解析】 设$\boldsymbol{A}$的特征值为$\lambda_1,\lambda_2,\lambda_3$，则有

$$\lambda_1+\lambda_2+\lambda_3=\mathrm{tr}(\boldsymbol{A})=a+3+(-1)=3,$$
$$|\boldsymbol{A}|=5b-7a-2=\lambda_1\lambda_2\lambda_3=-24,$$

解得$a=1$，$b=-3$.

5.【答案】 $\left(\dfrac{|\boldsymbol{A}|}{\lambda}\right)^2+1$.

【解析】 因为$\boldsymbol{A}^*=|\boldsymbol{A}|\cdot\boldsymbol{A}^{-1}$，所以$(\boldsymbol{A}^*)^2+\boldsymbol{E}=|\boldsymbol{A}|^2\cdot\boldsymbol{A}^{-2}+\boldsymbol{E}$，因此$(\boldsymbol{A}^*)^2+\boldsymbol{E}$的特征值为$\left(\dfrac{|\boldsymbol{A}|}{\boldsymbol{\lambda}}\right)^2+1$.

6.【答案】 25.

【解析】 因为$\boldsymbol{A}^*=|\boldsymbol{A}|\cdot\boldsymbol{A}^{-1}$，$|\boldsymbol{A}|=-6$，所以

$$\boldsymbol{A}^*+3\boldsymbol{A}+2\boldsymbol{E}=|\boldsymbol{A}|\cdot\boldsymbol{A}^{-1}+3\boldsymbol{A}+2\boldsymbol{E}=-6\boldsymbol{A}^{-1}+3\boldsymbol{A}+2\boldsymbol{E},$$

因此$\boldsymbol{A}^*+3\boldsymbol{A}+2\boldsymbol{E}$的特征值为$-1$，5，$-5$，故$|\boldsymbol{A}^*+3\boldsymbol{A}+2\boldsymbol{E}|=(-1)\times5\times(-5)=25$.

7.【答案】 1.

【解析】 由于$\boldsymbol{A}\boldsymbol{\alpha}_1=\boldsymbol{0}=0\cdot\boldsymbol{\alpha}_1$，$\boldsymbol{A}(2\boldsymbol{\alpha}_1+\boldsymbol{\alpha}_2)=\boldsymbol{A}\boldsymbol{\alpha}_2=2\boldsymbol{\alpha}_1+\boldsymbol{\alpha}_2=1\cdot(2\boldsymbol{\alpha}_1+\boldsymbol{\alpha}_2)$，由矩阵特征值、特征向量的定义知，$\boldsymbol{A}$的特征值为0，1，故$\boldsymbol{A}$的非零特征值为1.

8.【答案】 $a^2(a-2^n)$.

【解析】 因为

$$\boldsymbol{A}=\boldsymbol{\alpha}\boldsymbol{\alpha}^{\mathrm{T}}=\begin{pmatrix}1\\0\\-1\end{pmatrix}(1,0,-1)=\begin{pmatrix}1&0&-1\\0&0&0\\-1&0&1\end{pmatrix},$$

从而$\boldsymbol{A}$的特征多项式为$|\boldsymbol{A}-\lambda\boldsymbol{E}|=\begin{vmatrix}1-\lambda&0&-1\\0&-\lambda&0\\-1&0&1-\lambda\end{vmatrix}=-\lambda^2(\lambda-2)$，所以$\boldsymbol{A}$的特征值为0，0，2. 故$a\boldsymbol{E}-\boldsymbol{A}^n$的特征值为$a$，$a$，$a-2^n$，因此

$$|a\boldsymbol{E}-\boldsymbol{A}^n|=a^2(a-2^n).$$

9.【答案】 2.

【解析】 因为$\boldsymbol{\alpha}\boldsymbol{\beta}^{\mathrm{T}}$相似于$\begin{pmatrix}2&&\\&0&\\&&0\end{pmatrix}$，根据相似矩阵有相同的特征值，得到$\boldsymbol{\alpha}\boldsymbol{\beta}^{\mathrm{T}}$的特征值为0，0，2. 而$\boldsymbol{\beta}^{\mathrm{T}}\boldsymbol{\alpha}$是一个常数，是矩阵$\boldsymbol{\alpha}\boldsymbol{\beta}^{\mathrm{T}}$的对角元素之和，则$\boldsymbol{\beta}^{\mathrm{T}}\boldsymbol{\alpha}=0+0+2=2$.

10. 【答案】 $x=6$，$y=3$.

【解析】 因为 $\boldsymbol{A}$ 与 $\boldsymbol{B}$ 相似，所以

$$\operatorname{tr}(\boldsymbol{A})=\operatorname{tr}(\boldsymbol{B}),\quad 即 -4+y+1=-2+1+1,$$

解得 $y=3$，又 1 是 $\boldsymbol{A}$ 的二重特征值，故 $r(\boldsymbol{A}-\boldsymbol{E})=1$，即

$$\boldsymbol{A}-\boldsymbol{E}=\begin{pmatrix}-5 & -10 & 0\\ 1 & 2 & 0\\ 3 & x & 0\end{pmatrix}\to\begin{pmatrix}1 & 2 & 0\\ 0 & x-6 & 0\\ 0 & 0 & 0\end{pmatrix},$$

当且仅当 $x-6=0$ 时，即 $x=6$ 时，$r(\boldsymbol{A}-\boldsymbol{E})=1$.

二、选择题

1. 【答案】 B.

【解析】 由特征值的定义可知，矩阵$\left(\frac{1}{3}\boldsymbol{A}^2\right)^{-1}$的特征值为$\left(\frac{1}{3}\lambda^2\right)^{-1}=\frac{3}{\lambda^2}=\frac{3}{4}$.

2. 【答案】 C.

【解析】 因为 $\boldsymbol{A}$ 的特征值为 1，-1，2，所以矩阵 $2\boldsymbol{E}+\boldsymbol{A}$ 的特征值为 3，1，4，故 $|2\boldsymbol{E}+\boldsymbol{A}|=12\neq0$，因此矩阵 $2\boldsymbol{E}+\boldsymbol{A}$ 可逆.

3. 【答案】 B.

【解析】 事实上，有

$$|\boldsymbol{A}-\lambda\boldsymbol{E}|=|(\boldsymbol{A}-\lambda\boldsymbol{E})^{\mathrm{T}}|=|\boldsymbol{A}^{\mathrm{T}}-\lambda\boldsymbol{E}^{\mathrm{T}}|=|\boldsymbol{A}^{\mathrm{T}}-\lambda\boldsymbol{E}|.$$

4. 【答案】 B.

【解析】 由特征值与特征向量的定义，有

$$\boldsymbol{A}(\boldsymbol{\alpha}_1+\boldsymbol{\alpha}_2)=\boldsymbol{A}\boldsymbol{\alpha}_1+\boldsymbol{A}\boldsymbol{\alpha}_2=\lambda_1\boldsymbol{\alpha}_1+\lambda_2\boldsymbol{\alpha}_2.$$

而$\boldsymbol{\alpha}_1,\boldsymbol{A}(\boldsymbol{\alpha}_1+\boldsymbol{\alpha}_2)$线性无关$\Leftrightarrow k_1\boldsymbol{\alpha}_1+k_2\boldsymbol{A}(\boldsymbol{\alpha}_1+\boldsymbol{\alpha}_2)=\boldsymbol{0}$，$k_1$，$k_2$ 恒为 0

$$\Leftrightarrow(k_1+\lambda_1k_2)\boldsymbol{\alpha}_1+\lambda_2k_2\boldsymbol{\alpha}_2=\boldsymbol{0},\quad k_1,k_2 恒为 0$$

由于$\boldsymbol{\alpha}_1$，$\boldsymbol{\alpha}_2$ 线性无关，于是

$$\begin{cases}k_1+\lambda_1k_2=0\\ \lambda_2k_2=0\end{cases}.$$

而该方程组仅有零解，根据克拉默法则可知$\begin{vmatrix}1 & \lambda_1\\ 0 & \lambda_2\end{vmatrix}=\lambda_2\neq0.$

5. 【答案】 B.

【解析】 因为

$$\boldsymbol{BA}=\begin{pmatrix}2a_{11} & -a_{12} & 3a_{13}\\ 2a_{21} & -a_{22} & 3a_{23}\\ 2a_{31} & -a_{32} & 3a_{33}\end{pmatrix}=\begin{pmatrix}a_{11} & a_{12} & a_{13}\\ a_{21} & a_{22} & a_{23}\\ a_{31} & a_{32} & a_{33}\end{pmatrix}\begin{pmatrix}2 & & \\ & -1 & \\ & & 3\end{pmatrix}=\boldsymbol{A}\begin{pmatrix}2 & & \\ & -1 & \\ & & 3\end{pmatrix},$$

注意到 $\boldsymbol{A}$ 可逆，所以

$$\boldsymbol{A}^{-1}\boldsymbol{BA}=\begin{pmatrix}2 & & \\ & -1 & \\ & & 3\end{pmatrix}.$$

6. 【答案】 B.

【解析】 因为 $\boldsymbol{A}\sim\boldsymbol{B}$，即存在可逆矩阵 $\boldsymbol{P}$，使 $\boldsymbol{P}^{-1}\boldsymbol{A}\boldsymbol{P}=\boldsymbol{B}$. 则

$$|\boldsymbol{B}-\lambda\boldsymbol{E}|=|\boldsymbol{P}^{-1}\boldsymbol{A}\boldsymbol{P}-\boldsymbol{P}^{-1}(\lambda\boldsymbol{E})\boldsymbol{P}|=|\boldsymbol{P}^{-1}(\boldsymbol{A}-\lambda\boldsymbol{E})\boldsymbol{P}|=|\boldsymbol{P}^{-1}||\boldsymbol{A}-\lambda\boldsymbol{E}||\boldsymbol{P}|=|\boldsymbol{A}-\lambda\boldsymbol{E}|,$$

故 $\boldsymbol{A}$ 与 $\boldsymbol{B}$ 的特征方程相同.

三、解答题

1. 【解析】 $\boldsymbol{A}$ 的特征多项式为

$$|\boldsymbol{A}-\lambda\boldsymbol{E}|=\begin{vmatrix}-1-\lambda & 1 & 0\\ -4 & 3-\lambda & 0\\ 1 & 0 & 2-\lambda\end{vmatrix}=(2-\lambda)\begin{vmatrix}-1-\lambda & 1\\ -4 & 3-\lambda\end{vmatrix}=-(\lambda-2)(\lambda-1)^2,$$

所以 $\boldsymbol{A}$ 的特征值为 $\lambda_1=2$，$\lambda_2=\lambda_3=1$.

对于 $\lambda_1=2$ 时，求解 $(\boldsymbol{A}-2\boldsymbol{E})\boldsymbol{x}=\boldsymbol{0}$，由于

$$\boldsymbol{A}-2\boldsymbol{E}=\begin{pmatrix}-3 & 1 & 0\\ -4 & 1 & 0\\ 1 & 0 & 0\end{pmatrix}\rightarrow\begin{pmatrix}1 & 0 & 0\\ 0 & 1 & 0\\ 0 & 0 & 0\end{pmatrix},$$

得基础解系 $\boldsymbol{p}_1=(0,0,1)^{\mathrm{T}}$，对应的特征向量为 $k_1\boldsymbol{p}_1$ （$k_1\neq0$）.

对于 $\lambda_2=\lambda_3=1$ 时，求解 $(\boldsymbol{A}-\boldsymbol{E})\boldsymbol{x}=\boldsymbol{0}$，由于

$$\boldsymbol{A}-\boldsymbol{E}=\begin{pmatrix}-2 & 1 & 0\\ -4 & 2 & 0\\ 1 & 0 & 1\end{pmatrix}\rightarrow\begin{pmatrix}1 & 0 & 1\\ 0 & 1 & 2\\ 0 & 0 & 0\end{pmatrix},$$

得基础解系 $\boldsymbol{p}_2=(1,2,-1)^{\mathrm{T}}$，对应的特征向量为 $k_2\boldsymbol{p}_2$ （$k_2\neq0$）.

2. 【解析】 $\boldsymbol{A}$ 的特征多项式为

$$|\boldsymbol{A}-\lambda\boldsymbol{E}|=\begin{vmatrix}n-\lambda & 1 & \cdots & 1\\ 1 & n-\lambda & \cdots & 1\\ \vdots & \vdots & & \vdots\\ 1 & 1 & \cdots & n-\lambda\end{vmatrix}=(2n-1-\lambda)(n-1-\lambda)^{n-1},$$

所以 $\boldsymbol{A}$ 的特征值为 $\lambda_1=2n-1$，$\lambda_2=\cdots=\lambda_n=n-1$.

对于 $\lambda_1=2n-1$ 时，求解 $[\boldsymbol{A}-(2n-1)\boldsymbol{E}]\boldsymbol{x}=\boldsymbol{0}$，得基础解系 $\boldsymbol{p}_1=(1,1,\cdots,1)^{\mathrm{T}}$，对应的特征向量为 $k_1\boldsymbol{p}_1$ （$k_1\neq0$）.

对于 $\lambda_2=\cdots=\lambda_n=n-1$ 时，求解 $[\boldsymbol{A}-(n-1)\boldsymbol{E}]\boldsymbol{x}=\boldsymbol{0}$，得基础解系

$$\boldsymbol{p}_2=(1,-1,0,\cdots,0)^{\mathrm{T}},\quad \boldsymbol{p}_3=(1,0,-1,\cdots,0)^{\mathrm{T}},\quad \cdots,\quad \boldsymbol{p}_n=(1,0,0,\cdots,-1)^{\mathrm{T}},$$

对应的特征向量为 $k_2\boldsymbol{p}_2+k_3\boldsymbol{p}_3+\cdots+k_n\boldsymbol{p}_n$ （k_2，k_3，$\cdots$，k_n 不全为零）.

3. 【解析】 由 $|\boldsymbol{A}+\sqrt{3}\boldsymbol{E}|=0$ 可知，$-\sqrt{3}$ 是 $\boldsymbol{A}$ 的一个特征值.

(1) 因为 $\boldsymbol{A}^*=|\boldsymbol{A}|\cdot\boldsymbol{A}^{-1}$，所以 $\boldsymbol{A}^*$ 的一个特征值为 $9\cdot(-\sqrt{3})^{-1}=-3\sqrt{3}$.

(2) $|\boldsymbol{A}|^2\boldsymbol{A}^{-1}$ 的一个特征值为 $9^2\cdot(-\sqrt{3})^{-1}=-27\sqrt{3}$.

4. 【解析】 设 $\boldsymbol{A}$ 的特征值为 $\lambda_1=\lambda_2=\lambda_3=\lambda_0$，则有

$$\lambda_1+\lambda_2+\lambda_3=\mathrm{tr}(\boldsymbol{A})=3\lambda_0=8-a,$$

$$|\boldsymbol{A}|=\lambda_1\cdot\lambda_2\cdot\lambda_3=\lambda_0^3=4a,$$

解得 $a=\lambda_0=2$.

5. 【解析】 $\boldsymbol{A}$ 的特征多项式为

$$|\boldsymbol{A}-\lambda\boldsymbol{E}|=\begin{vmatrix}-\lambda & 0 & 1\\ x & 1-\lambda & y\\ 1 & 0 & -\lambda\end{vmatrix}=-(\lambda-1)^2(\lambda+1),$$

所以 $\boldsymbol{A}$ 的特征值为 $\lambda_1=-1$，$\lambda_2=\lambda_3=1$. 又因为 $\boldsymbol{A}$ 有三个线性无关的特征向量，则 $\lambda_2=\lambda_3=1$ 应有两个线性无关的特征向量，即 $r(\boldsymbol{A}-\boldsymbol{E})=1$. 故

$$\boldsymbol{A}-\boldsymbol{E}=\begin{pmatrix}-1 & 0 & 1\\ x & 0 & y\\ 1 & 0 & -1\end{pmatrix}\rightarrow\begin{pmatrix}1 & 0 & -1\\ 0 & 0 & x+y\\ 0 & 0 & 0\end{pmatrix},$$

因此 $x+y=0$.

6. **【解析】** 设 λ 是 $\boldsymbol{A}$ 的特征值，对应的特征向量为 $\boldsymbol{x}$，即 $\boldsymbol{Ax}=\lambda\boldsymbol{x}$，由题设条件得

$$\begin{aligned}(\boldsymbol{A}^3-2\boldsymbol{A}^2-\boldsymbol{A}+2\boldsymbol{E})\boldsymbol{x}&=\boldsymbol{A}^3\boldsymbol{x}-2\boldsymbol{A}^2\boldsymbol{x}-\boldsymbol{Ax}+2\boldsymbol{x}=\lambda^3\boldsymbol{x}-2\lambda^2\boldsymbol{x}-\lambda\boldsymbol{x}+2\boldsymbol{x}\\&=(\lambda^3-2\lambda^2-\lambda+2)\boldsymbol{x}=\boldsymbol{0},\end{aligned}$$

因为 $\boldsymbol{x}\neq\boldsymbol{0}$，所以

$$\lambda^3-2\lambda^2-\lambda+2=(\lambda+1)(\lambda-1)(\lambda-2)=0,$$

即 $\boldsymbol{A}$ 的特征值为 -1 或 1 或 2.

7. **【解析】** （1）设 $\boldsymbol{A}=(a_{ij})_{n\times n}$，由 $\boldsymbol{A}$ 的各行元素之和都是 a，得

$$a_{i1}+a_{i2}+\cdots+a_{in}=a(i=1,2,\cdots,n),$$

用矩阵表示即为

$$\boldsymbol{A}\begin{pmatrix}1\\1\\\vdots\\1\end{pmatrix}=\begin{pmatrix}a\\a\\\vdots\\a\end{pmatrix}=a\cdot\begin{pmatrix}1\\1\\\vdots\\1\end{pmatrix},$$

因此，a 是 $\boldsymbol{A}$ 的一个特征值，且 $\boldsymbol{\xi}=(1,1,\cdots,1)^{\mathrm{T}}$ 是 $\boldsymbol{A}$ 对应 $\lambda=a$ 的特征向量.

（2）由（1）知，

$$(2\boldsymbol{A}^{-1}-3\boldsymbol{A})\boldsymbol{\xi}=2\boldsymbol{A}^{-1}\boldsymbol{\xi}-3\boldsymbol{A}\boldsymbol{\xi}=\frac{2}{a}\boldsymbol{\xi}-3a\boldsymbol{\xi}=\left(\frac{2}{a}-3a\right)\boldsymbol{\xi}.$$

所以，$2\boldsymbol{A}^{-1}-3\boldsymbol{A}$ 各行元素之和为 $\frac{2}{a}-3a$.

8. **【解析】** 令 $\boldsymbol{P}=(\boldsymbol{p}_1,\boldsymbol{p}_2,\boldsymbol{p}_3)=\begin{pmatrix}0 & 1 & 1\\ 1 & 1 & 1\\ 1 & 1 & 0\end{pmatrix}$，则 $\boldsymbol{P}^{-1}\boldsymbol{AP}=\begin{pmatrix}2 & 0 & 0\\ 0 & -2 & 0\\ 0 & 0 & 1\end{pmatrix}$，从而有

$$\boldsymbol{A}=\boldsymbol{P}\begin{pmatrix}2 & 0 & 0\\ 0 & -2 & 0\\ 0 & 0 & 1\end{pmatrix}\boldsymbol{P}^{-1}=\begin{pmatrix}0 & 1 & 1\\ 1 & 1 & 1\\ 1 & 1 & 0\end{pmatrix}\begin{pmatrix}2 & 0 & 0\\ 0 & -2 & 0\\ 0 & 0 & 1\end{pmatrix}\begin{pmatrix}-1 & 1 & 0\\ 1 & -1 & 1\\ 0 & 1 & -1\end{pmatrix}=\begin{pmatrix}-2 & 3 & -3\\ -4 & 5 & -3\\ -4 & 4 & -2\end{pmatrix}.$$

9. **【解析】** （1）设 $\boldsymbol{p}_1=(1,0,-1)^{\mathrm{T}}$，$\boldsymbol{p}_2=(1,0,1)^{\mathrm{T}}$，则 $\boldsymbol{A}(\boldsymbol{p}_1,\boldsymbol{p}_2)=(-\boldsymbol{p}_1,\boldsymbol{p}_2)$，即

$$\boldsymbol{Ap}_1=-\boldsymbol{p}_1,\quad \boldsymbol{Ap}_2=\boldsymbol{p}_2.$$

所以 $\boldsymbol{A}$ 的特征值 $\lambda_1=-1$，$\lambda_2=1$ 对应的特征向量分别为 $k_1\boldsymbol{p}_1(k_1\neq0)$，$k_2\boldsymbol{p}_2(k_2\neq0)$.

设 $\boldsymbol{A}$ 的另一个特征值为 λ_3，注意到 $\boldsymbol{A}$ 的秩为 2，所以 $|\boldsymbol{A}|=0$，即

$$|\boldsymbol{A}|=\lambda_1\cdot\lambda_2\cdot\lambda_3=0,$$

故 $\lambda_3=0$ 是 $\boldsymbol{A}$ 的第三个特征值，其对应的特征向量设为$\boldsymbol{p}_3=(x_1,x_2,x_3)^{\mathrm{T}}$，则它与$\boldsymbol{p}_1$，$\boldsymbol{p}_2$ 都正交．于是有

$$\begin{cases}[\boldsymbol{p}_3,\boldsymbol{p}_1]=x_1-x_3=0\\ [\boldsymbol{p}_3,\boldsymbol{p}_2]=x_1+x_3=0\end{cases},$$

解得其基础解系为$(0,1,0)^{\mathrm{T}}$，从而得到$\boldsymbol{p}_3=(0,1,0)^{\mathrm{T}}$.

因此，特征值 $\lambda_3=0$ 对应的特征向量为 $k_3\boldsymbol{p}_3(k_3\neq0)$.

(2) 令 $\boldsymbol{P}=(\boldsymbol{p}_1,\boldsymbol{p}_2,\boldsymbol{p}_3)=\begin{pmatrix}1&1&0\\0&0&1\\-1&1&0\end{pmatrix}$，则$\boldsymbol{P}^{-1}\boldsymbol{AP}=\begin{pmatrix}-1&0&0\\0&1&0\\0&0&0\end{pmatrix}$. 从而有

$$\boldsymbol{A}=\boldsymbol{P}\begin{pmatrix}-1&0&0\\0&1&0\\0&0&0\end{pmatrix}\boldsymbol{P}^{-1}=\begin{pmatrix}0&0&1\\0&0&0\\1&0&0\end{pmatrix}.$$

10. **【解析】** (1) 因为 $\boldsymbol{A}\sim\boldsymbol{B}$，所以

$$\operatorname{tr}(\boldsymbol{A})=\operatorname{tr}(\boldsymbol{B}),\quad 即\ x+2=y+1,$$
$$|\boldsymbol{A}|=|\boldsymbol{B}|,\quad 即\ -2=-2y,$$

联立解得 $x=0$，$y=1$.

(2) 由 (1) 知

$$\boldsymbol{A}=\begin{pmatrix}2&0&0\\0&0&1\\0&1&0\end{pmatrix},\quad \boldsymbol{B}=\begin{pmatrix}2&0&0\\0&1&0\\0&0&-1\end{pmatrix},$$

可求得 $\boldsymbol{A}$ 对应于特征值2，1，-1 的特征向量分别为

$$\boldsymbol{p}_1=(1,0,0)^{\mathrm{T}},\quad \boldsymbol{p}_2=(0,1,1)^{\mathrm{T}},\quad \boldsymbol{p}_3=(0,-1,1)^{\mathrm{T}},$$

故存在可逆矩阵 $\boldsymbol{P}=\begin{pmatrix}1&0&0\\0&1&-1\\0&1&1\end{pmatrix}$，使得$\boldsymbol{P}^{-1}\boldsymbol{AP}=\boldsymbol{B}$.

11. **【解析】** $\boldsymbol{A}$ 的特征多项式为

$$|\boldsymbol{A}-\lambda\boldsymbol{E}|=\begin{vmatrix}3-\lambda&2&-2\\-k&-1-\lambda&k\\4&2&-3-\lambda\end{vmatrix}=-(\lambda+1)^2(\lambda-1),$$

所以 $\boldsymbol{A}$ 的特征值为 $\lambda_1=1$，$\lambda_2=\lambda_3=-1$. 又 $\boldsymbol{A}$ 可对角化，则 $\lambda_2=\lambda_3=-1$ 应有两个线性无关的特征向量，即 $r(\boldsymbol{A}+\boldsymbol{E})=1$. 故

$$\boldsymbol{A}+\boldsymbol{E}=\begin{pmatrix}4&2&-2\\-k&0&k\\4&2&-2\end{pmatrix}\to\begin{pmatrix}2&1&-1\\0&\frac{k}{2}&\frac{k}{2}\\0&0&0\end{pmatrix},$$

因此 $k=0$. 可求得 $\boldsymbol{A}$ 对应于特征值1，-1，-1 的特征向量分别为

$$\boldsymbol{p}_1=(1,0,1)^{\mathrm{T}},\quad \boldsymbol{p}_2=(1,0,2)^{\mathrm{T}},\quad \boldsymbol{p}_3=(1,-2,0)^{\mathrm{T}},$$

故存在可逆矩阵 $\boldsymbol{P}=\begin{pmatrix}1&1&1\\0&0&-2\\1&2&0\end{pmatrix}$，使得$\boldsymbol{P}^{-1}\boldsymbol{AP}=\begin{pmatrix}1&&\\&-1&\\&&-1\end{pmatrix}$.

12.【解析】 由于 $\lambda_1=-2$，$\lambda_2=4$ 是 $\boldsymbol{A}$ 的特征值，将其代入特征方程，有

$$|\boldsymbol{A}+2\boldsymbol{E}|=3(a+5)(b-4)=0,\quad |\boldsymbol{A}-4\boldsymbol{E}|=-3[(a-7)(b+2)+72]=0,$$

联立解得 $a=-5$，$b=4$，所以 $\boldsymbol{A}=\begin{pmatrix}1&-3&3\\3&-5&3\\6&-6&4\end{pmatrix}$.

根据 $\lambda_1+\lambda_2+\lambda_3=a_{11}+a_{22}+a_{33}$，得

$$(-2)+4+\lambda_3=1+(-5)+4,$$

即 $\lambda_3=-2$，亦即 -2 是 $\boldsymbol{A}$ 的二重特征值. 由于

$$\boldsymbol{A}+2\boldsymbol{E}=\begin{pmatrix}3&-3&3\\3&-3&3\\6&-6&6\end{pmatrix}\to\begin{pmatrix}1&-1&1\\0&0&0\\0&0&0\end{pmatrix},$$

故 $r(\boldsymbol{A}+2\boldsymbol{E})=1$，这表明二重特征值 -2 对应的线性无关特征向量有 2 个，因此 $\boldsymbol{A}$ 可相似于对角阵.

13.【解析】 $\boldsymbol{A}$ 的特征多项式为

$$|\boldsymbol{A}-\lambda\boldsymbol{E}|=\begin{vmatrix}-1-\lambda&1&0\\-2&2-\lambda&0\\4&x&1-\lambda\end{vmatrix}=-\lambda(\lambda-1)^2,$$

所以 $\boldsymbol{A}$ 的特征值为 $\lambda_1=\lambda_2=1$，$\lambda_3=0$. 又 $\boldsymbol{A}$ 可对角化，则 $\lambda_1=\lambda_2=1$ 应有两个线性无关的特征向量，即 $r(\boldsymbol{A}-\boldsymbol{E})=1$. 故

$$\boldsymbol{A}-\boldsymbol{E}=\begin{pmatrix}-2&1&0\\-2&1&0\\4&x&0\end{pmatrix}\to\begin{pmatrix}-2&1&0\\0&x+2&0\\0&0&0\end{pmatrix},$$

因此 $x=-2$. 可求得 $\boldsymbol{A}$ 对应于特征值 1，1，0 的特征向量分别为

$$\boldsymbol{p}_1=(1,2,0)^{\mathrm{T}},\quad \boldsymbol{p}_2=(0,0,1)^{\mathrm{T}},\quad \boldsymbol{p}_3=(1,1,-2)^{\mathrm{T}},$$

故存在可逆矩阵 $\boldsymbol{P}=\begin{pmatrix}1&0&1\\2&0&1\\0&1&-2\end{pmatrix}$，使得 $\boldsymbol{P}^{-1}\boldsymbol{AP}=\begin{pmatrix}1&&\\&1&\\&&0\end{pmatrix}$. 因此有 $\boldsymbol{A}=\boldsymbol{P}\begin{pmatrix}1&&\\&1&\\&&0\end{pmatrix}\boldsymbol{P}^{-1}$，进而得到

$$\boldsymbol{A}^n=\boldsymbol{P}\begin{pmatrix}1&&\\&1&\\&&0\end{pmatrix}^n\boldsymbol{P}^{-1}=\boldsymbol{P}\begin{pmatrix}1&&\\&1&\\&&0\end{pmatrix}\boldsymbol{P}^{-1}=\begin{pmatrix}-1&1&0\\-2&2&0\\4&-2&1\end{pmatrix}.$$

14.【解析】 已知 $\boldsymbol{A}^2=\boldsymbol{O}$，设 3 阶矩阵 $\boldsymbol{A}$ 有特征值 λ，则有 $\lambda=0$ 是 $\boldsymbol{A}$ 的三重特征值. 又 $\boldsymbol{A}$ 是 3 阶非零矩阵，所以 $r(\boldsymbol{A})\geqslant1$. 而 $r(\boldsymbol{A}-0\cdot\boldsymbol{E})=r(\boldsymbol{A})\geqslant1$，故 $\lambda=0$ 的线性无关特征向量的个数必小于 3，因此 $\boldsymbol{A}$ 不相似于对角阵.

15.【解析】 (1) 由题意，有

$$\begin{aligned}\boldsymbol{A}(\boldsymbol{\alpha}_1,\boldsymbol{\alpha}_2,\boldsymbol{\alpha}_3)&=(\boldsymbol{\alpha}_1+\boldsymbol{\alpha}_2+\boldsymbol{\alpha}_3,2\boldsymbol{\alpha}_2+\boldsymbol{\alpha}_3,2\boldsymbol{\alpha}_2+3\boldsymbol{\alpha}_3)\\&=(\boldsymbol{\alpha}_1,\boldsymbol{\alpha}_2,\boldsymbol{\alpha}_3)\begin{pmatrix}1&0&0\\1&2&2\\1&1&3\end{pmatrix}=(\boldsymbol{\alpha}_1,\boldsymbol{\alpha}_2,\boldsymbol{\alpha}_3)\boldsymbol{B},\end{aligned}$$

因为$\boldsymbol{\alpha}_1$，$\boldsymbol{\alpha}_2$，$\boldsymbol{\alpha}_3$线性无关，故$\boldsymbol{C}=(\boldsymbol{\alpha}_1,\boldsymbol{\alpha}_2,\boldsymbol{\alpha}_3)$是可逆矩阵，且有$\boldsymbol{C}^{-1}\boldsymbol{A}\boldsymbol{C}=\boldsymbol{B}$，即$\boldsymbol{A}\sim\boldsymbol{B}$，因此$\boldsymbol{A}$和$\boldsymbol{B}$有相同的特征值．而

$$|\boldsymbol{B}-\lambda\boldsymbol{E}|=\begin{vmatrix}1-\lambda & 0 & 0\\ 1 & 2-\lambda & 2\\ 1 & 1 & 3-\lambda\end{vmatrix}=-(\lambda-1)^2(\lambda-4),$$

故$\boldsymbol{B}$的特征值为1，1，4，所以A的特征值为1，1，4.

（2）对应于$\boldsymbol{B}$的特征值1，1，4的特征向量分别为

$$\boldsymbol{p}_1=(2,0,-1)^{\mathrm{T}},\quad \boldsymbol{p}_2=(1,-1,0)^{\mathrm{T}},\quad \boldsymbol{p}_3=(0,1,1)^{\mathrm{T}},$$

故存在可逆矩阵$\boldsymbol{P}_1=\begin{pmatrix}2 & 1 & 0\\ 0 & -1 & 1\\ -1 & 0 & 1\end{pmatrix}$，使得

$$\boldsymbol{P}_1^{-1}\boldsymbol{B}\boldsymbol{P}_1=\boldsymbol{P}_1^{-1}(\boldsymbol{C}^{-1}\boldsymbol{A}\boldsymbol{C})\boldsymbol{P}_1=(\boldsymbol{C}\boldsymbol{P}_1)^{-1}\boldsymbol{A}(\boldsymbol{C}\boldsymbol{P}_1)=\begin{pmatrix}1 & & \\ & 1 & \\ & & 4\end{pmatrix},$$

因此，存在可逆矩阵

$$\boldsymbol{P}=\boldsymbol{C}\boldsymbol{P}_1=(\boldsymbol{\alpha}_1,\boldsymbol{\alpha}_2,\boldsymbol{\alpha}_3)\begin{pmatrix}2 & 1 & 0\\ 0 & -1 & 1\\ -1 & 0 & 1\end{pmatrix}=(2\boldsymbol{\alpha}_1-\boldsymbol{\alpha}_3,\boldsymbol{\alpha}_1-\boldsymbol{\alpha}_2,\boldsymbol{\alpha}_2+\boldsymbol{\alpha}_3).$$

使得

$$\boldsymbol{P}^{-1}\boldsymbol{A}\boldsymbol{P}=\begin{pmatrix}1 & & \\ & 1 & \\ & & 4\end{pmatrix}.$$

16. **【解析】** 由题意，有$\boldsymbol{p}_1$与$\boldsymbol{p}_2$正交，即$[\boldsymbol{p}_1,\boldsymbol{p}_2]=-1+k=0$，解得$k=1$. 设$\boldsymbol{p}_3=(x_1,x_2,x_3)^{\mathrm{T}}$，则它与$\boldsymbol{p}_1$，$\boldsymbol{p}_2$都正交．于是，有

$$\begin{cases}[\boldsymbol{p}_3,\boldsymbol{p}_1]=\ x_1+x_2+x_3=0\\ [\boldsymbol{p}_3,\boldsymbol{p}_2]=-x_1+x_2=0\end{cases},$$

解得其基础解系为$(1,1,-2)^{\mathrm{T}}$，从而得到$\boldsymbol{p}_3=(1,1,-2)^{\mathrm{T}}$.

令$\boldsymbol{P}=(\boldsymbol{p}_2,\boldsymbol{p}_3,\boldsymbol{p}_1)=\begin{pmatrix}-1 & 1 & 1\\ 1 & 1 & 1\\ 0 & -2 & 1\end{pmatrix}$，则$\boldsymbol{P}^{-1}\boldsymbol{A}\boldsymbol{P}=\begin{pmatrix}2 & & \\ & 2 & \\ & & 8\end{pmatrix}$. 从而有

$$\boldsymbol{A}=\boldsymbol{P}\begin{pmatrix}2 & & \\ & 2 & \\ & & 8\end{pmatrix}\boldsymbol{P}^{-1}=\begin{pmatrix}4 & 2 & 2\\ 2 & 4 & 2\\ 2 & 2 & 4\end{pmatrix}.$$

17. **【解析】** $\boldsymbol{A}$的特征多项式为

$$|\boldsymbol{A}-\lambda\boldsymbol{E}|=\begin{vmatrix}2-\lambda & 2 & -2\\ 2 & 5-\lambda & -4\\ -2 & -4 & 5-\lambda\end{vmatrix}=-(\lambda-1)^2(\lambda-10),$$

故$\boldsymbol{A}$的特征值为$\lambda_1=\lambda_2=1$，$\lambda_3=10$，对应的特征向量依次为

$$\boldsymbol{p}_1=(2,0,1)^{\mathrm{T}},\quad \boldsymbol{p}_2=(2,-1,0)^{\mathrm{T}},\quad \boldsymbol{p}_3=(1,2,-2)^{\mathrm{T}},$$

正交化，得

$$\boldsymbol{\alpha}_1=(2,0,1)^{\mathrm{T}},\quad \boldsymbol{\alpha}_2=\frac{1}{5}(2,-5,-4)^{\mathrm{T}},\quad \boldsymbol{\alpha}_3=(1,2,-2)^{\mathrm{T}},$$

单位化，得

$$\boldsymbol{\beta}_1=\frac{1}{\sqrt{5}}(2,0,1)^{\mathrm{T}},\quad \boldsymbol{\beta}_2=\frac{1}{3\sqrt{5}}(2,-5,-4)^{\mathrm{T}},\quad \boldsymbol{\beta}_3=\frac{1}{3}(1,2,-2)^{\mathrm{T}},$$

令 $\boldsymbol{Q}=(\boldsymbol{\beta}_1,\boldsymbol{\beta}_2,\boldsymbol{\beta}_3)=\begin{pmatrix}\frac{2}{\sqrt{5}} & \frac{2}{3\sqrt{5}} & \frac{1}{3}\\ 0 & -\frac{5}{3\sqrt{5}} & \frac{2}{3}\\ \frac{1}{\sqrt{5}} & -\frac{4}{3\sqrt{5}} & -\frac{2}{3}\end{pmatrix}$，则有 $\boldsymbol{Q}^{\mathrm{T}}\boldsymbol{A}\boldsymbol{Q}=\begin{pmatrix}1 & & \\ & 1 & \\ & & 10\end{pmatrix}$.

18. 【解析】 因为 $\boldsymbol{A}$ 为正交矩阵，所以 $\boldsymbol{A}\boldsymbol{A}^{\mathrm{T}}=\boldsymbol{A}^{\mathrm{T}}\boldsymbol{A}=\boldsymbol{E}$. 而

$|\boldsymbol{A}+\boldsymbol{E}|=|\boldsymbol{A}+\boldsymbol{A}\boldsymbol{A}^{\mathrm{T}}|=|\boldsymbol{A}(\boldsymbol{E}^{\mathrm{T}}+\boldsymbol{A}^{\mathrm{T}})|=|\boldsymbol{A}(\boldsymbol{E}+\boldsymbol{A})^{\mathrm{T}}|=|\boldsymbol{A}||(\boldsymbol{E}+\boldsymbol{A})^{\mathrm{T}}|=-|\boldsymbol{E}+\boldsymbol{A}|$，所以 $|\boldsymbol{A}+\boldsymbol{E}|=0$，即 $\lambda=-1$ 是 $\boldsymbol{A}$ 的特征值.

第 6 章

一、填空题

1. 【答案】 $\begin{pmatrix}-3 & 2 & 0\\ 2 & -1 & 0\\ 0 & 0 & 0\end{pmatrix}$.

【解析】 因为

$$f(x_1,x_2,x_3)=\begin{vmatrix}0 & x_1 & x_2\\ x_1 & 1 & 2\\ x_2 & 2 & 3\end{vmatrix}=-3x_1^2-x_2^2+4x_1x_2,$$

所以 f 的对应矩阵是 $\boldsymbol{A}=\begin{pmatrix}-3 & 2 & 0\\ 2 & -1 & 0\\ 0 & 0 & 0\end{pmatrix}$.

2. 【答案】 3.

【解析】 二次型 f 的矩阵

$$\boldsymbol{A}=\begin{pmatrix}5 & -1 & 3\\ -1 & 5 & -3\\ 3 & -3 & c\end{pmatrix},$$

由 $r(\boldsymbol{A})=2$，可知 $|\boldsymbol{A}|=0$，从而解得 $c=3$.

3. 【答案】 $y_1^2+y_2^2-y_3^2$.

【解析】 因为

$$|\boldsymbol{B}-\lambda\boldsymbol{E}|=\begin{vmatrix}1-\lambda & 0 & 0\\ 0 & -\lambda & 2\\ 0 & 2 & -\lambda\end{vmatrix}=-(\lambda-1)(\lambda-2)(\lambda+2),$$

所以 $\boldsymbol{B}$ 的特征值为 -2，1，2，从而可知 $\boldsymbol{B}$ 的秩为3，正惯性指数为2. 又 $\boldsymbol{A}$ 与 $\boldsymbol{B}$ 合同，所以 $\boldsymbol{A}$ 与 $\boldsymbol{B}$ 有相同的秩及正惯性指数，故二次型 $\boldsymbol{x}^{\mathrm{T}}\boldsymbol{A}\boldsymbol{x}$ 的规范形为 $y_1^2+y_2^2-y_3^2$.

4. 【答案】 1.

【解析】 二次型 f 的矩阵

$$\boldsymbol{A}=\begin{pmatrix}0&0&1\\0&1&0\\1&0&0\end{pmatrix},$$

可求得 $\boldsymbol{A}$ 的特征值为 -1，1，1，所以 f 的负惯性指数为1.

5. 【答案】 $\begin{pmatrix}1&0&0\\0&0&\frac{1}{2}\\0&3&0\end{pmatrix}$

【解析】 设 $f=\boldsymbol{x}^{\mathrm{T}}\boldsymbol{A}\boldsymbol{x}=x_1^2-4x_2^2+\frac{1}{9}x_3^2=\boldsymbol{y}^{\mathrm{T}}\boldsymbol{A}\boldsymbol{y}=y_1^2+y_2^2-y_3^2$，则

$$x_1^2-(2x_2)^2+\left(\frac{1}{3}x_3\right)^2=y_1^2+y_2^2-y_3^2,$$

令 $x_1=y_1$，$2x_2=y_3$，$\frac{1}{3}x_3=y_2$，即 $x_1=y_1$，$x_2=\frac{1}{2}y_3$，$x_3=3y_2$，亦即

$$\boldsymbol{x}=\begin{pmatrix}x_1\\x_2\\x_3\end{pmatrix}=\begin{pmatrix}1&0&0\\0&0&\frac{1}{2}\\0&3&0\end{pmatrix}\begin{pmatrix}y_1\\y_2\\y_3\end{pmatrix}=\boldsymbol{C}\boldsymbol{y}.$$

6. 【答案】 $-\sqrt{2}<t<\sqrt{2}$.

【解析】 二次型 f 的矩阵

$$\boldsymbol{A}=\begin{pmatrix}2&1&0\\1&1&\frac{t}{2}\\0&\frac{t}{2}&1\end{pmatrix},$$

$\boldsymbol{A}$ 的顺序主子式为 $\Delta_1=2$，$\Delta_2=1$，$\Delta_3=1-\frac{t^2}{2}$，

二次型 f 正定的充分必要条件是：$\Delta_1>0$，$\Delta_2>0$，$\Delta_3>0$，由此解得 $-\sqrt{2}<t<\sqrt{2}$.

二、选择题

1. 【答案】 B.

【解析】 二次型 f 的矩阵

$$\boldsymbol{A}=\begin{pmatrix}0&2&-2\\2&2&4\\-2&4&2\end{pmatrix},$$

可求得 $\boldsymbol{A}$ 的特征值为 -4，2，6，所以 f 的规范形为 $y_1^2+y_2^2-y_3^2$.

2. 【答案】 D.

【解析】 因为

$$|A-\lambda E|=\begin{vmatrix}1-\lambda & 2\\ 2 & 1-\lambda\end{vmatrix}=(\lambda-3)(\lambda+1),$$

所以 A 的特征值为 -1，3，从而知 A 的正惯性指数为1. 因此，在实数域上与 A 合同的矩阵的正惯性指数为1，这表明负惯性指数也为1，故行列式的值小于零，只有选项（D）符合要求.

3. 【答案】 B.

【解析】 因为 A 的特征值为3，3，0，B 的特征值为1，1，0，所以 A 与 B 不相似. 又 A 与 B 的秩均为2，且正惯性指数均为2，故 A 与 B 合同.

4. 【答案】 D.

【解析】 利用正定矩阵的必要条件及顺序主子式判别即可. 选项（A）、（B）及（C）的行列式的值均小于零，故排除.

5. 【答案】 B.

【解析】 （A）是充分条件，并不必要. 因为 P 是正交矩阵，那么

$$P^{-1}AP=P^{T}AP=E,$$

表明 A 的特征值全是1，所以 A 正定. 但 A 正定时，其特征值只需大于0即可，未必全是1. （C）中矩阵 C 是否可逆不明确. 若 C 不可逆，则

$$|A|=|C^{T}C|=|C|^{2}=0,$$

此时矩阵 A 不可能正定.

（D）是必要条件，并不充分. f 的负惯性指数为零，但正惯性指数不一定为 n.

三、解答题

1. 【解析】 二次型的矩阵 $A=\begin{pmatrix}1 & -2 & 2\\ -2 & -2 & 4\\ 2 & 4 & -2\end{pmatrix}$. A 的特征多项式为

$$|A-\lambda E|=\begin{vmatrix}1-\lambda & -2 & 2\\ -2 & -2-\lambda & 4\\ 2 & 4 & -2-\lambda\end{vmatrix}=-(\lambda-2)^{2}(\lambda+7),$$

所以 A 的特征值为 $\lambda_1=\lambda_2=2$，$\lambda_3=-7$.

可求得对应 $\lambda_1=\lambda_2=2$ 的特征向量为

$$p_1=(2,0,1)^{T},\quad p_2=(2,-1,0)^{T},$$

将其正交化

$$\alpha_1=p_1=(2,0,1)^{T},\quad \alpha_2=p_2-\frac{[p_2,\alpha_1]}{[\alpha_1,\alpha_1]}\alpha_1=\left(\frac{2}{5},-1,-\frac{4}{5}\right)^{T},$$

再单位化

$$q_1=\frac{1}{\sqrt{5}}(2,0,1)^{T},\quad q_2=\left(\frac{2}{3\sqrt{5}},-\frac{5}{3\sqrt{5}},-\frac{4}{3\sqrt{5}}\right)^{T},$$

又对应 $\lambda_3=-7$ 的特征向量为$\boldsymbol{p}_3=(1,2,-2)^{\mathrm{T}}$，单位化得$\boldsymbol{q}_3=\frac{1}{3}(1,2,-2)^{\mathrm{T}}$.

故正交矩阵

$$\boldsymbol{Q}=(\boldsymbol{q}_1,\boldsymbol{q}_2,\boldsymbol{q}_3)=\begin{pmatrix}\frac{2}{\sqrt{5}} & \frac{2}{3\sqrt{5}} & \frac{1}{3}\\ 0 & -\frac{5}{3\sqrt{5}} & \frac{2}{3}\\ \frac{1}{\sqrt{5}} & -\frac{4}{3\sqrt{5}} & -\frac{2}{3}\end{pmatrix},$$

作正交变换 $\boldsymbol{x}=\boldsymbol{Q}\boldsymbol{y}$，则该变换将$f$化为标准形为$f=2y_3^2+2y_3^2-7y_3^2$.

2.【解析】 令$\begin{cases}x_1=y_1\\x_2=y_2+y_3\\x_3=y_2-y_3\end{cases}$，得

$$\begin{aligned}f&=y_1^2+4(y_2-y_3)^2+4y_1(y_2-y_3)-2(y_2+y_3)(y_2-y_3)\\&=y_1^2+2y_2^2+6y_3^2+4y_1(y_2-y_3)-8y_2y_3\\&=[y_1+2(y_2-y_3)]^2-2y_2^2+2y_3^2.\end{aligned}$$

再令$\begin{cases}z_1=y_1+2(y_2-y_3)\\z_2=y_2\\z_3=y_3\end{cases}$，即$\begin{cases}x_1=z_1-2z_2+2z_3\\x_2=z_2+z_3\\x_3=z_2-z_3\end{cases}$，亦即通过可逆线性变换

$$\begin{pmatrix}x_1\\x_2\\x_3\end{pmatrix}=\begin{pmatrix}1&-2&2\\0&1&1\\0&1&-1\end{pmatrix}\begin{pmatrix}z_1\\z_2\\z_3\end{pmatrix},$$

可将二次型f化为标准形为$f=z_1^2-2z_2^2+2z_3^2$.

3.【解析】 二次型f的矩阵

$$\boldsymbol{A}=\begin{pmatrix}1&a&1\\a&1&b\\1&b&1\end{pmatrix},$$

又f的标准形为$f=y_2^2+2y_3^2$，所以$\boldsymbol{A}$的特征值为0，1，2. 由此得到

$$|\boldsymbol{A}-0\cdot\boldsymbol{E}|=|\boldsymbol{A}|=-(a-b)^2=0,\quad |\boldsymbol{A}-\boldsymbol{E}|=2ab=0,$$

解得 $a=b=0$.

对应特征值0，1，2 的线性无关的特征向量分别为

$$\boldsymbol{p}_1=(1,0,-1)^{\mathrm{T}},\quad \boldsymbol{p}_2=(0,1,0)^{\mathrm{T}},\quad \boldsymbol{p}_3=(1,0,1)^{\mathrm{T}},$$

单位化，得

$$\boldsymbol{q}_1=\frac{1}{\sqrt{2}}(1,0,-1)^{\mathrm{T}},\quad \boldsymbol{q}_2=(0,1,0)^{\mathrm{T}},\quad \boldsymbol{q}_3=\frac{1}{\sqrt{2}}(1,0,1)^{\mathrm{T}},$$

故所用的正交变换的矩阵为

$$Q=(q_1,q_2,q_3)=\begin{pmatrix}\frac{1}{\sqrt{2}} & 0 & \frac{1}{\sqrt{2}}\\ 0 & 1 & 0\\ -\frac{1}{\sqrt{2}} & 0 & \frac{1}{\sqrt{2}}\end{pmatrix}.$$

4. **【解析】** $\boldsymbol{A}$ 的特征多项式为

$$|\boldsymbol{A}-\lambda\boldsymbol{E}|=\begin{vmatrix}2-\lambda & -2 & 0\\ -2 & 1-\lambda & -2\\ 0 & -2 & -\lambda\end{vmatrix}=-(\lambda-1)(\lambda-4)(\lambda+2),$$

所以 $\boldsymbol{A}$ 的特征值为 $\lambda_1=-2$，$\lambda_2=1$，$\lambda_3=4$.

对应特征值 $\lambda_1=-2$，$\lambda_2=1$，$\lambda_3=4$ 的线性无关的特征向量分别为

$$\boldsymbol{\alpha}_1=(1,2,2)^{\mathrm{T}},\quad \boldsymbol{\alpha}_2=(2,1,-2)^{\mathrm{T}},\quad \boldsymbol{\alpha}_3=(2,-2,1)^{\mathrm{T}},$$

单位化，得

$$\boldsymbol{p}_1=\frac{1}{3}(1,2,2)^{\mathrm{T}},\quad \boldsymbol{p}_2=\frac{1}{3}(2,1,-2)^{\mathrm{T}},\quad \boldsymbol{p}_3=\frac{1}{3}(2,-2,1)^{\mathrm{T}},$$

故正交矩阵

$$\boldsymbol{P}=(\boldsymbol{p}_1,\boldsymbol{p}_2,\boldsymbol{p}_3)=\frac{1}{3}\begin{pmatrix}1 & 2 & 2\\ 2 & 1 & -2\\ 2 & -2 & 1\end{pmatrix},$$

使得

$$\boldsymbol{P}^{\mathrm{T}}\boldsymbol{A}\boldsymbol{P}=\begin{pmatrix}-2 & & \\ & 1 & \\ & & 4\end{pmatrix}.$$

5. **【解析】** 二次型 f 的矩阵

$$\boldsymbol{A}=\begin{pmatrix}1 & \frac{1}{2} & \cdots & \frac{1}{2}\\ \frac{1}{2} & 1 & \cdots & \frac{1}{2}\\ \vdots & \vdots & & \vdots\\ \frac{1}{2} & \frac{1}{2} & \cdots & 1\end{pmatrix},$$

且 $|\boldsymbol{A}|=\frac{n+1}{2^n}$，易求得 $\boldsymbol{A}$ 的顺序主子式

$$\Delta_1=1>0,\ \Delta_2=\frac{3}{4}>0,\ \cdots,\ \Delta_3=\frac{n+1}{2^n}>0,$$

所以，f 是正定二次型.

说明： $|\boldsymbol{A}|$ 为行和、列和相等的行列式.

6. **【解析】** 由于

$$(\boldsymbol{E}-\boldsymbol{A}^{-1})^{\mathrm{T}}=\boldsymbol{E}^{\mathrm{T}}-(\boldsymbol{A}^{-1})^{\mathrm{T}}=\boldsymbol{E}-(\boldsymbol{A}^{\mathrm{T}})^{-1}=\boldsymbol{E}-\boldsymbol{A}^{-1},$$

所以 $\boldsymbol{E}-\boldsymbol{A}^{-1}$ 是对称矩阵.

设 λ 是 $\boldsymbol{A}$ 的特征值，那么 $\boldsymbol{A}-\boldsymbol{E}$ 的特征值为 $\lambda-1$，$\boldsymbol{E}-\boldsymbol{A}^{-1}$ 的特征值为 $1-\frac{1}{\lambda}$. 又 $\boldsymbol{A}$ 与 $\boldsymbol{A}-\boldsymbol{E}$ 是正定矩阵，知 $\lambda>0$，$\lambda-1>0$. 故 $\boldsymbol{E}-\boldsymbol{A}^{-1}$ 的特征值 $1-\frac{1}{\lambda}=\frac{\lambda-1}{\lambda}>0$，所以 $\boldsymbol{E}-\boldsymbol{A}^{-1}$ 是正定矩阵.

7. **【解析】** 易知 $r(\boldsymbol{A})=r(\boldsymbol{B})=1$，所以矩阵 $\boldsymbol{A}$ 与 $\boldsymbol{B}$ 等价.

由 $|\boldsymbol{A}-\lambda\boldsymbol{E}|=-\lambda^2(\lambda-3)$ 知，矩阵 $\boldsymbol{A}$ 的特征值是 0，0，3，又因为 $\boldsymbol{A}$ 是实对称矩阵，所以 $\boldsymbol{A}$ 必可对角化，且与 $\boldsymbol{B}$ 的特征值相同，故 $\boldsymbol{A}$ 与 $\boldsymbol{B}$ 相似.

因为 $\boldsymbol{A}$ 与 $\boldsymbol{B}$ 的正惯性指数均为 1，且 $r(\boldsymbol{A})=r(\boldsymbol{B})$，所以 $\boldsymbol{A}$ 与 $\boldsymbol{B}$ 合同.

参 考 文 献

[1] 同济大学数学系．工程数学：线性代数［M］．6版．北京：高等教育出版社，2014.

[2] 徐仲，张凯院．线性代数辅导教案［M］．西安：西北工业大学出版社，2007.

[3] 高远，白岩，陈殿友．考研数学基本解析120讲［M］．2版．北京：高等教育出版社，2017.

[4] 李永乐．线性代数辅导讲义［M］．西安：西安交通大学出版社，2017.

[5] 李林．线性代数辅导讲义［M］．北京：国家开放大学出版社，2019.